国家重点研发项目(2017YFC0405005)
南京水利科学研究院出版基金资助

# 电磁法探测技术在涉水防灾领域中的应用

汪滨　臧德记　孙林　陆俊　编著



中国水利水电出版社
www.waterpub.com.cn
·北京·

## 内 容 提 要

本书结合具体工程实践，剖析了23个不同工况、不同方法典型工程探测案例。主要内容分为三部分：第1～2章为第一部分，介绍了水、岩土与混凝土的电磁特性；第3～9章为第二部分，介绍了电磁法探测方法与技术；第10～15章为第三部分，介绍了涉水灾害探测与分析。

该书可供土木工程灾害防护科技工作者、研究生阅读，也可供水资源、地热资源探测、工程无损检测、地下水污染环境调查等相关专业人员参考。

图书在版编目（CIP）数据

电磁法探测技术在涉水防灾领域中的应用 / 汪滨等编著. -- 北京 : 中国水利水电出版社, 2020.12
ISBN 978-7-5170-9190-5

Ⅰ. ①电… Ⅱ. ①汪… Ⅲ. ①电磁法勘探－应用－水利工程－地质灾害－灾害防治 Ⅳ. ①P694

中国版本图书馆CIP数据核字(2020)第218168号

| | |
|---|---|
| 书　　名 | 电磁法探测技术在涉水防灾领域中的应用<br>DIANCIFA TANCE JISHU ZAI SHESHUI FANGZAI LINGYU ZHONG DE YINGYONG |
| 作　　者 | 汪滨　臧德记　孙林　陆俊　编著 |
| 出版发行 | 中国水利水电出版社<br>（北京市海淀区玉渊潭南路1号D座　100038）<br>网址：www.waterpub.com.cn<br>E-mail：sales@waterpub.com.cn<br>电话：(010) 68367658（营销中心） |
| 经　　售 | 北京科水图书销售中心（零售）<br>电话：(010) 88383994、63202643、68545874<br>全国各地新华书店和相关出版物销售网点 |
| 排　　版 | 中国水利水电出版社微机排版中心 |
| 印　　刷 | 北京瑞斯通印务发展有限公司 |
| 规　　格 | 184mm×260mm　16开本　13印张　316千字 |
| 版　　次 | 2020年12月第1版　2020年12月第1次印刷 |
| 定　　价 | **88.00**元 |

# 前言

水资源是人类社会赖以生存和发展最基本、最重要的自然资源。人类在与水的相依相伴中繁衍，同时，也在与涉水灾害的抗争中历尽磨难。现代社会，旱灾、洪灾仍是人类社会面临的主要自然灾害。在水利、交通、采矿等工程中，常有滑坡、渗漏、坍塌、开裂等灾变现象，在这些灾变中，水往往是其中的重要诱因。此外，随着社会的发展，水污染问题也日趋凸显。

在防灾减灾的工程实践中，探测技术发挥着重要作用，而大部分技术源自地球物理勘探领域。电磁法探测是其中最为常用的一类。虽然，许多科技工作者、工程技术人员从各自领域研究、开发与应用它，但至今尚缺少其在涉水防灾领域应用的系统论述与总结。本书试图建立水、涉水灾害、水利工程等与电磁法探测的联系，分析工程涉水灾害中孕灾过程与灾变机理，研究工程内部隐患与病害的电磁响应规律。通过一个个的探测方法介绍与涉水灾害工程案例的剖析，较为系统地反映电磁法在涉水灾害中应用历程、探测原理与方法，以及适用条件与特点，从而使读者更好地了解此技术的概貌，为应用与进一步研究提供较为全面的基础。

该书主要分三部分。第1～2章为第一部分，为概论与水、岩土与混凝土的电磁特性。第3～9章为第二部分，介绍各种电磁法探测方法与技术。第10～15章为第三部分，论述不同涉水灾害以及探测与分析。全书第1、2、8、15章由汪滨教授级高级工程师编写；第4、7、9、11、14章由孙林高级工程师编写；第3、6、10、13章由臧德记高级工程师、汪滨、孙林共同编写，第5、8章由陆俊教授级高级工程师编写。

在编著过程中，参阅了南京水利科学研究院的科研报告、国内外相关研究成果及工程探测成果。本书的编著和出版，得到国家重点研发项目（2017YFC0405005）与南京水利科学研究院出版基金的资助。在此，一并表示衷心的感谢！

由于作者水平有限，书中难免者错误与不当之处，敬请读者批评指正。

作者

2020年12月

目录

# 第1章　概　　论

## 1.1　水资源与涉水灾害

水是生命的源泉，是人类社会生产之基、生活之要，也是人类文明的摇篮。

人类文明的发祥和发展与水密不可分。世界四大文明古国都是发源于大江大河。尼罗河孕育了古埃及文明，幼发拉底河、底格里斯河诞生了古巴比伦文明，印度河催生了古印度文明，黄河与长江哺育了华夏文明，因此说，水造就了人类文明的摇篮。

水是人类生命的第一要素。从人的体重来看，人体大部分是由水组成的，水占成人体总重量的70%，婴儿体内含水达80%。水是细胞和体液的重要组成部分之一，它参与人体内新陈代谢的全过程，承担着运输营养、调节体温、湿润润滑等功能。

生物发源于水，大约在6亿年前的古生代，生物都是水栖的，至古生代中期才出现陆上生物。动物进化起初只有生存在水中的鱼形动物，之后出现鱼类和两栖类，最后才有爬行类、鸟类和哺乳类。因此，早在春秋战国时，《管子·水地》中就认为："水者，何也?万物之本原也，诸生之宗室也。"

水是农业的命脉，林、牧、渔与人们生活等均离不开水。现代工业中，电力、石油、化工、运输等行业中，水都是不可缺少的东西，而且工业越发展，对水的需求量也越大。

正因为水对于人类社会如此重要、息息相关，与水相关的微小消极变化，往往对人类社会产生不良影响，甚至酿成灾害。水多，易造成洪灾；水少，易造成旱灾；有害物质侵入水体，危及饮水安全。此外，像滑坡与溃坝、矿山透水等灾害形式都与水息息相关，预防这些涉水灾害，减少灾害造成的损失，在现代社会具有十分重要的意义。

我国是世界上自然灾害最为严重的国家之一，尤其与水相关的灾害呈现种类多、分布广、频率高、损失重等特点。

(1) 旱灾。地球的总储水量是很丰富的，共有14.5亿$km^3$之多，但是能直接被人们生产和生活利用的，却少得可怜。淡水资源仅占所有水资源的0.75%，有近70%的淡水资源固定在南极和格陵兰的冰层中，其余多为土壤水或深层地下水，不能被人类直接利用。地球上只有不到1%的淡水或约0.007%的水可被人类直接利用。全球淡水资源不仅短缺而且地区分布极不平衡。按地区分布，巴西、俄罗斯、加拿大、中国、美国、印度尼西亚、印度、哥伦比亚和刚果9个国家的淡水资源占了世界淡水资源的60%。约占世界人口总数40%的80个国家和地区约15亿人淡水不足，其中26个国家约3亿人极度缺水。

与之相反，据联合国统计，全球淡水消耗量自20世纪初以来增加了6～7倍，比人口增长速度高2倍。更可怕的是，预计到2025年，由于世界人口不断增加，世界上将会有30亿人面临缺水，40个国家和地区淡水严重不足，主要为非洲、中东地区、印度、秘鲁、英国、波兰及中国部分地区。

在我国，历史上旱灾的记载始于公元前 206 年，从那时起到 1948 年的 2154 年间，我国发生较大旱灾 1056 次，平均每两年发生一次。据近 500 年（1490—1990 年）的统计，我国黄河、淮河、海河地区大旱以上等级的干旱灾害重现频率较高，黄河流域重现率为 26.9%，海河流域为 30.3%，淮河流域为 33.6%。新中国成立以来至 2002 年的 53 年间，全国或部分地区旱情较严重的有 36 年，出现频率接近 70%。

我国也是一个人均淡水资源严重短缺的国家，水资源总量为 2.8 万 $m^3$，但可利用量只有 40%～50%。全国人均拥有的水资源量只有 2200$m^3$，只占世界人均淡水资源的 1/4，被列为世界上 13 个贫水国家之一。在全国 600 多个建制市中有近 400 个城市缺水，其中缺水严重的城市高达 130 多个。全国城市每年缺水 60 亿 $m^3$，日缺水量已超过 1600 万 $m^3$。缺水严重制约一些地区的经济发展，而且随着经济增长的提速，形势更为严峻，在未来相当长的时间内，高度重视水资源短缺问题，成为一个地区经济发展首要重任。

（2）洪灾。由于降雨在时空上相差悬殊，洪涝灾害具有明显的季节性、地域性和突发性等特点。世界上多数国家的洪涝灾害以夏半年为多，我国洪涝灾害主要发生在 4—9 月，集中发生在江河两岸及沿海地区。

据史书记载，从公元前 206 年至 1949 年中华人民共和国成立的 2155 年间，大水灾就发生了 1029 次，几乎每两年就有一次。历史上，黄河地区的洪灾泛滥，对中华民族造成的伤害很大。从西汉文帝十二年（公元前 168 年）到清朝道光二十年（1840 年）的 2000 年间，共有 316 年发生黄河洪水，1887 年中国黄河大水灾，死亡数百万人。

我国目前的洪涝灾害一般是东部多、西部少；沿海地区多、内陆地区少；平原地区多、高原和山地少。此外，由于其自身的周期变化、天文因素、厄尔尼诺和拉尼娜现象以及高原积雪的影响，洪涝灾害还有明显的年际变化特点。

受全球气候变暖影响，海平面上升使全球沿海城市面临洪灾的危险，大洪水发生概率会在全世界范围内逐渐增加。

洪涝灾害造成的损失十分严重。据有关部门测算，目前，我国每年因洪涝灾害造成的经济损失超过 1500 亿元，其中，仅 1998 年损失就高达 2500 亿元。报告预测，考虑到人口增长、资产升值等因素，今后几十年里，洪灾造成的损失将成倍增长。预计到 2050 年，洪灾造成的平均损失将从 2005 年的每个城市 60 亿美元上升至 520 亿美元。

（3）地下水污染与海水入侵。目前，全世界每年有 4200 多亿 $m^3$ 的污水排入江河湖海，污染了近 5.5 万亿 $m^3$ 的淡水，相当于全球径流总量的 14%以上。

这种情况在我国尤为严重。据环境部门监测，全国仅城镇每天便至少有 1 亿 t 污水未经处理直接排入水体。由于地下水占到全国水资源总量的 1/3，全国有近 70%的人口饮用地下水。但水污染正加剧中国的地下水危机，全国有 90%的地下水都遭受了不同程度的污染，其中 60%污染严重。据有关部门对 118 个城市 2～7 年的连续监测资料显示，约有 64%的城市地下水遭受了严重污染，33%的城市地下水受到轻度污染，基本清洁的城市地下水只有 3%。

海水入侵是一种特殊的污染。国家海洋局 2007 年启动了海水入侵、盐渍化监测工作，几年来的监测结果表明，我国滨海地区海水入侵和土壤盐渍化呈加重趋势。

(4) 滑坡。我国是一个多山国家，山区面积占国土陆地面积的69%，而我国大部分地区属于季风气候，多山与降雨量集中使得我国滑坡灾害较为突出。全国受滑坡威胁区占陆地面积1/5～1/4。据粗略统计，全国共有较大型崩塌、滑坡、泥石流灾害点7000余处。近十多年来，每年造成的死亡人数近千人，经济损失200亿元。国内部分市县调查资料表明，暴雨诱发的滑坡比重占总数的90%。

(5) 矿山水害。矿山水害是矿山建设与生产过程中的主要安全灾害之一，长期以来，给国家和人民带来的人身伤亡和经济损失极为惨重。据不完全统计，在20世纪末的20多年里，因为煤矿水害有250多个矿井被水淹没，死亡1700多人，经济损失高达350多亿元人民币。其中20世纪80年代中期，是我国煤矿水害最为严重的时期，当时在开滦、肥城、焦作等矿区连续发生了多期灾难性突水淹井事故。据我国2001—2009年矿山所发生透水事故与死亡人数的统计，共发生透水事故511起，死亡3245人。平均每年发生透水事故57起，死亡361人；平均每月发生透水事故5起，死亡30人。

战胜自然灾害是人类的历史使命之一。在全球气候变化加剧和我国经济社会快速发展的背景下，我国面临的自然灾害形势严峻复杂，涉水灾害所造成的损失也大幅增加。虽然近年来防灾减灾能力有了很大提高，但任务依然艰巨。

目前，在国内外具有影响的灾害研究理论主要有四种：致灾因子论、孕灾环境论、承灾体论和区域灾害系统论。致灾因子论认为，灾害的形成是致灾因子对承灾体作用的结果，没有致灾因子就没有灾害。致灾因子论的主要内容是对致灾因子的分类，以及在此基础上，着重研究致灾因子产生的机制及其风险评估。孕灾环境论认为，灾害发生其原因与区域及全球环境变化有密切关系。其主要内容包括区域环境演变时空分异规律的重建，建立环境变化与各种致灾因子时空分异规律的关系，即建立渐变过程与突变过程的相互联系，对未来灾情进行评估。承灾体论侧重于各种致灾因子作用的对象，即承灾体。主要内容包括承灾体的分类，以及在此基础上，进行承灾体的脆弱性（易损性）评价与动态变化监测。区域灾害系统论认为，灾害是地球表层异变过程的产物，是致灾因子、孕灾环境与承灾体综合作用的结果。

涉水灾害中，水既可以是致灾因子（如滑坡等），又可以是承灾体（如水污染）；既与孕灾环境密切相关（如洪灾），又可缓解如旱灾的发展；既可以是独立、局部的灾变，又可以形成区域灾害。因此，借助新的探测技术，可以准确地发现隐患、查明灾害诱因，探寻地下水源，更为科学而高效地防灾减灾。

## 1.2 电磁法探测

最初，人们为了勘探矿藏、油气资源，通过研究和观测各种地球物理场的变化来探测地层岩性、构造等，即物探技术。后来物探技术逐渐应用于工程勘察、隐患探测、地质灾害预报、环境监测等领域。

水是资源与环境的重要因素，水利工程是调控配水资源、兴利除害的工程，因而，是物探技术应用的重要领域。其中，应用最多的方法是利用仪器获得被探测对象的电、磁性质，进一步解译为工程需要的探测成果，泛称为电磁法探测。当被测单元含有地下水时，其电磁响应与含水饱和度、矿化度、地层孔隙度、渗透率等诸多因素相关，因此，可以作为分析地下水及其涉水灾变特性的重要数据。

一般而言，其分类方法有以下几种：

(1) 按场源性质分类。电磁法中所有各分支方法可划分两大类：①人工场法（或主动源法）；②天然场法（或被动源法）。这两类方法各有特点，人工场法中场源的频率和功率可以人为地控制或改变，比较灵活。天然场法则不需要人工场源，一般用于地质普查，比较经济、效率高。

(2) 按工作场合可分地面、航空、井中、海洋。

(3) 按时间特性可以分为三类：①直流电法或时间域电法，观测或利用稳态电场。②过程法或脉冲瞬变场法，观测或利用电磁场的瞬态过程。③交流电法或频率域电法，观测或利用似稳态电磁场和电磁波，按其电磁场随频率和时间的变化规律可分为频率域电磁法和时间域电磁法。

本书以介绍交流电法或频率域电法（即电磁法）为主，也适量介绍直流电法与过程法。

直流电法主要介绍高密度电阻率法、激发极化法。电阻率法是通过接地电极在地下建立电场，以电测仪器观测因不同导电地质体存在时地表电场的变化，从而推断和解释地下地质体的特征。最常用的方法主要包括电阻率测深法、电阻率剖面法和高密度电阻率法。激发极化法，是通过观测和研究地下介质的激电效应的分布规律，实现探测的目的。按照供电电流性质的不同，有直流（时间域）激电法和交流（频率域）激电法之分。

交流电法主要介绍瞬变电磁法、地质雷达、音频大地电磁法、核磁共振法等。

瞬变电磁法探测深度与所使用的磁矩（即发射框面积乘以发射电流大小）大小成正比，一般有效探测深度为 600m 以内。突出优点是观测纯二次场，不受静态、近场效应、地形、接地条件影响，且有较强的抗电磁干扰能力，是很好的地质探测方法。

地质雷达又称探地雷达（ground penetrating radar）。它是利用高频电磁波（1MHz～1GHz），以脉冲形式向地下发送，根据所接收反射的雷达波波形，从而达到对地下地层目标体的探测，地质雷达探测精度高，探测深度较浅。

音频大地电磁法是大地电磁（MT）法的一个分支。它是利用音频大地电磁场作为场源来测定地下岩石的电性参数，并通过研究地电断面的变化来达到了解地质构造、找矿、找水等地质目的的一种地球物理勘探方法。其测量的频率范围为 $10\sim10^4$ Hz。

核磁共振法是利用水中的氢核在一定频率的外场作用下产生核磁共振现象实现对地下水的探测，是一种能直接查找地下水的物探方法，具有较大的发展空间，但该方法受电磁噪声干扰较大，导致信噪比较低，需要多参数联合反演分析，且目前探测深度在 100m 以内。

电磁法同其他物探方法一样，是一种间接的观测方法。电磁法探测的数据分析时，一般是根据观测到的电磁响应（视电阻率等）进行整理，得到被测对象某位置的地电信息，形成剖面图或平面图。根据观测电磁参数的异常变化，分析、确定被测对象的某些性态信息，如位置、孔隙度、水的赋含程度等信息。这种分析方法称为反演。不同的被测对象也可能具有相同或相似的电磁性质，因此，存在多解性的可能。正演则相反，假定被测对象已知的情况下，研究分析对应电磁参数空间、时间分布与变化规律。

电磁法探测及其分析的基础理论，即研究电磁场中各物理量之间的关系及其空间分布和时间变化的理论。电磁场的基本理论可以归结为三大定律和一组方程，其中三大定律包括：①库仑定律；②安培定律；③法拉第电磁感应定律。J. C. 麦克斯韦，采用严格的数学形式，将电磁场的基本定律归结为4个微分方程，即麦克斯韦方程组。

与电磁法探测相关的电磁场理论，以及正演与反演的数学方法，已有许多相关书籍与文献进行了充分的论述，本书仅就电磁法探测在涉水防灾领域的应用等问题展开探讨。

## 1.3 电磁法探测在防灾领域的应用

我国的电磁法勘探始于20世纪30年代，发展与应用主要在新中国成立后。20世纪50年代初，科技工作者开始研究将物探方法引入到水利工程探测领域，分别引入电阻率法、激发极化用于勘查地下水。早期是以直流激电法为主，20世纪70年代初开始研究交流激电法，80年代初又开始对频谱激电法进行研究，并取得较好的效果。

20世纪70年代中期，煤炭科学研究总院重庆分院针对煤矿生产特点研制开发了地质雷达产品。20世纪80年代末到90年代初，随着国内地质雷达仪器研制水平的提高及国外先进仪器的引进，地质雷达广泛用于工程隐患探测，如堤坝的裂缝、空洞、软弱区及渗漏区等。

中南大学等单位于20世纪80年代着手对瞬变电磁法进行了研究，除了广泛应用于矿产地质勘查外，90年代以来也用于地下水资源勘查，矿区断层及顶板砂岩的导水性和富水性、查明采空区与矿井涌水通道，评价防渗帷幕有效性、探测堤防工程隐患、隧道工程中的不良地质构造。

可控源音频大地电磁法于20世纪80年代商业化后，1987年，中国科学院地球物理研究所首次将加拿大凤凰地球物理有限公司的V4系统引进中国，开展了大量的实验研究，90年代在地下水资源探寻方面做了很多尝试，可用于寻找深部的基岩裂隙水、寻找地下水资源以及探测隐伏构造等。

20世纪90年代中国地质大学（武汉）引进了法国IRIS公司研制的NUMIS系统，开始了我国核磁共振实际应用。在国内多地探测地下水源，并利用该系统对三峡滑坡进行监测，以查明地下水的活动情况，防止滑坡灾害的发生。21世纪初，吉林大学开始国产核磁共振探测仪器的研制，研制出JLMRS型找水仪。用于地下浅部直接寻找地下水，最深可达150m。近几年，进一步开展用于巷道内探测隐患技术的研究。

针对特殊的汛期工况，20世纪90年代，何继善院士等发明的“流场法”用于堤防的管涌隐患检测，并在抗洪抢险的实践中取得良好的效果。

在众多物探技术得到应用的基础上，水利部于2005年颁布了《水利水电工程物探规程》（SL 326—2005）替代早期的规程，其中部分内容涉及脆弱地质结构、滑坡体、水利工程缺陷与隐患、地下水的探测。水利部又于2008年颁布了《堤防隐患探测规程》（SL 436—2008），为堤防隐患提供了较为详细、规范的探测方法。

在航空电磁方面，1965—1975年，我国开始研制单频航电系统，先后成功研制了单频、双频、三频航电系统，分别与航磁系统组成航空物探综合站，在水资源普查、海水入侵调查等应用领域均取得了很好的地质效果。

在21世纪里，人们越来越重视环境问题，采用各种方法监测水污染的范围与程度，电磁法由于成本低、速度快、原位无损测试等特点，在我国逐渐被采用，并有广泛的应用前景。

## 参 考 文 献

[1] 于琪洋. 对我国干旱及旱灾问题的思考 [J]. 中国水利，2003 (7)：67-69.

[2] 李金铭. 电法勘探方法发展概况 [J]. 物探与化探，1996，20 (4)：250-255.

[3] 赵国泽，陈小斌，汤吉. 中国地球电磁法新进展和发展趋势 [J]. 地球物理学进展，2007，22 (4)：1171-1180.

[4] 刘昌东，万金红，马建明，等. 洪涝灾害人口损失研究进展 [J]. 南水北调与水利科技，2012，4：97-100.

[5] 董书宁. 对中国煤矿水害频发的几个关键科学问题的探讨 [J]. 煤炭学报，2010，35 (1)：66-71.

[6] 邢冬梅，叶义成，赵雯雯. 我国矿山透水事故的统计分析及安全管理对策 [J]. 金属矿山，2010，6：178-181.

# 第2章　水、岩土与混凝土的电磁特性

## 2.1　电磁特性及其表征物理量

### 2.1.1　导电性与电阻率

物体传导电流的能力称为导电性。

根据物理学定义，均匀介质中直流电路的电阻 $R$ 与介质的长度 $L$ 成正比，与电流通过的横截面积 $S$ 成反比，其中比例系数 $\rho$ 称为介质的电阻率。

$$\rho=R\frac{S}{L} \tag{2.1}$$

式中：$\rho$ 为电阻率，$\Omega\cdot m$。

电阻率的倒数称为电导率。

$$\sigma=\frac{1}{\rho} \tag{2.2}$$

式中：$\sigma$ 电导率，S/m。

显然，介质的电阻率越低或电导率越大，其导电性则越好；反之，其导电性越差。

电阻率小于 $10^{-5}\Omega\cdot m$ 的介质称为导电体，如金属材料等。电阻率大于 $10^{8}\Omega\cdot m$ 的介质称为绝缘体，如陶瓷、橡胶、塑料等材料。介于两者之间的介质称为半绝缘体或半导体。

### 2.1.2　介电性与相对介电常数

在外电场作用下，不导电的物体，即为电介质。有些电介质的电阻率并不很高，但由于能发生极化过程，也归入电介质。

在电磁学里，当给电介质施加一个电场时，由于电介质内部正负电荷的相对位移，会产生电偶极子，这现象称为电极化。电介质因响应施加的外电场而极化的程度，可以用电极化率来衡量。

由于在外电场上就叠加上一个极化电荷的电场。这个电场方向与外电场方向相反，因此介质内部的介电场减弱。

介质在有外加电场时会产生感应电荷而削弱电场，原外加电场（真空中）与介质中电场的比值即为相对介电常数，恒定电场作用下介质电流与电压相位相同，介电常数为一恒定值。

介电常数是相对介电常数与真空中绝对介电常数的乘积。

$$\varepsilon=\varepsilon_0\varepsilon_r$$

$$\varepsilon_0=8.85\times0^{-12}\,\mathrm{F/m} \tag{2.3}$$

式中：$\varepsilon_0$ 为真空介电常数；$\varepsilon_r$ 为介质的相对介电常数，为无量纲物理量。

$\varepsilon$ 与物质成分、结构、湿度有关。对于时变电磁场，物质的介电常数和频率相关，通常称为介电系数，它在高频电磁法勘探中有重要作用。

### 2.1.3 磁性与表征磁性的物理量

电流或移动的电荷，会在周围产生磁场。任何物质的磁性都是带电粒子运动的结果。原子由带正电的原子核及其核外电子壳层组成。电子绕核沿轨道运动，产生轨道磁矩。电子还有自旋运动，具有自旋磁矩。这些磁矩的大小，与各自的动量矩成正比。原子核带正电，呈自旋转动，亦具有磁矩，但数值很小。因此，原子总磁矩是电子轨道磁矩、自旋磁矩及原子核自旋磁矩三者的矢量和。

核子的核子磁矩显得很微弱，强度是电子磁矩的几千分之一。当作一般运算时，可以忽略核子磁矩。但是，核子磁矩在某些领域很有用途，例如核磁共振。

#### 2.1.3.1 磁化强度和磁化率

磁化强度 $M$ 是衡量物体磁性的一个物理量，定义为单位体积的磁偶极矩。均匀无限磁介质，受到外部磁场 $H$ 的作用，磁化场强度与外磁场之间的关系为

$$M=\chi H \tag{2.4}$$

式中：$\chi$ 为物质的磁化率，它表征物质受磁化的难易程度，是一个无量纲的物理量。

实际工作中，磁化率仍注以单位。在 CGS 单位系统下的磁化率值是 SI 下的$\frac{1}{4\pi}$倍，即 1CGSM$=4\pi$ SI，数值上 $\chi(\mathrm{CGS})=\chi(\mathrm{SI})/4\pi$。

#### 2.1.3.2 磁感应强度和磁导率

在各向同性磁介质内部任意点上，磁化场 $H$ 在该点产生的磁感应强度（磁通密度）为

$$B=\mu H \tag{2.5}$$

式中：$B$ 为磁感应强度（磁通密度），T；$\mu$ 为介质的磁导率，H/m。

真空时的磁导率为 $\mu_0=12.56\times10^{-7}$ H/m，相对磁导率 $\mu_r$ 为 $\mu/\mu_0$。

各类物质，由于原子结构不同，它们在外磁场作用下，呈现不同的宏观磁性。

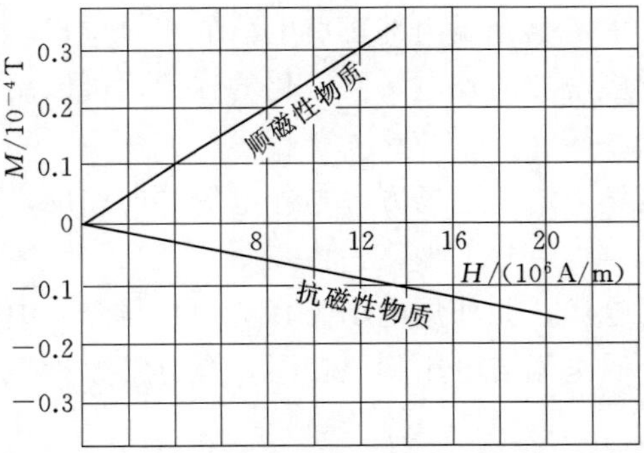

图 2.1 抗磁性与顺磁性物质的磁化

（1）抗磁性。抗磁性是在外磁场的外用下，原子系统获得与外磁场方向反向的磁矩的现象。它是种微弱磁性，相应的物质被称为抗磁性物质。其磁化率为负值且很小，一般在 $10^{-5}$ 数量级。

（2）顺磁性。如图 2.1 所示，顺磁性物质受外磁场作用，感生出与外磁场同向的磁化强度，其磁化率为不大的正值，仅为 $10^{-6}\sim10^{-3}$ 数量级，这种现象称为顺磁性。

（3）铁磁性。在弱外磁场的作用下，铁

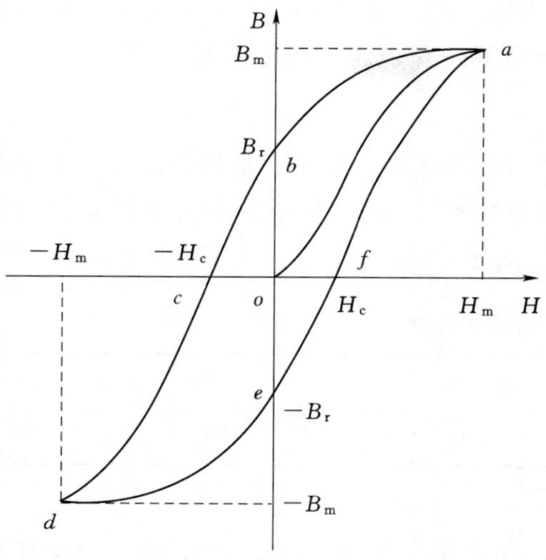

图 2.2　磁性材料的磁化曲线与磁滞回线

磁性物质即可达到磁化饱和，其磁化率要比抗磁性、顺磁性物质的磁化率大很多。

它具有以下磁性特征：①磁化强度与磁化场呈非线性关系，如图 2.2 所示；②磁化率与温度的关系：$K=\dfrac{C}{T-T_c}$；③试验结果说明，铁磁物质的基本磁矩为电子自旋磁矩，而轨道磁矩基本无贡献。

铁磁物质内，包含着很多个自发磁化区域，它叫作磁畴。在无外磁场作用时，各磁畴的磁化强度矢量取向混乱，不呈磁性。当施加外磁场时，磁畴结构将发生变化，随外磁场增加，通过磁畴移动和磁畴转动的过程，显示出宏观磁性。

由于磁畴内原子间相互作用的不同，原子磁矩排列情况有别，铁磁性又分为 3 种类型：

（1）磁性。磁畴内原子磁矩排列在同一方向，例如铁、镍、钴即属于此。

（2）反铁磁性。磁畴内原子磁矩排列相反，故磁化率很小，但具有很大的矫顽力。

（3）亚铁磁性。磁畴内原子磁矩反平行排列，磁矩互不相等，故仍具有自发磁矩。此类物质具有较大的磁化率和剩余磁化强度。

## 2.2　水及其电磁特性

### 2.2.1　水的一般物理性质

水分子式：$H_2O$，分子量：18.016，水分子是一非线性分子，H—O—H 的键角是 104°45′，O—H 的键长为 0.95Å，水分子结构如图 2.3 所示。

在常温、常压下，纯净的水是无色、无味、无形的透明液体，1 个大气压（即 101.3kPa）下，水的沸点是 100℃，冰点是 0℃。冰的相对密度为 916.8kg/m³，纯水在 0℃时密度为 999.87kg/m³，在沸点时水的密度为 958.38kg/m³。热胀冷缩是物质的一般特性，但水在 0～4℃范围内却不服从这一规律，而是相反的，随着温度升高，体积缩小，密度增大，因而水在 3.98℃时，具有最大的密度为 1000kg/m³。

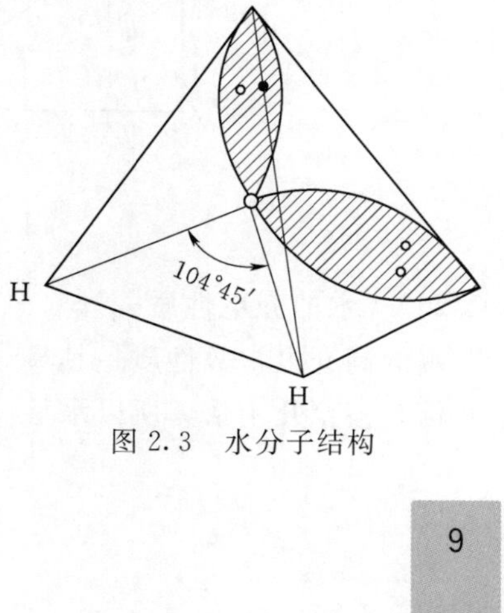

图 2.3　水分子结构

水是自然界热容量最大的物质，它可以吸收和放出大量的热，比热为 2.1351J/(g·℃)(−20～0℃)。另外，在所有液体中，它还具有最大的蒸发热，而且冰的融化热也很高，为 333687.9J/kg（0℃）。这些特性对地球的气候，特别是季节交替时空气温度的均匀化有明显的影响。水的比热容为 4.186kJ/（kg·℃）。

水的临界常数：水的临界压力是 $221.15\times10^5$Pa（225 大气压，22.115MPa），临界温度为 374.2℃，临界密度为 0.324g/cm$^3$。水作为溶剂，是最为通用的溶剂。

### 2.2.2 水的电磁特性

理想纯水应不含任何杂质离子，应是不导电的液体。但实际上，极纯的水也具有微量的导电率，见表 2.1。这是因为，即使是“理想的纯水”，它也是很弱的电解质，水分子本身在一定温度下，能微微地离解为 $H^+$ 和 $OH^-$ 离子。

**表 2.1** 不同温度下理想纯水的电阻率

| 温度/℃ | 5 | 10 | 15 | 20 | 25 | 30 | 35 | 40 | 45 | 50 |
|---|---|---|---|---|---|---|---|---|---|---|
| 电阻率/($10^4\Omega\cdot m$) | 62.1 | 45.5 | 31.2 | 26.3 | 18.3 | 14.1 | 9.75 | 7.66 | 7.10 | 5.80 |

#### 2.2.2.1 水的矿化度对水的电阻率的影响

水中含盐量（即各种盐类阳、阴离子数量）的大小是影响水的电阻率的一个主要因素。常见的几种水的电阻率见表 2.2。水中含盐量越大，水的纯度越差，水的电阻率则越低；水中含盐量越小，水的纯度越高，水的电阻率则越高。此外，水的电阻率还受温度等其他因素影响。单位体积的水中所含盐类的总量，称为水的矿化度，以 g/L 为单位。水的矿化度越高，含水地层的电阻率越小，如图 2.4 所示。

**表 2.2** 几种水的电阻率 单位：Ω·m

| 水的类型 | 电阻率 | 水的类型 | 电阻率 |
|---|---|---|---|
| 咸水（苦水） | 0.1～1 | 雨水 | ＞100 |
| 海水 | 0.1～10 | 矿井水 | 1～10 |
| 河水 | 10～100 | 深成盐渍水 | 0.1～1 |
| 潜水 | ＜100 | | |

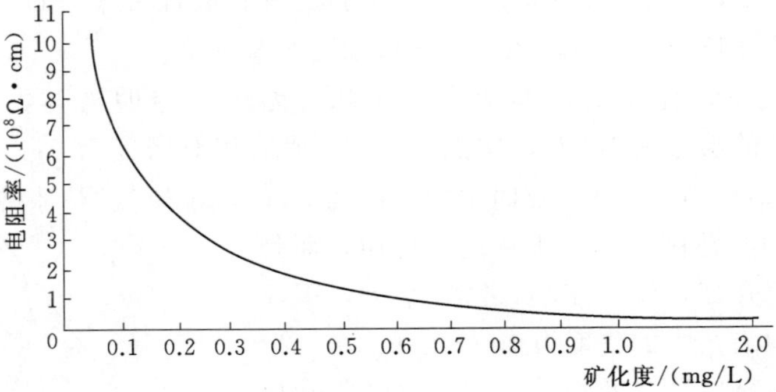


图 2.4 水的矿化度与电阻率关系

#### 2.2.2.2 水的介电性质

水的高介电常数性质是其最显著的特征之一，水的介电常数要比其他的有机化合物高十几倍，甚至几十倍，所以水是一种强的离子化溶剂。

水的介电常数受温度的影响，见表 2.3。其随频率的变化在理论上尚无确切的关系式。从试验上得知，水的介电常数在 1000MHz 以下基本上不依频率而变化；而在微波范围内，随着频率增加，介电常数逐渐减小。

表 2.3 不同温度下水的介电常数

| 温度/℃ | 0 | 10 | 20 | 30 | 40 | 50 | 60 |
|---|---|---|---|---|---|---|---|
| 介电常数 | 88.2 | 84.2 | 80.4 | 76.6 | 73.1 | 69.8 | 66.6 |

#### 2.2.2.3 水的磁性

水是抗磁性物质，磁化率变化范围为 $(-0.67\sim-0.72)\times10^{-6}$（20℃）。水中的氢核具有微弱的磁性，显现核子顺磁性。这也是核磁共振找水技术的核心原理，参见第 8 章。

## 2.3 岩石的电阻率

### 2.3.1 矿物与岩石的电阻率

固体矿物可分为三种类型：金属导体、半导体和固体电介质。各种天然金属均属于金属导体。此外，石墨具有某些特殊性质，电阻率也很低。大多数金属矿物均属半导体，其电阻率值都高于金属导体。绝大多数造岩矿物，如辉石、长石、石英、云母、方解石等，均属于固体电介质。其电阻率值都很高，在干燥情况下可视为绝缘体。常见矿物的电阻率见表 2.4，一些岩石电阻率值的分布范围如图 2.5 所示。

表 2.4 常见矿物的电阻率 单位：Ω·m

| 电阻率 | 0.000001～0.001 | 0.001～1 | 1～1000 | 1000～1000000 | ＞1000000 |
|---|---|---|---|---|---|
| 常见矿物 | 磁铁矿、黄铁矿、斑铜矿、铜蓝、石墨 | 赤铁矿、白铁矿、黄铁矿、赤铜矿、黄铜矿、辉铜矿、辉钼矿、方铅矿、毒砂 | 赤铁矿、辉铁矿、菱铁矿、铬铁矿、辉铋矿、黑钨矿、软锰矿、锡石 | 赤铁矿、钛铁矿、褐铁矿、铬铁矿、闪锌矿、蛇纹石 | 角闪石、硬石膏、石膏、石盐、石榴石、方解石、长石、霞石、辉石、石英、云母、石油 |

### 2.3.2 电阻率与胶结结构的一般规律

多数岩石和矿石可视为由均匀相连的胶结物与不同形状的矿物颗粒组成，图 2.5 为常见岩石的电阻率。

岩、矿石的电阻率取决于这些胶结物和颗粒的电阻率、形状及相对含量。设胶结物电阻率为 $\rho_1$，颗粒的电阻率为 $\rho_2$。当岩石或矿石仅由这两种矿物组成时，其电阻率 $\rho$ 与 $\rho_1$、$\rho_2$ 及颗粒的体积含量 $V$ 有关，对不同形状的颗粒而言，其关系是不同的。

根据等效电阻率的近似理论，不同

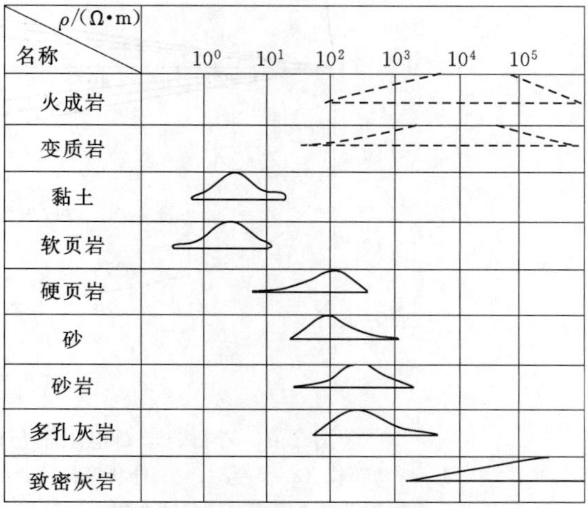


图 2.5 几种岩石电阻率值的分布范围

结构的岩矿石电阻率有以下表达形式。

(1) 矿物颗粒为球形的岩石、矿石（如砂岩、砾岩、浸染状的金属矿石）电阻率为

$$\rho=\rho_1\frac{(\rho_1+2\rho_2)-(\rho_1-\rho_2)V}{(\rho_1+2\rho_2)+2(\rho_1-\rho_2)V} \tag{2.6}$$

(2) 圆状颗粒。

纵向电阻率：
$$\rho_t=\frac{\rho_1\rho_2}{\rho_1 V+\rho_2(1-V)}$$

横向电阻率：
$$\rho_n=\rho_1(1-V)+\rho_2 V$$

两者的关系：
$$\rho_n-\rho_t\geqslant 0$$

(3) 针状颗粒。

纵向电阻率：
$$\rho_t=\rho_1\frac{\rho_2}{\rho_1 V+(1-V)\rho_2}$$

横向电阻率：
$$\rho_n=\rho_1\frac{\rho_1+\rho_2-(\rho_1-\rho_2)V}{\rho_1+\rho_2+2(\rho_1-\rho_2)V}$$

两者的关系同样是
$$\rho_n-\rho_t\geqslant 0$$

图 2.6 为三种颗粒情况根据公式算得的 $\rho/\rho_1$ 与 $V\%$ 的理论曲线。图中上半部为高阻颗粒情况（$\rho_2/\rho_1=10^7$）；下半部为低阻颗粒情况（$\rho_2/\rho_1=10^{-7}$）。由图中两条曲线可见：无论颗粒是高阻还是低阻，当其体积含量不太大（$V<60\%$）时，整体岩、矿石的电阻率（$\rho$）受 $\rho_2$ 影响很小，其值接近胶结物电阻率（$\rho_1$）；而当颗粒体积含量相当大（$V>$

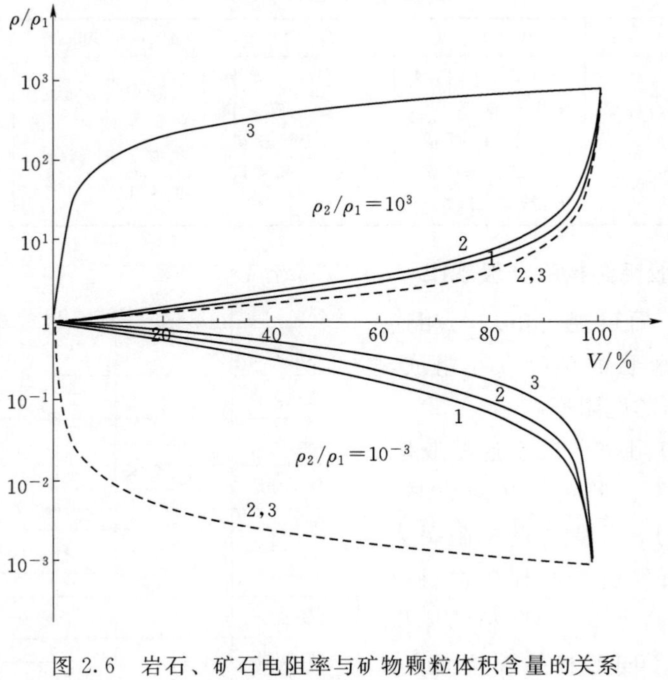


图 2.6 岩石、矿石电阻率与矿物颗粒体积含量的关系

1—球状颗粒（$a=b=c$）；2—针状颗粒（$a=b=1/40c$）；3—片状颗粒（$a=b=40c$）

虚线为纵向电阻率 $\rho_t$；实线为横向电阻率 $\rho_n$；$a$、$b$、$c$ 为颗粒三个维度上的尺寸

60%）时，$\rho_2$ 才对 $\rho$ 有明显作用。

这是由于颗粒体积含量不大时，各颗粒是相互分离的，对岩石、矿石整体电阻率的影响不大，而胶结物是彼此连通的，起主要作用。但当颗粒体积含量相当大，足以彼此连通时，$\rho_2$ 则对岩石、矿石整体的电阻率才有明显影响。因此，当物质组分一定时，电阻率值主要决定于它们的连通情况，连通者起的作用大，孤立者起的作用小。

由图 2.6 中的曲线 2 和曲线 3 可以看出无论是 $\rho_2>\rho_1$ 还是 $\rho_2<\rho_1$，总有 $\rho_n>\rho_t$。表明了针状或片状结构的岩、矿石电阻率具有方向性（非各向同性）。此外，由图 2.6 还可看出：对良导电的针状或片状颗粒的岩、矿石而言，其 $\rho_n$ 与含同样体积的球状颗粒的岩、矿石电阻率相差不多，而 $\rho_t$ 却明显较球状颗粒者低；对含高阻片状颗粒的岩、矿石情况，其 $\rho_t$ 与含同样体积的针状或球状颗粒的岩、矿石的电阻率相差不多，而 $\rho_n$ 却明显地较针状或球状颗粒者大。

对于两种薄层交替成层的情况，若其电阻率分别为 $\rho_1$ 和 $\rho_2$。两种薄层的总厚度分别为 $h_1$ 和 $h_2$（图 2.7），则按电阻并联和串联的关系，不难算出沿层理方向和垂直层理方向的电阻率 $\rho_t$ 和 $\rho_n$ 有如下形式：

$$\left.\begin{aligned}\rho_t&=\frac{h_1+h_2}{\dfrac{h_1}{\rho_1}+\dfrac{h_2}{\rho_2}}\\ \rho_n&=\frac{h_1\rho_1+h_2\rho_2}{h_1+h_2}\end{aligned}\right\} \tag{2.7}$$

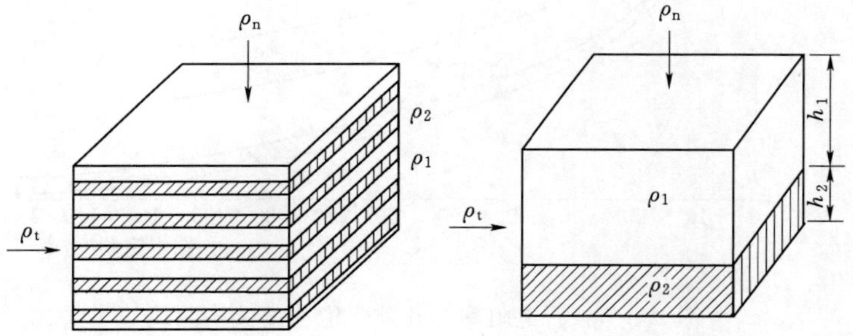


图 2.7 层状岩石模型

平均电阻率表示为

$$\rho_m=\sqrt{\rho_n\rho_t}$$

$$\rho_n-\rho_t=\frac{h_1h_2(\rho_1-\rho_2)^2}{(h_1+h_2)(h_1\rho_2+h_2\rho_1)}\geqslant 0$$

即垂直层理方向的电阻率 $\rho_n$ 总是大于沿层理方向的电阻率 $\rho_t$，说明层状岩石导电的方向性，用各向异性系数 $\lambda$ 来表示。

$$\lambda=\sqrt{\frac{\rho_n}{\rho_t}} \tag{2.8}$$

表 2.5 中列出了几种常见岩层的各向异性系数。由表 2.5 可见，某些岩层的电阻率具有明显的非各向同性，如石墨化碳质页岩。

**表 2.5　　几种常见岩层的各向异性系数**

| 岩石名称 | $\lambda$ | $\rho_n/\rho_t$ | 岩石名称 | $\lambda$ | $\rho_n/\rho_t$ |
|---|---|---|---|---|---|
| 层状黏土 | 1.02～1.05 | 1.04～1.00 | 泥质页结 | 1.41～2.25 | 2.2～5.0 |
| 层状砂岩 | 1.1～1.6 | 1.20～2.56 | 无烟煤 | 2.0～2.55 | 4.0～6.5 |
| 泥质板岩 | 1.1～1.59 | 1.20～2.5 | 石墨碳质页岩 | 2.0～2.8 | 4.0～7.82 |

### 2.3.3 孔隙与含水量的影响

岩层处于干燥状况时，电阻率都很高。但岩层一般都具有一定的孔隙或裂隙并含有或多或少的水分，因而使其电阻率降低。图 2.8 为岩石电阻率与孔隙水饱和度关系曲线。

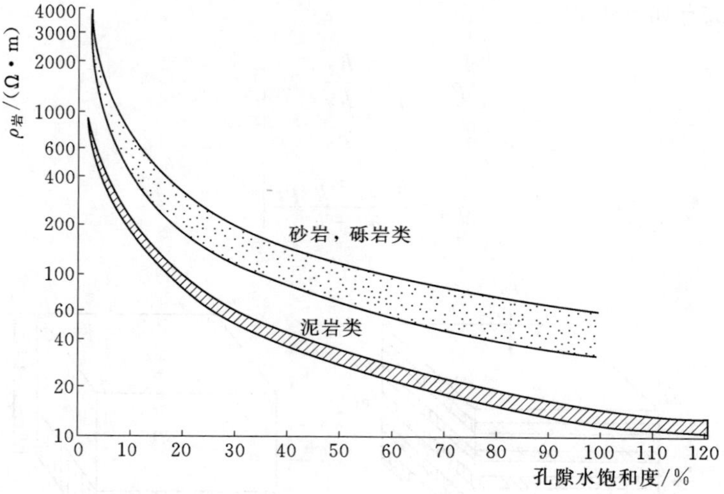


图 2.8　岩石电阻率与孔隙水饱和度关系曲线

为研究孔隙裂隙发育程度、含水性以及水的矿化度对岩石电阻率的影响，G. E. Archie 1942 年根据对大量多孔岩石电阻率测定、统计结果得出的一个描述岩石的电阻率与其孔隙裂隙发育程度、含水性以及裂隙水的电阻率等参数之间关系的经验公式，即阿尔奇公式。

$$\rho_0 = K\varphi^{-m}S_r^{-n}\rho_w \tag{2.9}$$

式中，$\varphi$ 为土的孔隙率；$S_r$ 为孔液饱和度；$\rho_w$ 为孔液电阻率；$K$ 为比例系数，在 0.6～1.5 之间变化；$\varphi$ 为孔隙率，表 2.6 列出了一些常见岩石的孔隙度；$m$ 为孔隙度指数，或称胶结系数，通常在 1.2～2.0 之间变化，这个系数的选取与地质年代有关，如较松散或弱胶结的第三纪沉积物为 1.3 左右，固结良好的古代沉积岩为 1.95 左右，个别沉积构造还会超出此范围；$S$ 为含水饱和度（即水充填空间的比值）；$n$ 为饱和度指数，这是一个由试验确定的因子，大约为 2；$\rho_w$ 为充填于孔隙中水的电阻率。

在地下水面以下，岩层的孔隙几乎充满了水。地下水都溶有一定的盐分，其电阻率都比较低，见表 2.7。由于盐类离子导电作用，岩层电阻率变低。水质对电阻率的影响比岩层种类的影响要大得多。例如含淡水的中、细、粉砂的电阻率一般为 15～60Ω·m，含咸水的中、细、粉砂的电阻率一般为 3～15Ω·m。如果水质相同，粉砂的电阻率仅比细砂的电阻率小 30%左右。可见水质对电阻率的影响是第一位的，图 2.8 为岩石电阻率与孔隙水饱和度关系曲线。

**表 2.6　一些常见岩石的孔隙度**

| 岩石类别 | 岩石名称 | 孔隙度/% | 岩石类别 | 岩石名称 | 孔隙度/% |
|---|---|---|---|---|---|
| 沉积岩 | 土壤 | 20.0～69.4 | 岩浆岩 | 玄武岩 | 18.7 左右 |
| | 砂 | 15.0～63.2 | | 安山岩 | 6.0 左右 |
| | 黏土 | 10.1～62.9 | | 辉长岩 | 0.4～1.9 |
| | 砾石 | 20.2～37.7 | | 花岗岩 | 0.4～4.1 |
| | 页岩 | 1.5～44.8 | | 辉绿岩 | 0.2～5.1 |
| | 砂岩 | 2.0～18.4 | | 闪长岩 | 0.4～4.0 |
| | 灰岩 | 0.7～$n$×10* | | 正长岩 | 0.9～2.9 |
| 变质岩 | 结晶石灰岩 | 0.9～8.6 | | | |
| | 片麻岩 | 0.4～7.5 | | | |
| | 大理岩 | 0.1～2.1 | | | |

* 带有喀斯特溶洞的灰石孔隙度可达 $n$×10%。

**表 2.7　含咸水与淡水地层电阻率对比**

| 名称 | | 电阻率/(Ω·m) | 名称 | | 电阻率/(Ω·m) |
|---|---|---|---|---|---|
| 饱和咸水中 | 砂砾石 | 9～60 | 淡水中 | 砂砾石 | 45～150 |
| | 中粗砂 | 4～15 | | 中粗砂 | 20～75 |
| | 粉细砂 | 3～8 | | 粉细砂 | 15～40 |
| | 黏土 | 2.5～5 | | 黏土 | 10～20 |

### 2.3.4 温度和压力与电阻率关系

温度升高，岩层水分离子活动加强，导致岩层电阻率下降。根据试验，温度增加 1℃，能使电阻率降低百分之几。深度在一二百米以内的地层，温度变化较小；深度越大温度越高。根据一般规律，深度每增加 100m，地温增加 3℃。

位于地壳深部的岩石除受温度影响外，压力的影响也是不可忽视的。试验表明，沉积岩电阻率随压力变化的幅度与胶结方式和胶结度有关。由于本书所研究的内容与地壳深部关联性较弱，这里不再赘述。

综上所述，有以下几点规律：岩层电阻率主要取决于含水状况和地下水矿化度的大小；干燥时电阻率高，反之则低；矿化度高电阻率低，矿化度低则电阻率高。火成岩电阻率一般高于沉积岩，而沉积岩中化学沉积岩石，如岩盐、石膏等的电阻率最大，致密完整岩层的电阻率高于松散或破碎且含水的岩层。黏土的电阻率低于砂、砾石层的电阻率，一般说来在第四系沉积层中，砂、砾石颗粒越粗，孔隙越大，电阻率就越低。

由于自然界的复杂性，在分析具体地区岩层电阻率时，一定要结合本地区的水文地质条件，综合研究，才能得到较符合实际的结果。

## 2.4 岩石的介电常数

### 2.4.1 常见矿物与岩石的相对介电常数

表 2.8 列出了常见矿物的相对介电常数值，由表可见，大多数造岩矿物 $\varepsilon_r$ 很小，且变化范围不大（$\varepsilon_r=4\sim12$）。金属矿物一般具有较大的相对介电常数（$\varepsilon_r=10\sim n\times10$）。

表 2.8　常见矿物的相对介电常数

| 矿物名称 | $\varepsilon_r$ | 矿物名称 | $\varepsilon_r$ | 矿物名称 | $\varepsilon_r$ |
|---|---|---|---|---|---|
| 普通辉石 | 6.9～10.3 | 磷灰石 | 7.4～10.5 | 方铅矿 | 17.9 |
| 硬石膏 | 5.5～6.3 | 重晶石 | 7.0～12.2 | 闪锌矿 | 7.9～69.7 |
| 长石 | 4.5～6.2 | 钾盐 | 4.8 | 锡石 | 23 |
| 白云母 | 6.2～8.0 | 石膏 | 5.0～11.6 | 铝钒 | 50～74 |
| 黑云母 | 6.2～9.3 | 刚玉 | 11.0～13.2 | 纯水（20℃） | 80 |
| 石英 | 4.2～5.0 | 绢云母 | 19.6～25.4 | 冰 | 3～43 |
| 方解石 | 7.8～9.5 | 赤铁矿 | 25.0 | 石油 | 2.0～2.7 |

对于岩石，火成岩的相对介电常数 $\varepsilon_r$ 变化范围为 7～15。在超基性岩石和基性岩石中其值相对偏高，而在酸性岩石中其值较低。变质岩的 $\varepsilon_r$ 在 3～17 范围内变化，而沉积岩的 $\varepsilon_r$ 变化范围较宽（2～40）。常见的岩石的相对介电常数见表 2.9。

表 2.9　常见的几种岩石的相对介电常数

| 种类 | 岩石 | $\varepsilon_r$ | 种类 | 岩石 | $\varepsilon_r$ |
|---|---|---|---|---|---|
| 火成岩 | 花岗岩 | 7～12 | 变质岩 | 片麻岩 | 8～15 |
| | 白长岩 | 13～14 | | 大理岩 | 3 |
| | 闪长石 | 8～9 | 沉积岩 | 石灰岩 | 8～12 |
| | 橄榄岩 | 10～11 | | 砂岩 | 5～11 |
| | 玄武岩 | 12 | | 土壤 | 2～32 |

### 2.4.2 湿度对相对介电常数的影响

对于广泛分布的岩石，尤其是沉积岩，影响介电常数的主要因素是其含水性，且水分子的极化是介电极化的重要原因，所以土壤中相对介电常数的变化范围也较大，最低值是由干燥的多孔隙岩石测得的，最高值是这些孔隙被地下水充满时测得的。

对大多数疏松沉积岩而言，相对介电常数随岩石中温度的增加而增大，如图 2.9 所示。由图 2.9 可见，随着湿度的增加，$\varepsilon_r$ 一开始很快增加，最后达到饱和值 100。在低频电场中，湿度较低（1%）条件下已出现饱和现象；而在高频电场中，当湿度很高（10%～30%）时才出现饱和现象。

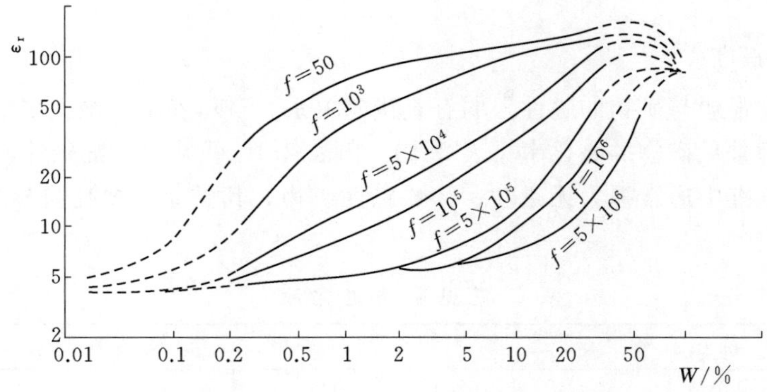


图 2.9 在不同频率条件下石英砂的相对介电常数与湿度的关系
（虚线为推算值）

### 2.4.3 相对介电常数与频率的关系

介电极化的程度就与外电场的频率有关。介电极化有一个形成过程，形成介电极化需要一定的时间，当频率增高，电场单向持续时间缩短，极化将来不及充分地产生，因而极化程度降低。

图 2.10 给出了不同湿度的粉砂岩相对介电常数随频率的变化曲线。由图 2.10 可见，当外电场的频率由 $10^2$ Hz 变到 $10^5$ Hz 时，湿度为 15.7%的粉砂岩的相对介电常数变化了两个量级，而干粉砂岩的相对介电常数，在上述频率范围内，几乎不随外电场的频率变化而变化。

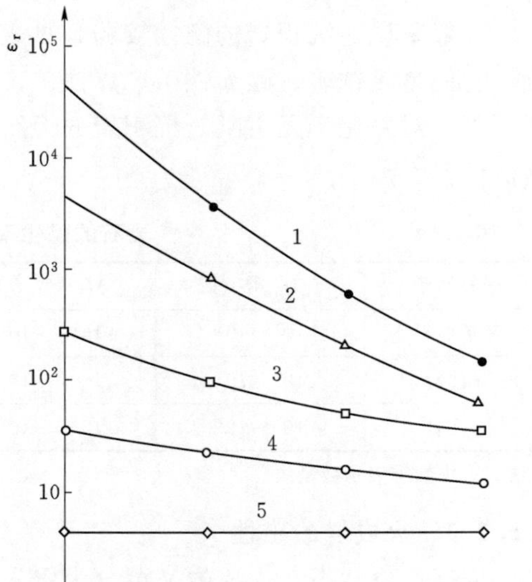


图 2.10 粉砂岩 $\varepsilon_r$ - $f$ 曲线
1—湿度 15.7%；2—湿度 12.0%；3—湿度 5.1%；4—湿度 2.1%；5—干岩石

### 2.4.4 相对介电常数与成分、压力、温度的关系

矿物成分对干燥坚硬的岩石的介电性起主导作用，越是坚硬的岩石其 $\varepsilon_r$ 越高。在简单的情况下，岩石的相对介电常数可以用计算混合相对介电常数的公式（2.10）计算。

$$\frac{\varepsilon_r-1}{\varepsilon_r+2}=\frac{\varepsilon_{r1}-1}{\varepsilon_{r1}+2}\theta_1+\frac{\varepsilon_{r2}-1}{\varepsilon_{r2}+2}\theta_2 \qquad (2.10)$$

式中：$\theta_1$、$\theta_2$ 分别为介质 1 与介质 2 在混合物的中体积百分数，且 $\theta_1+\theta_2=1$；$\varepsilon_{r1}$、$\varepsilon_{r2}$ 分别为介质 1 与介质 2 的相对介电常数。

位于地壳深部的岩石温度、压力对相对介电常数的影响。由于本书所研究的内容与地壳深部关联性较弱，这里不再赘述。

## 2.5 岩石、矿石的磁性

### 2.5.1 矿物的磁性

岩石的磁性强弱与矿物的磁性强弱有直接的关系。自然界中，绝大多数矿物属顺磁性与抗磁性。几种常见矿物的磁化率见表 2.10。由表 2.10 可见：①抗磁性矿物，其磁化率很小，在磁法勘查中通常视为无磁性；②顺磁性矿物，其磁化率要比抗磁性矿物大得多，约两个数量级。

**表 2.10　常见矿物磁化率**

| 抗磁性物质 | | | | 顺磁性物质 | | | |
|---|---|---|---|---|---|---|---|
| 名称 | $k_{平均}\times10^{-5}$ (SI) | 名称 | $k_{平均}\times10^{-5}$ (SI) | 名称 | $k_{平均}\times10^{-5}$ (SI) | 名称 | $k_{平均}\times10^{-5}$ (SI) |
| 石英 | −1.3 | 方铅矿 | −2.6 | 橄榄石 | 2 | 绿泥石 | 20～90 |
| 正长石 | −0.5 | 闪锌矿 | −4.8 | 角闪石 | 10～80 | 金云母 | 50 |
| 锆石 | −0.8 | 石墨 | −0.4 | 黑云母 | 15～65 | 斜长石 | 1 |
| 方解石 | −1.0 | 磷灰石 | −8.1 | 辉石 | 40～90 | 尖晶石 | 3 |
| 盐岩 | −1.0 | 重晶石 | −1.4 | 铁黑云母 | 750 | 白云母 | 4～20 |

### 2.5.2 各类岩石的磁性

地壳岩石可分为沉积岩、火成岩及变质岩三大类。

#### 2.5.2.1 沉积岩的磁性

一般来说，沉积岩的磁性较弱，见表 2.11。其磁化率主要决定于副矿物的含量和成分，它们是磁铁矿、磁赤铁矿、赤铁矿，以及铁的氢氧化物。造岩矿物如石英、长石、方解石等，对磁化率无贡献。沉积岩的天然剩余磁性，与由母岩剥蚀下来的磁性颗粒有关，其数值不大。

**表 2.11　岩石的磁化率和天然剩余磁化强度**

| 岩石类型 | $k/[10^{-6}\mathrm{SI(k)}]$ | $M_r/(\mathrm{A/m})$ | 岩石类型 | $k/[10^{-6}\mathrm{SI(k)}]$ | $M_r/(\mathrm{A/m})$ |
|---|---|---|---|---|---|
| 超基性岩 | $10^1\sim10^3$ | $10^{-1}\sim10^1$ | 变质岩 | $10^{-1}\sim10^2$ | $10^{-3}\sim10^{-1}$ |
| 基性岩 | $10^0\sim10^3$ | $10^{-3}\sim10^1$ | 沉积岩 | $10^{-1}\sim10^1$ | $10^{-3}\sim10^{-1}$ |
| 酸性岩 | $10^0\sim10^2$ | $10^{-3}\sim10^1$ | | | |

注　表中数字表示数量级。

#### 2.5.2.2 火成岩的磁性

依据产出状态，火成岩又可分为侵入岩和喷出岩。

（1）不同类型的侵入岩（花岗岩、花岗闪长岩、闪长岩、辉长岩、超基性岩等），随岩石的基性增强而平均磁化率增大。它们的磁化率均具有数值分布范围宽的相同特征。

（2）超基性岩是火成岩中磁性最强的。超基性岩体在经受蛇纹石化时，辉石被蚀变分解形成蛇纹石和磁铁矿，使磁化率急剧增大，可达几个 SI 单位。

（3）基性、中性岩，一般来说其磁性较越基性岩要低。

（4）花岗岩建造的侵入岩，普遍是铁磁一顺磁性的，磁化率不高。

（5）喷出岩在化学和矿物成分上与同类侵入岩相近，其磁化率的一般特征相同。由于喷出岩迅速且不均匀的冷却，结晶速度快，因而其磁化率离散性大。

（6）火成岩具有明显的天然剩余磁性，在一定的范围内变化。

#### 2.5.2.3 变质岩的磁性

变质岩的磁化率和天然剩余磁化强度的变化范围很大。按磁性，变质岩可分为铁磁-顺磁性和铁磁性两类，与原来的基质有关，也与其形成条件有关。由沉积岩变质生成的，称水成变质岩，其磁性特征一般具有铁磁-顺磁性；由火成岩变质生成的，称火成变质岩，其磁性有铁磁-顺磁性与铁磁性两种。这和原岩的矿物成分，以及变质作用的外来性或原生性有关。

岩石的磁性是由所含磁性矿物的类型、含量、颗粒大小与结构，以及温度、压力等因素决定的。

## 2.6 岩石的极化特性

一般情况下物质都是电中性的，即正、负电荷保持平衡。但是，某些岩石和矿石在特定的自然条件下，在岩石中产生的各种物理化学过程作用下，岩石可以形成面电荷和体电荷。岩石的这一性质称为岩石极化。

岩石极化分为两种类型：

（1）自然极化。由不同地质体接触处的电荷自然产生的（表面极化）或由岩石的固相骨架与充满空隙空间的液相接触处的电荷自然产生的（两相介质的体极化）。

（2）激发极化。在人工电场作用下产生的极化。由岩石自然极化和人工极化产生的面电荷和体电荷形成自然电场或激发极化电场。

在电磁学里，电介质因响应外电场的施加而极化的程度，可以用电极化率来衡量。有关极化特性将在后续章节介绍。

## 2.7 混凝土的电磁特性

混凝土因其具有优异的物理力学性能、良好的耐久性以及合理的经济性而在工程中应用广泛。在水工工程中大量采用混凝土，如大坝、水闸、防渗墙等。利用混凝土的电磁特性，可达到探测其内部缺陷、防止出现不良灾变的目的，因此，了解混凝土的电磁特性是十分必要的。

### 2.7.1 混凝土电阻率及与含水状态的关系

普通混凝土的电阻率高，一般干燥状态下普通混凝土的电阻率约为 104～109Ω·m，其导电性能很差。

混凝土的导电是通过混凝土孔隙溶液中离子的迁移实现的。因此，混凝土电阻率与混凝土原材料、配合比参数等因素密切相关。

#### 2.7.1.1 原材料

（1）水泥类型。不同水泥类型各矿物成分含量不同，水化后的孔隙和孔溶液成分不同，因此，水泥类型将影响混凝土的电阻率。

图 2.11 为普通硅酸盐水泥混凝土和高铝水泥混凝土的电阻率进行了对比，水灰比同为 0.49、龄期为 3 个月。试验发现，高铝水泥混凝土的电阻率要比普通硅酸盐水泥混凝土的电阻率大得多。原因是高铝水泥水中水化消耗游离的钙离子产生铝酸钙，孔隙溶液中游离离子较少、内部孔隙率小。

（2）骨料。骨料的电阻率远高于胶凝材料的电阻率，不同岩石的电阻率见第 3.3 节岩层的电阻率。当采用高电阻率骨料配制的混凝土，其电阻率越大，混凝土中骨料的比例越大，混凝土的电阻率也越大。

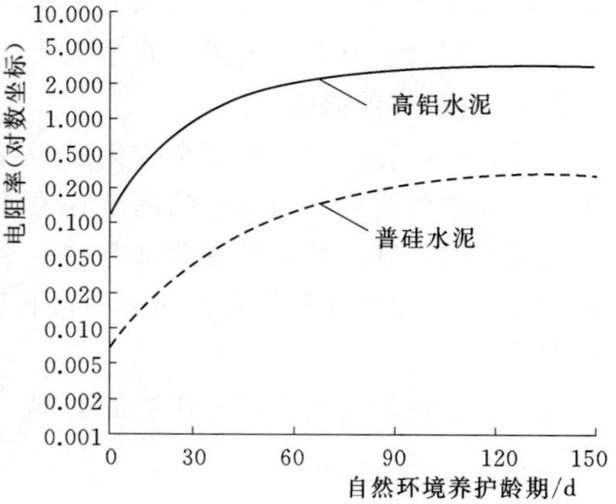


图 2.11 混凝土水胶比 0.49 情况下水泥类型对混凝土电阻率的影响

#### 2.7.1.2 配合比参数

（1）水灰比。水灰比是指水与水泥之比，对水泥浆体微结构有着重要的影响。电阻率随水灰比减小显著降低。水灰比越大，混凝土中孔隙的数量以及孔径尺寸越大，混凝土的孔隙率越高，混凝土密实度越差，混凝土的电阻率越低。水灰比 0.4 的水泥浆体电阻率约是水灰比 0.6 水泥浆体电阻率的 2 倍。

（2）水泥用量。单位立方米混凝土水泥用量也影响电阻率，在用水量不变条件下，用量多就增加了易水解的盐类，混凝土孔隙溶液中游离态的离子必然越多，混凝土的电阻率就越小。研究表明，当水泥用量从 300kg/m$^3$ 增加到 400kg/m$^3$ 时，水胶比为 0.50 时的混凝土电阻率降低约 20%，水胶比为 0.55 时的混凝土电阻率降低 25%，但水泥用量与混凝土电阻率影响并不呈线性变化。其中，水胶比是指水与水泥和其他掺料（如粉煤灰）的和之比。

（3）矿物掺合料及其掺量。以粉煤灰、矿渣和硅灰为代表的矿物掺合料能够提高混凝土电阻率。Baweja 等研究了不同水胶比粉煤灰和矿渣对混凝土电阻率的影响。如图 2.12 所示，当粉煤灰掺量为胶凝材料的 25%时，混凝土的电阻率显著增加。在电阻率测试前，混凝土在水中浸泡。在水胶比同为 0.45 时，测试龄期为 800d，粉煤灰混凝土的电阻率是不掺粉煤灰混凝土的 5 倍。

由图 2.13 可知，当矿渣掺量为 35%时，水胶比为 0.5 和 0.55 混凝土的电阻率高于同水胶比普通混凝土的电阻率，但水胶比为 0.65 混凝土的试验结果则相反。

矿物掺合料对混凝土电阻率影响的机理是基于减少混凝土中导电离子以及细化混凝土中孔隙结构。掺合料化学组成、粒度分布、掺量等对混凝土的电阻率有显著的影响。

（4）含气量。含气量是混凝土拌合物的关键参数，但对混凝土电阻率影响研究较少。有研究表明，混凝土电阻率随着混凝土含气量的增加而增加，混凝土中的含气量可以认为起到阻碍导电离子传播的作用。

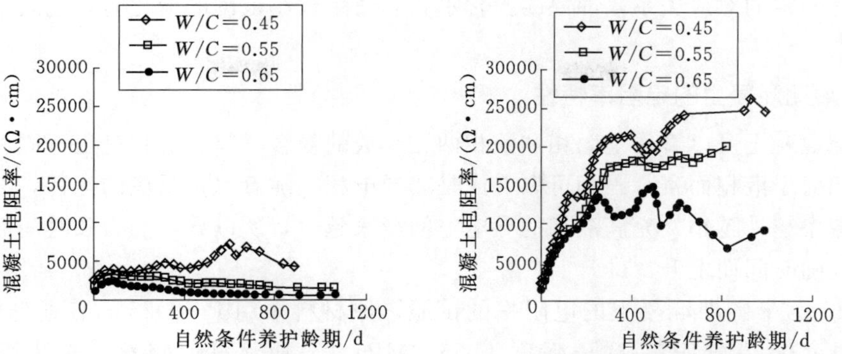


(a) 普通混凝土(不掺粉煤灰)　　(b) 掺粉煤灰混凝土(25%粉煤灰)

图 2.12　粉煤灰对混凝土电阻率的影响

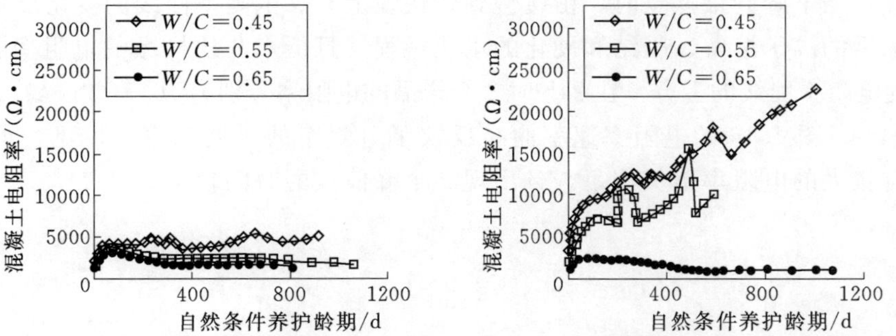


(a) 普通混凝土(不掺矿粉)　　(b) 掺粉煤灰混凝土(35%矿粉)

图 2.13　矿渣对混凝土电阻率的影响

(5) 含水状态的关系。混凝土含水率变化导致孔隙溶液中导电离子迁移情况发生很大变化，因此影响混凝土导电性能。图 2.14 给出的是 C30 与 C60 混凝土浸水养护和干燥养护 28d 后，通过失水和吸水调整混凝土的含水率所测得的电阻率变化情况。失水过程中电阻率都有非常明显的增加，由于 C60 混凝土更加密实，失水较为困难，因此电阻率增加幅度较小。同样，C30 与 C60 混凝土试件吸水后电阻率降低也非常明显，由于 C30 凝土孔隙率较多，因此吸水更容易，电阻率降低幅度更大。因此，试验结果表明混凝土电阻率

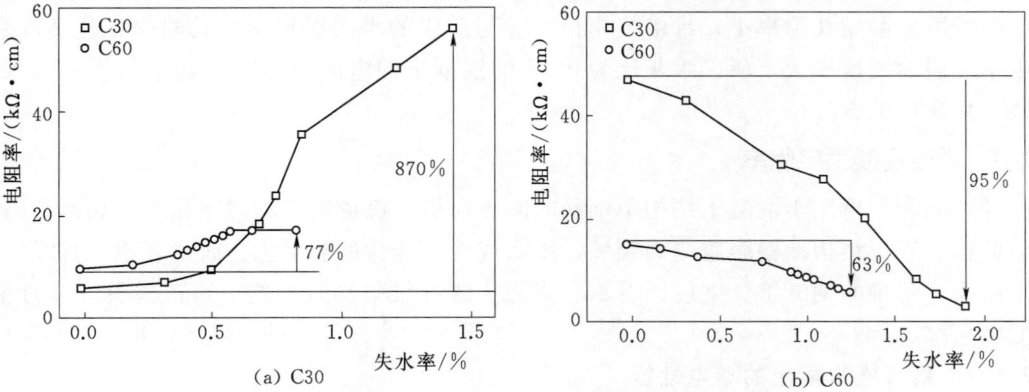


(a) C30　　(b) C60

图 2.14　含水量变化对电阻率的影响

与含水率有一定的对应关系，即混凝土含水状态发生较小范围的变化时，电阻率就有非常显著的改变。

### 2.7.2 早龄期混凝土的电阻率特性

早龄期混凝土可以看作是固相和液相两相组成的复合材料，液相是由不同离子组成的导电相，相对于液相而言，固相可以看成是非导电相，随着水化反应的进行，混凝土不断致密，孔隙率越来越小，充满液相的导电空间越来越少，所以导电能力随时间而下降，即电阻率曲线随时间而上升。

图 2.15 为早龄期混凝土的电阻率的试验，原材料采用 P·O25.5 普通硅酸盐水泥，28d 抗折强度为 7.4MPa，抗压强度为 56.2MPa。普通河砂，碎石，连续级配为 5～20mm。水灰比 W/C 分别为 0.35、0.45、0.55。

从图 2.15 电阻率曲线可以看到，不同水灰比的混凝土的电阻率具有相同的变化趋势。曲线先下降，当下降到最低点时，由缓慢到较快地上升。电阻率曲线的变化反映了混凝土内水泥遇水后的离子溶解、凝结和硬化的水化过程。且低水灰比样品的电阻率曲线始终在高水灰比的电阻率曲线的上方，在 24h 时 3 个样品的电阻率分别为 16.71Ω·m、10.06Ω·m 和 7.79Ω·m。图 2.16 的电阻率速率曲线反映了电阻率的发展速率。可见，低水灰比电阻率曲线有较大的电阻率增长速率，且出现 2 个峰值点的时间较早。

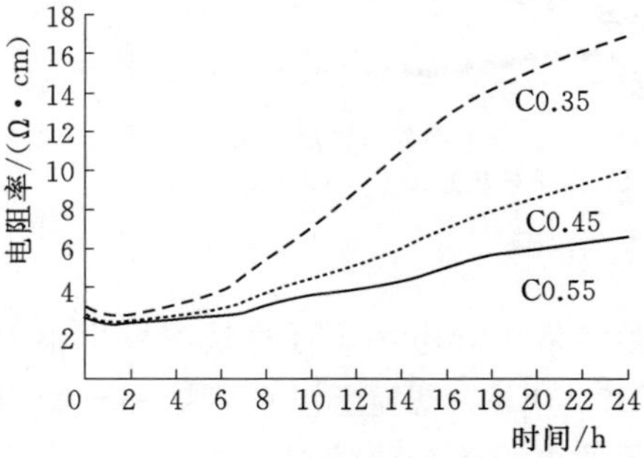


图 2.15 电阻率随时间发展曲线

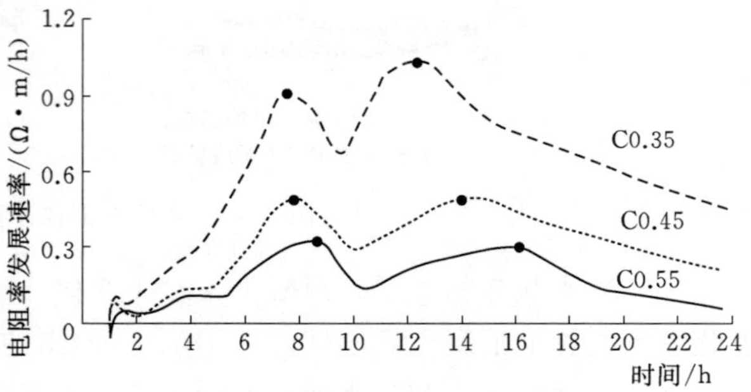


图 2.16 电阻率速率曲线随时间发展曲线

电阻率发展曲线可以动态地反映混凝土孔结构的及其变化的过程，对于水灰比为 0.35 的混凝土来说，其液相空间比水灰比为 0.45 和 0.55 的混凝土的液相空间少。水灰比小的混凝土起始孔隙率小，且单位体积内参与反应的水泥颗粒多，孔隙率变化速度快，电阻率发展曲线速率大，所以水灰比为 0.35 的混凝土的电阻率曲线和速率曲线在高水灰比两个样品的上方。

### 2.7.3 导电混凝土电阻率

导电混凝土可用于混凝土结构中钢筋的阴极保护、机场道路的融冰化雪、高速公路的自动监控、工程结构的健康监测等领域，因而成为一种特型混凝土。研究表明在普通混凝土中掺加一定量的钢纤维、钢屑、石墨、炭黑、碳纤维等导电材料，可改善其导电性能，降低电阻率。

#### 2.7.3.1 钢纤维混凝土的导电性能

图 2.17 为钢纤维掺量对混凝土电阻率的影响规律。从图 2.17 中可以看出，钢纤维混

凝土的电阻率比不掺导电相的对照组混凝土降低了50%左右，当钢纤维掺量增加到一定的程度后，继续提高钢纤维的掺量对改善混凝土的导电性不明显。将电阻率发生突变的导电填料浓度称为渗滤阈值，试验结果表明，该钢纤维混凝土中，钢纤维的渗滤阈值约为1.5%。

#### 2.7.3.2 碳纤维混凝土的导电性能

图2.18为碳纤维掺量对混凝土电阻率的影响规律。从图2.18中可以看出，当碳纤维体积掺量在1%以下时，混凝土的电阻率随碳纤维掺量的增加而降低明显，而当碳纤维体积掺量大于1%以上时，混凝土的电阻率降低幅度较小，并趋于稳定。这是因为，当碳纤维的掺量较低时，碳纤维间距较大，碳纤维在混凝土中的导电作用较小，此时混凝土主要通过孔溶液中的离子导电，因此，混凝土的电阻率较高；随着碳纤维掺量的增加，碳纤维彼此搭接增多，从而提高了碳纤维混凝土导电网络的连通性，改善了混凝土的导电性能；当碳纤维掺量增加到一定的程度后，即增加到特定的渗滤阈值后，碳纤维彼此间的搭接能够形成良好而稳定的导电网络，此时，混凝土的导电性主要取决于碳纤维所形成的导电网络。试验结果表明，此配合比制备的碳纤维导电混凝土中，碳纤维渗滤阈值体积百分率约为1%。

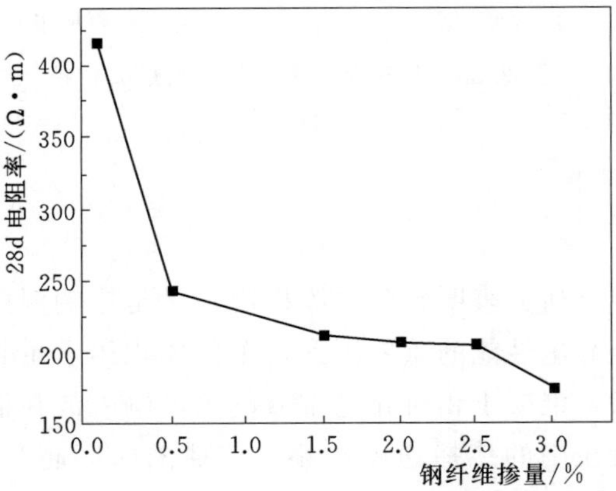


图2.17 钢纤维掺量对电阻率的影响

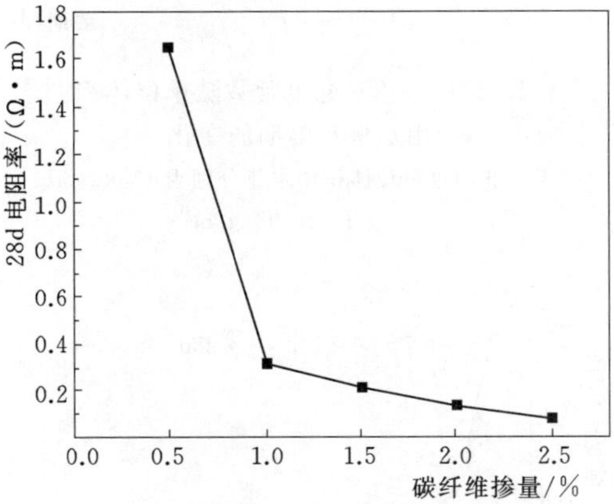


图2.18 碳纤维掺量对电阻率的影响

除上述两种以外，还有加入石墨、钢屑的混凝土。石墨混凝土的电阻率比钢纤维电阻率降低了2个数量级，说明石墨的掺入对混凝土导电性能有不错的改善作用。对于钢屑混凝土，低掺量的钢屑来降低混凝土的电阻率其作用不明显，提高钢屑掺量到30%以上，对改善混凝土的导电性有一定作用。

以上四种导电混凝土的试验均表明，不同导电相的混凝土其电阻率基本上随着养护龄期的增加而增加。

### 2.7.4 混凝土的介电性能

混凝土的介电性能是表征混凝土材料的电磁特性之一，反映了混凝土材料存储和消耗电磁能的能力，对于以电磁波检测为手段的无损检测结果有着重要的影响。周道传等开展了关于混凝土介电常数的试验。采用普通硅酸盐水泥，中粗河砂及碎石浇筑，机械搅拌，振动台振捣，室外洒水养护。试件尺寸为200mm×200mm×200mm（40B试件尺寸为

150mm×150mm×150mm)。

试件共分3个系列，分别是单位体积用水量系列、骨料最大粒径系列和混凝土强度等级系列。单位体积用水量系列混凝土试件的单位体积用水量分别为 175kg/m³、190kg/m³、205kg/m³。骨料最大粒径分别取为 20mm、30mm、40mm，每组制作2个试件，其编号为：20A、20B、30A，30B、40A、40B。3组混凝土试件设计强度等级为C40，实测抗压强度为36MPa、36MPa、46MPa。

试验表明单位体积用水量、骨料最大粒径、混凝土强度等级对混凝土试件相对介电常数的影响如图2.19～图2.21所示。

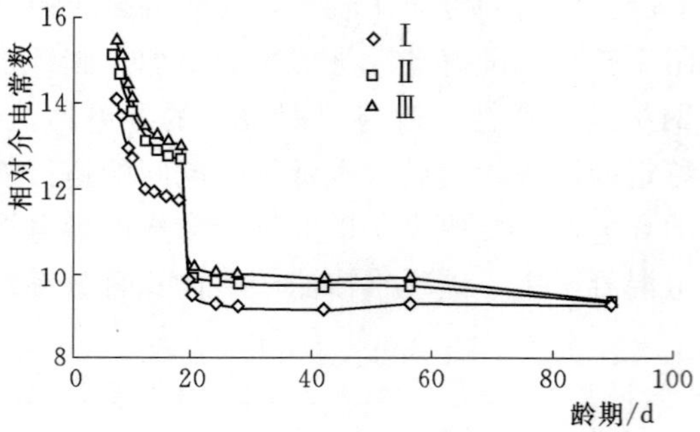


图2.19 相对介电常数随单位体积用水量和龄期的变化
(Ⅰ、Ⅱ、Ⅲ单位体积用水量分别为 175kg/m³、190kg/m³、205kg/m³)

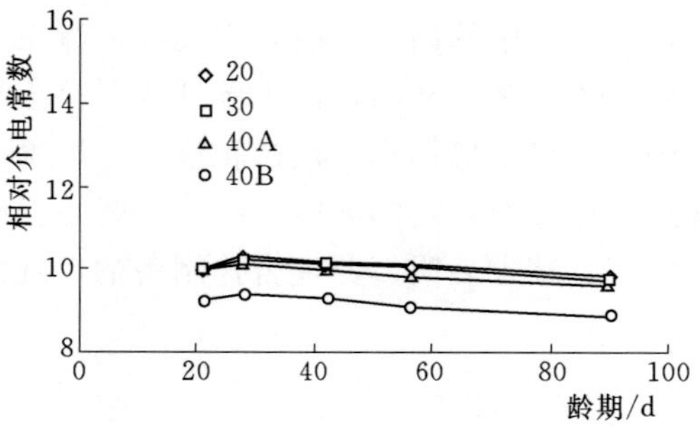


图2.20 相对介电常数随骨料最大粒径和龄期的变化

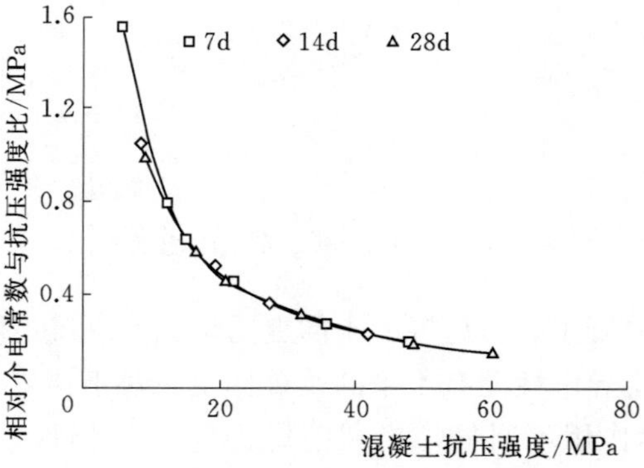


图2.21 相对介电常数和混凝土抗压强度比随龄期的关系

研究表明，单位体积用水量是影响混凝土介电性能的重要因素，单位体积用水量越大，混凝土相对介电常数越大，电磁波在混凝土中的传播速度越小，传播的时间越长，混凝土结构存储电磁波的能力越强，电磁波在混凝土结构中损耗的能量就越多。由图2.20还可以看出，相对介电常数随着龄期的增长不断减小，且龄期小于20d时其减小幅度较大，龄期大于20d时，其减小幅度不大。

由图2.20可以看出，3种最大粒径骨料混凝土试件的相对介电常数非常接近，混凝土骨料的最大粒径较其他试件小，其相对介电常数也比其他试件小，这说明混凝土材料的相对介电常数具有尺寸效应。

由图2.21可以看出，随着混凝土抗压强度的提高，相对介电常数和混凝土抗压强度比不断减小，且不同龄期的相对介电常数曲线基本重合，这说明相对介电常数和混凝土抗压强度比与其抗压强度、测试龄期的关系不大。这是因为当其他条件一定时，随着龄期的增加，混凝土的水化愈加充分，其强度愈高，强度与龄期之间具有明显的相关性。因此，当考虑混凝土抗压强度对其相对介电常数的影响时，可以忽略龄期因素的影响。

### 2.7.5 混凝土的磁性

目前对于混凝土的磁性研究尚未起步，由于水泥在混凝土中的重要地位，水泥的磁性研究必将成为研究混凝土磁特性的重要前提。有科研工作者对几种硅酸盐水泥做了一些试验。

试验表明，普通水泥和复合水泥在磁化过程中呈现磁滞回线，表现出一定的铁磁性，白色水泥在磁化过程中不能呈现磁滞回线，为弱磁性物质。

从磁化率的分析可知，普通水泥和复合水泥属于反铁磁性的范畴，见表 2.12。通过计算得到硅酸盐类水泥的磁性与其化学组成无关。

**表 2.12　　几种硅酸盐水泥的磁化率**

| 水泥种类 | 32.5 级普通水泥 | 42.5 级普通水泥 | 复合水泥 | 白色水泥 |
|---|---|---|---|---|
| 磁化率 $\lambda$ | $234.1\times10^{-6}$ | $229.8\times10^{-6}$ | $79.78.1\times10^{-6}$ | |

此外，一些国家研制出一种带有磁性的混凝土，其制备方法是在混凝土拌合物中掺入定量的铁氧体粉末，在所施加的磁场作用下使之硬化而成。用该混凝土作磁性标记，可用作交通、水下建筑物等信息的定位标记。

## 参 考 文 献

[1] 李金铭. 地电场与电法勘探 [M]. 北京：地质出版社，2005.
[2] 肖宏跃，雷宛. 地电学教程 [M]. 北京：地质出版社，2008.
[3] 程志平. 电法勘探教程 [M]. 北京：冶金工业出版社，2007.
[4] 钱桂兰，张保康，屈津余，等. 普通物探 [M]. 北京：地质出版社，2007.
[5] 李化建，谢永江，易忠来，等. 混凝土电阻率的研究进展 [J]. 混凝土，2011 (6)：35-40.
[6] 周道传，朱海堂，张启明，等. 浇筑参数对混凝土介电性能影响的试验研究 [J]. 建筑材料学报，2009，12 (4)：470-477.
[7] 唐祖全，钱觉时，杨再富. 导电混凝土研究进展 [J]. 重庆建筑大学学报，2006，28 (6)：135-139.
[8] 夏志成，马晓进，毕亚军. 硅酸盐类水泥的磁性试验研究 [J]. 水泥工程，2004 (4)：17-20.

# 第3章 直流电阻率法

电阻率法是以不同岩（矿）石之间导电性差异为基础，通过观测和研究人工电场的地下分布规律和特点，实现解决地质问题的一组电法勘探分支方法。方法的实质是通过接地电极在地下建立电场，以电测仪器观测因不同导电地质体存在时地表电场的变化，从而推断和解释地下地质体的分布或产状，达到解决地质问题的目的。最常用的方法主要包括电阻率测深法、电阻率剖面法和高密度电阻率法。

## 3.1 电阻率测深法

直流电测深法是目前应用较为广泛的直流电法装置，该方法主要用于研究测区内的垂向电性结构。

### 3.1.1 基本原理

直流电阻率测深法以稳恒电流场基本性质和边界条件为基础，利用岩、矿石的导电性差异，通过供电电极（A或A、B）建立特定人工稳恒电流场，根据测量电极（M、N）电位差和电极之间的相对位置关系，计算电性参数，并以此为依据推断勘探区域内地质异常体的赋存状态及其影响范围。

直流电测深法主要特点如下：在测量过程中测点位置保持不变，由小到大或由大到小逐渐改变供电电极距，则测量结果所对应的地层深度也随之改变，从而得到主要反映测点附近垂直方向上电性变化的视电阻率曲线，然后通过对比不同测点视电阻率曲线变化特点，了解沿测线方向上的电性变化特征，进而获得整个测区的地层电性结构。

根据电极排列方式的不同，直流电测深可分为不同的装置类型，如图3.1所示。每种装置类型都具有各自的优点，其共同特点如下：供电电极（A、B）作为发射源，向地下

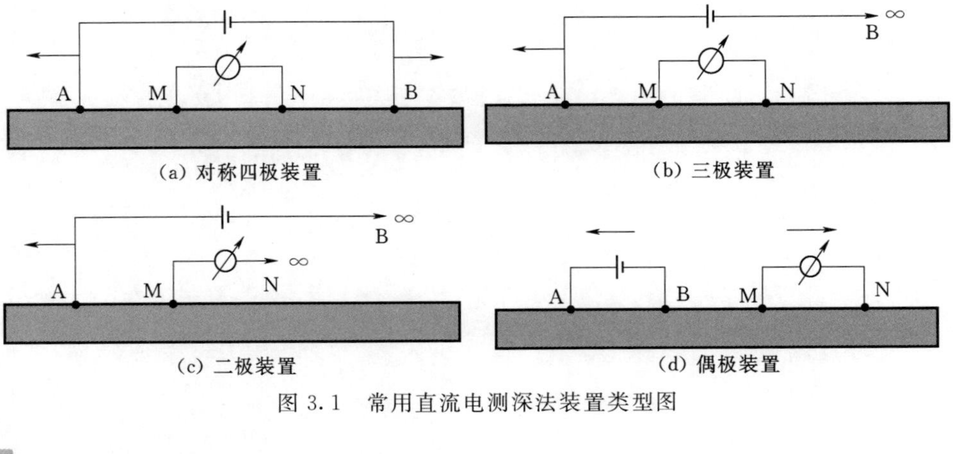


图3.1 常用直流电测深法装置类型图

供以电流，测量电极（M、N）用来测量大地中两点的电位差，按照选定电极距序列和供电电极距与测量电极距比例（AB/MN）移动电极，进行逐点测量，根据稳恒电流场扩散理论，采用式（3.1）计算视电阻率。

$$\rho=K\cdot\frac{\Delta U_{MN}}{I} \tag{3.1}$$

式中：$\Delta U_{MN}$为测量电极电位差，mV；$I$为供电电流强度，mA；$K$为装置系数。

### 3.1.2 野外作业方法

直流电测深野外施工主要包括仪器选择、测线测网布置、电极距选择等。

为了在恶劣的工作环境下，保证采集信号的精确性，直流电法仪应满足以下基本要求：灵敏度高、测量范围大、抗干扰能力强、具有较高的稳定性、输入阻抗高等。

直流电测深测区范围大于勘探对象的分布范围，特别是应当尽量将与勘探对象有直接关系的区域性构造包括到测区的范围以内，以便有利于为地质解释提供已知的地质信息。对于地质情况比较清楚的地段，特别是有钻孔和露头分布的区段，应尽量包括到测区范围内，或使测线延长至露头区，以便为地质解释提供必要的电性参数和已知资料。另外，当地层倾角较大时，布极方向应与岩层走向一致。

直流电测深电极距选择应遵循以下原则。

（1）最小AB/2应能使电测深曲线出现或接近首支渐近线。

（2）最大AB/2应能满足勘探深度的要求，使曲线出现尾支渐近线，尾支渐近线至少有三个极距点控制。

（3）供电电极距序列满足对数均匀分布。

（4）测量电极距变化范围：AB/3＞MN＞AB/30。

直流电测深法电极排列方式可分为活动MN法和固定MN法。活动MN法是指在施工过程中保持MN和AB大小按一固定比值变化（常采用比值1/10），固定MN法是指测量电极MN不随供电电极AB作连续变化，当AB变化到一定大小之后，再改变MN大小。

## 3.2 电阻率剖面法

直流电剖面法主要用于探查地下一定深度范围内地层的横向电性变化，相对于直流电测深法而言，直流电剖面法更适用于探测产状陡立的高、低电阻率体，比如水文地质中的构造破碎带。

### 3.2.1 基本原理

直流电剖面法根据电极排列方式的不同，主要分为二极、三极、联合剖面、对称四极、偶极、中间梯度等装置类型，每种装置类型都有各自的特点和应用条件，其共同特点如下：用供电电极（A、B）向地下供电，同时在测量电极（M、N）间观测电位差，沿剖面移动测量电极M、N逐点测量，并计算视电阻率，各电极沿选定的测线同时逐点向前移动和观测，得到地下一定深度的视电阻率剖面曲线，以此分析该深度的地质情况，包括地层起伏、构造发育等。

直流电剖面法供电电极距选择主要考虑覆盖层厚度及其电阻率，一般应满足 $OA \geqslant 3H$。$H$ 为覆盖层厚度，$O$ 为 A、B 两极间的对称点，其次还应根据地电断面的产状、规模及相邻地质体的影响，选择合适的装置类型。

### 3.2.2 常用装置类型

电剖面法常用的装置主要有：二极装置、三极装置、联合剖面装置、对称四极装置、偶极装置和中间梯度装置，如图 3.2 所示。

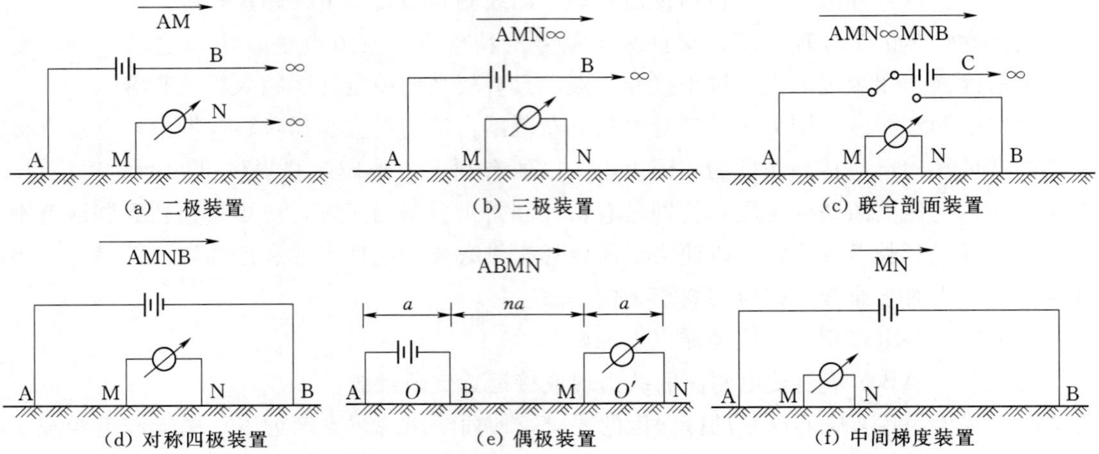


图 3.2 几种常用电阻率剖面法的装置类型示意图

#### 3.2.2.1 二极装置（AM）

这种装置的特点是：供电电极 B 和测量电极 N 均置于“无穷远”处接地。这里所指的“无穷远”具有相对概念，如对 B 极而言，若相对 A 极在 M 极产生的电位小到实际上可以忽略，便可视 B 极为无穷远；对 N 极而言，若 A 极在 N 极产生的电位相对 M 极很小以至可以忽略时，便认为 N 极位于无穷远，并取那里的电位为零。因此，二极装置实际是一种测量电位的装置。

#### 3.2.2.2 三极装置（AMN∞）

当只将供电电极 B 置于无穷远，而将 AMN 排列在一条直线上进行观测时，便称为三极装置。三极装置通常取 MN 中点作为观测结果的记录点。

#### 3.2.2.3 联合剖面装置（AMN∞MNB）

它由 2 个三极装置联合组成，故称联合剖面装置。其中电源的负极置于无穷远（或称 C 极），电源的正极可接向 A 极，也可接向 B 极。

由于联合剖面装置由两个三极装置组合而成，较其他直流电剖面装置可获得更为丰富的地质信息。因此，联合剖面法具有分辨能力强、异常明显等优点，在水文及工程地质等调查中获得了广泛的应用。

#### 3.2.2.4 对称四极装置（AMNB）

这种装置的特点是 $\overline{AM}=\overline{NB}$，记录点取在 MN 的中点。当取 $\overline{AM}=\overline{MN}=\overline{NB}=a$ 时，

这种对称等距排列，在国外称为温纳装置。

**3.2.2.5　偶极装置（ABMN）**

这种装置的电极排列特点是：供电电极 AB 和测量电极 MN 均采用偶极并分开有一定距离，由于 4 个电极都在一条直线上，故又称轴向偶极。偶极装置常取 $OO'$ 中点为记录点（其中 $O$ 为 AB 的中点，$O'$为 MN 的中点）。

**3.2.2.6　中间梯度装置（MN）**

这种装置的特点是：供电电极 AB 的距离取得很大，且固定不动；测量电极 MN 在其中间 1/3 地段逐点测量。记录点取在 MN 中点。此外，中间梯度装置还可以在离开 AB 连线一定距离（AB/6 范围内）且平行 AB 的旁测线上进行观测。

中间梯度装置采用大极距的建场方式，最大限度地克服了供电电极附近电性不均匀体的影响，减少了供电电极的移动次数，施工效率高。

## 3.3　高密度电阻率法

### 3.3.1　高密度电阻率法及其特点

**3.3.1.1　方法简介**

高密度电阻率法的雏形是 20 世纪 70 年代末英国学者设计的电阻率测深偏置装置系统，80 年代中期日本地质计测株式会社通过电极转换板实现了高密度电阻率法数据自动快速采集。20 世纪 80 年代后期高密度电阻率法传入中国，地矿部、中国地质大学、长春地质学院等单位开展了高密度电阻率法的科研工作，高密度电阻率法的研究与应用在我国得到迅速的发展。经过科研工作者 20 余年的辛苦努力，该方法得到了长足的发展和进步，数据处理和反演由二维发展到三维，并逐步实现了高密度电法的三维数据场可视化。近年来，高密度电阻率法已广泛应用于环境地质调查、工程地质调查、煤矿水害防治和地裂缝探查等众多行业领域。

高密度电阻率法系统包括数据采集和数据处理两部分，该系统可分为两种：一种是传统式高密度电法系统，另外一种是分布式高密度电法系统。传统式高密度电法仪主要由电测仪、电极转换盒等组成，60 根电极、60 根导线与电极转换器连接，电极转换盒输出数码控制电测仪，控制数码经由译码电路控制各个继电器，从而实现不同电极和不同极距的切换。新型分布式智能化高密度电法仪主要由计算机主机、电缆和连接盒组成。主机负责发送控制指令和接收信号，主电缆由多芯电线组成，负责信号传输，电极连接盒根据主机指令转换电极、数据采集与传输。一根电缆覆盖剖面的所有测量电极，并且使用计算机进行控制，使得每一个电极都可能成为供电或者测量电极。

**3.3.1.2　方法特点**

高密度电阻率法是集测深和剖面法于一体的一种多装置、多极距的组合方法，其原理与直流电阻率法相同，它具有一次布极即可进行多装置数据采集，以及通过求取比值参数而能突出异常信息的优势，其主要特点如下。

（1）电极布设一次完成，测量过程中无须跑极，因此可防止因电极移动而引起的故障和干扰。

（2）通过电极转换开关，可实现多种电极排列方式的扫描测量，获得较丰富的地电断面信息。

（3）数据自动化或半自动化采集，避免了人工操作引起的误差，提高了数据采集速度。

（4）可现场进行数据预处理，显示剖面曲线，若不符合地质构造特征，可现场调试仪器，尽可能避免返工。

（5）具有勘探成本低、效率高，获取地质信息丰富，解释方便等优点。

### 3.3.2 高密度电法的观测系统

高密度电阻率法在一条观测剖面上，通常要打上数十根乃至上百根电极，且多为等间距布设。所谓观测系统是指在一个排列上进行逐点观测时，供电和测量电极采用何种排列方式。目前常用四电极排列的“三电位系统”，包括 α（温纳装置）、β（偶极装置）、γ（双二极装置，又称微分装置）。

#### 3.3.2.1 α 温纳装置

温纳装置方式又称对称四极装置，该装置适用于固定断面扫描测量，电极排列如图 3.3所示。测量时，$AM=MN=NB$ 为一个电极间距，A、B、M、N 逐点同时向右移动，得到第一条剖面线；接着 AM、MN、NB 增大一个电极间距，A、B、M、N 逐点同时向右移动，得到另一条剖面线；这样不断扫描测量下去，得到倒梯形断面。

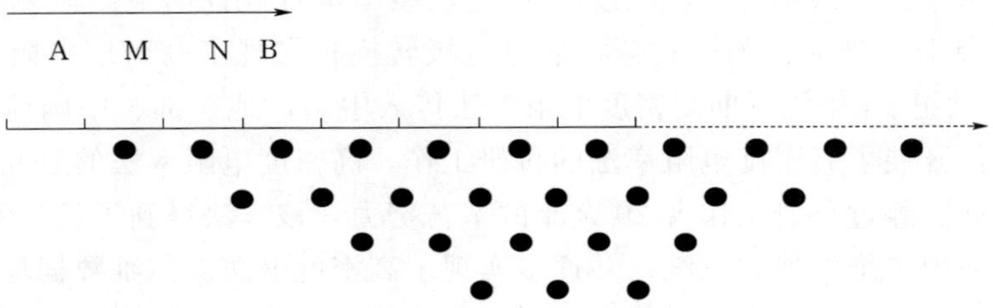


图 3.3 α 温纳装置示意图

#### 3.3.2.2 β 偶极装置

偶极装置供电电极 A、B 和测量电极 M、N 均采用偶极，并按照一定的距离（$na$）分开，如图 3.4 所示。测量时，$AB=BM=MN$ 为一个电极间距，A、B、M、N 逐点同时向右移动，得到第一条剖面线；接着 AB、BM、MN 增大一个电极间距，A、B、M、N 逐点同时向右移动，得到另一条剖面线；这样不断扫描测量下去，得到倒梯形断面。

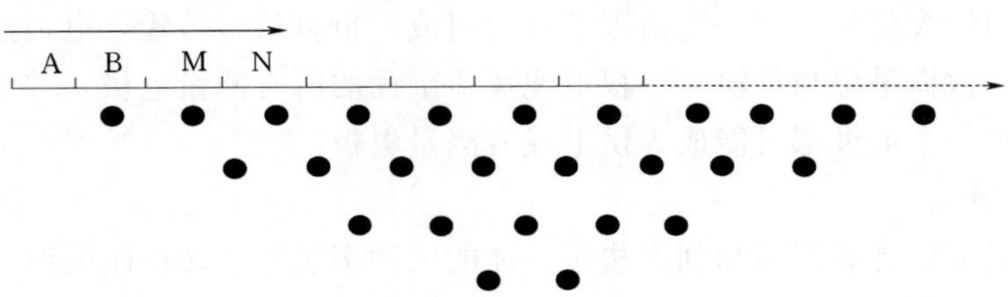


图 3.4 β 偶极装置示意图

#### 3.3.2.3 γ 微分（双二极）装置

微分装置采用供电电极与测量电极相间的电极排列方式，供电电极距和测量电极距相等，如图 3.5 所示。测量时，$AM=MB=BN$ 为一个电极间距，A、M、B、N 逐点同时向右移动，得到第一条剖面线；接着 AM、MB、BN 增大一个电极间距，A、B、M、N 逐点同时向右移动，得到另一条剖面线；这样不断扫描测量下去，得到倒梯形断面。

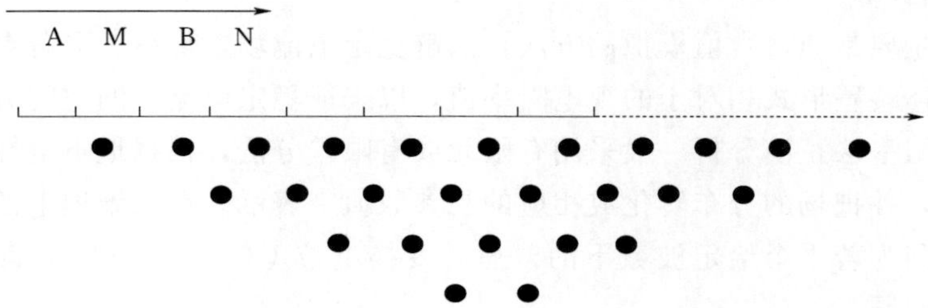


图 3.5　$\gamma$ 微分装置示意图

### 3.3.3　探测数据分析方法

高密度电阻率法探测数据的处理包括数据预处理与正演、反演计算分析。

#### 3.3.3.1　数据预处理

数据预处理的作用在于：可以消除由于地下地电体不均匀的存在、接地条件不好、地形及地质噪声等产生的干扰因素，大大提高了数据质量。

采用高密度电阻率法进行处理时，首先将所测得的视电阻率经过数据格式转换，然后对数据进行预处理，包括剔除坏点、数据拼接、地形矫正等，通过正演以及最小二乘反演计算，最后得到视电阻率断面图。图 3.6 为高密度电阻率法数据处理流程图。

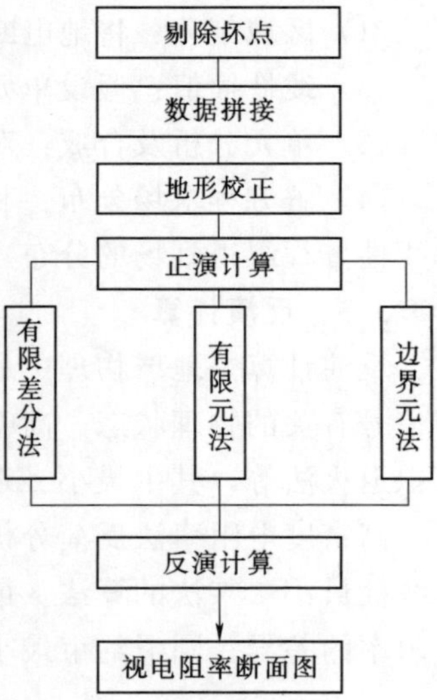


图 3.6　高密度电阻率法数据处理流程图

1. 剔除坏点

在实际工作中，由于电极接触不好等其他方面的干扰因素，可能常使数据断面出现一些虚假点或突变点，忽大忽小，与相邻电阻率相比有数十倍的差距，进而造成电阻率拟断面图的虚假异常，难以对其进行准确解释。所以，剔除这些坏点是必要的。当然，剔除异常点时，需要结合实际测量时的情况，不能将可能真实的数据点剔除。

2. 数据拼接

高密度电阻率法通常是对某一指定测区或某个地质构造进行测量，但实际工作中，有时系统固有的探测剖面不能满足探测目的的需要，勘探线的长度大于系统测量剖面线的长度，通常的做法是单条剖面分段测量，得到一条长剖面，再进行反演，其结果为一条长剖面的二维断面图。处理方法是将第二组的数据点坐标值每项相应地加上一定数值，然后与第一组数据进行合并，重叠区域的数据取平均值。

3. 地形校正

在野外勘探工作中，地形起伏是不可避免的。由于地形异常的引入会使探测目标的视电阻率异常的形态、位置发生畸变和变位，甚至可能掩盖有用异常，因而有必要对高密度电阻率法的观测数据进行地形校正。校正方法主要是将地形数据与测量电极的坐标结合，电极坐标适应于地形坐标。

#### 3.3.3.2 正演计算

正演计算主要是通过数值模拟的方法，求解稳定电流场，最终获取各点的电位值，进而可求得与具体装置形式相对于的视电阻率值，以表征稳定电流场的空间分布。

高密度电阻率法正演分析一般采用有限元或有限差分法，根据地下电性介质的分布来研究场的分布，并把场的分布转化成相应的视参数值来表示。在二维地电条件下，点电流源场的计算可归为若干个给定波数下的傅里叶变换电位 $V(x,\lambda,z)$ 所满足的二阶偏微分方程的边值问题：

$$\frac{\partial}{\partial x}\left(\sigma\frac{\partial V}{\partial x}\right)+\frac{\partial}{\partial z}\left(\sigma\frac{\partial V}{\partial z}\right)-\lambda^{2}\sigma V=f_{1} \tag{3.2}$$

$$\left.\frac{\partial V}{\partial n}\right|_{\Gamma_1}=0 \tag{3.3}$$

$$\left.\left[AV+\frac{\partial V}{\partial n}\right]\right|_{\Gamma_1}=0 \tag{3.4}$$

$$f_{1}=-\sum_{i=1}^{n}I_{i}\delta(x-x_{i},z-z_{i}) \tag{3.5}$$

采用点源二维有限元方法研究场的分布，其研究步骤为：

（1）区域剖分：将地电断面分为一系列小的单元，如矩形、三角形。

（2）线性插值：假设单元内位、场呈线性变化，单元内电性参数均匀。

（3）单元分析及合成：对每个单元进行泛函分析并对各单元求和。

（4）解方程求场分布：利用泛函极小与微分方程的对应关系，得到线性方程组，通过解线性方程组得到场的分布。

#### 3.3.3.3 反演计算

反演计算是地球物理中最核心的问题。其目的是根据地面上的观测信号推测地球内部与信号有关的物理状态。高密度电阻率探测数据反演方法主要有最小二乘法、奥克姆法、模拟退火法等，其中最小二乘法应用最多。

高密度电阻率法反演分析通常采用基于圆滑约束最小二乘法。使用基于准牛顿最优化非线性最小二乘法的算法。最优化方法主要靠调节模型子块的电阻率来减少正演值与实测电阻率的差异。圆滑约束最小二乘法基于以下方程：

$$(J'J+uF)d=J'g \tag{3.6}$$

$$F=f_{x}f_{x}'+f_{z}f_{z}'f_{x} \tag{3.7}$$

式中：$F$ 为水平平滑滤波系数矩阵；$f_x'$ 为水平平滑滤波系数矩阵 $f_x$ 的转置矩阵；$f_z$ 为垂直平滑滤波系数矩阵；$f_z'$ 为垂直平滑滤波系数矩阵 $f_z$ 的转置阵；$J$ 为偏导数矩阵；$J'$ 为 $J$ 的转置矩阵；$u$ 为阻尼系数；$d$ 为模型参数修改矢量；$g$ 为残差矢量。

反演程序使用的二维模型由一系列矩形格子构成，把地下空间分成许多模型子块，如图 3.7 所示。矩形格子的排列受拟断面图数据点分布的松散约束。在反演程序中，允许对二维模型每层的厚度和深度进行调整，可以通过设置模型顶层厚度、层厚增加系数、模型深度增加系数来调整模型与数据点的相对位置关系。由于电法勘探的垂向分辨率随深度增加而下降，设定反演模型子块层的厚度随深度增加而加大，可在1.0～1.35间调整，一般选择模型层厚增加率为10%或25%。模型深度增加系数允许改变反演模型层的深度，使模型与钻孔或其他资料的已知深度一致。由此产生的模型最底排格子的深度为等效勘查深度。

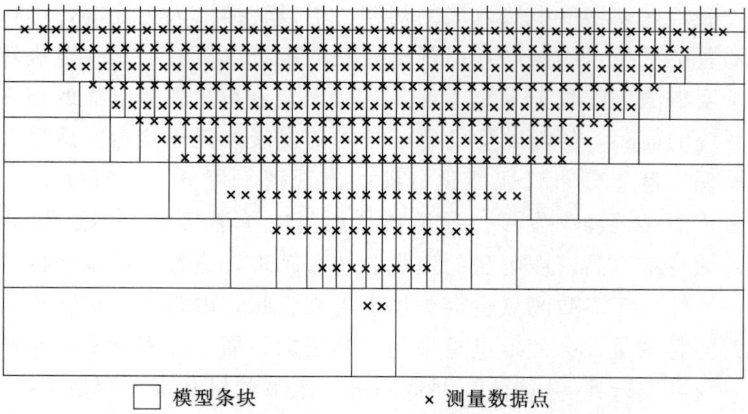


图3.7　拟断面图中视电阻率数据点与模型条块

所有仪器基本上都配备有自己的数据处理及反演软件，目前应用较为广泛的软件有德国DMT公司的Res2DINV和Res3DINV系列软件和美国AGI公司的Earthimage2D、Earthimage3D系列软件等。国内也有相关的反演软件推出，如吕玉增等（2004）采用了VC＋＋/C和Fortran混合编程技术，开发了二维反演软件；但国内真正推出商用软件的并不多。

目前市场上比较流行的两款软件：Res2DINV系列软件和Earthimage系列软件。Res2DINV系列软件是瑞典M H Loke博士开发的高密度电法处理软件，Res2DINV为二维处理、反演程序，程序采用强制平滑（smoothness－constrained）的最小二乘法反演技术，利用地面上的电阻率数据生成地下的二维模型，可进行全自动不需要初始模型的反演，反演程序是建立在抑制平滑度最小二乘法的基础之上的。对于大型数据组，这种技术的计算速度要比常规的最小二乘法快10倍多，而且所需内存较小。1999年，M. H. Loke博士又开发了可用以电阻率和极化率三维反演的程序Res3DMOD，该程序采用强制平滑的最小二乘法反演技术，利用地面上的电阻率数据生成地下的三维模型。像Res2DINV一样完全自动化，无须提供初始模型。随着测量网格、测量区域以及计算机系统速度的不同，一个三维数据系列的反演时间在几分钟到十多个小时。采用扭曲的有限元网格模拟表面网格从而实现地形进行校正。对反演结果进行各方向的切片，可形象的刻画地下电阻率或者极化率的三维分布情况。Earthimage高密度电法软件是美国AGI公司的杨贤进博士开发的软件，可进行1D、2D和3D电阻率、极化率处理及正反演计算。在2D和3D软件中，又增加了诸如CRP（连续电阻率反演）、ERT（跨孔成像）、水下电阻率反演和时间推移反演等，拓展了高密度电法的应用范围。Earthimage系列软件可视化效果好，易于使用，3D反演程序可以进行等位面、任意方向切片、电阻率透明度控制、旋转和缩放等，这些操作都是采用人机界面，便于资料的分析与解释。

### 3.3.4 高密度电法仪器

#### 3.3.4.1 仪器的发展

高密度电法仪是一个多电极测量系统，早期高密度电法仪电极转换由人工进行，随着计算机技术的发展进步，电极转换实现自动化，事实上，高密度电法仪器的发展也就是电极转换开关的发展，在高密度电法发展的初期，电极转换由人工控制，即机械式电极转换开关，之后，随着电子技术的发展，由微机控制的步进电机的电子式电极转换开关应运而生，从此，高密度电法仪的数据采集实现了自动化。分布式智能电极的出现彻底改变了高密度电法仪器系统的面貌，伴随着新的电子技术的发展，正逐步走向成熟。近年来，大型新型仪器不断涌现，都与分布式智能化电极的出现密不可分。高密度电法仪正朝着多通道、多参数、多功能、大功率发展。通道数从最早的单道接收，逐渐发展到8道甚至更多，相信在不久的将来，高密度电法的道数会越来越多，道数的增加将促进三维高密度电法走向实用化。另外，多参数测量也会更加受人们青睐，电阻率、极化率、复电阻率和自然电位等参数的同时测量，会使地电模型的解释更加可靠。高密度电法也从以前的仅做常规剖面测量发展为可进行井-井测量、井地测量、水下测量和水上测量。

高密度电阻率法测量系统主要包括主机、从机、电极以及分析软件等。测量仪器国内外有较多品牌。

#### 3.3.4.2 国外主要高密度电法仪

国外生产和研发高密度电法仪的厂家主要有美国的ZONGE公司和AGI公司、德国DMT公司、日本OYO公司等。

美国ZONGE公司研发的多功能电法仪系统GDP－32Ⅱ接收机，其中包括直流电法功能。主要部件包括接收机、发射机及配套电极等。

美国AGI公司推出的SuperSting R8/IP多电极高密度电法仪，轻便小巧，将多个电极以自动控制、编程组合的方式排列，实现自动、快速的高密度采集。同时，可以一次测量8个通道。另外，该公司还研发了SuperSting R8 Marine水上高密度电法和极化激化系统，可用于水上连续电阻率剖面测量。该系统性能稳定，轻便牢固。可自动消除自然电位影响，同时采用了独创的双模式电极，可以在一个电极位置上安放钢电极（供电）和不极化电极（接收），用于同时测量电阻率和极化率，开阔了高密度电法仪的应用范围。

德国的DMT公司研发的RESECSⅡ三维高密度电法仪是德国DMT公司研发的新一代高密度电法仪。它功能齐全，主要用于工程和地基勘探。该仪器可实时显示接收道和发射道的时间过程，由预置的标准偏差值自动控制观测质量，实时显示失效道位置并可随时或统一进行补测，具有硬、软件压制噪声功能。该仪器设有特殊的监测模式，对地下电阻率变化进行实时或定地监测，用以监视地下电阻率随时间和空间的变化，从而实现4D勘探。

日本OYO公司推出的McOHMProfiler－4是一款多通道的高密度电阻率仪，系统内置32电极转换功能、4通道同步接收电路、高分辨率24位A/D转换器。基于Windows操作系统，带彩色显示屏、硬盘和USB接口，质量高、性能较好。此外，可同时监视和显示电流波形和电位波形，可以有效地控制数据质量。

#### 3.3.4.3 国内主要高密度电法仪

国内引入高密度电法后，多家单位科研人员开展了相关的科研攻关，20 世纪 90 年代，原地质矿产部机电研究所研制了 GHI 高密度电法仪，电极转换开关由单片机控制，此后，重庆地质仪器厂等厂家相继开展了相关技术的研究，中国地质大学高科资源探测研究所研制的 8 通道 CUGBGM 高密度电法仪和西安澳立华公司研制的 61 通道 flashRes64 高密度直流电法仪的电极转换器都是单片机控制的电子开关。国内学术论文有报道中国地质大学董浩斌等研制的 GMD 系列分布式智能化高密度电法仪，实际生产应用有待进一步的推广。重庆地质仪器厂的 DUK－2A 高密度电法测量系统是单通道的集中式高密度电法系统，采用全数字化自动测量，可对自然电位、漂移及电极极化进行自动补偿。中国地质大学生产的 GMD 系列多功能电法仪采用真 24 位 A/D，分辨率高，抗干扰能力强，菜单为中文界面，标准通道为 60，最大可达 240 道。下面简单介绍重庆奔腾数控技术研究所研发的 WGMD－9 超级高密度电法系统、重庆地质仪器厂推出的 DUK－2A 及 DUK－2B 高密度电阻率测量系统、北京地质仪器厂生产的 DDJ－5 型高密度电法仪。

重庆奔腾数控技术研究所研发推出的 WGMD－9 超级高密度电法系统。该系统集全中文掌上电脑、蓝牙、24 位 A/D、大功率控制等，是当今最新电子技术研制的新一代高密度电法系统，仪器的体积和重量均显著缩小。该系统以 WDA－1、1B 超级数字直流电法仪为测控主机，可通过选配 WDZJ－4 多路电极转换器、集中式高密度电缆、电极，实现集中式二维高密度电阻率测量；也可选配分布式高密度电阻率或激电电缆、电极，实现分布式二维、三维高密度电阻率测量、分布式二维高密度激电测量。可应用于金属与非金属矿产资源勘探、城市物探、铁道桥梁勘探等方面，也用于寻找地下水、确定水库坝基和防洪大堤隐患位置等水文、工程地质勘探中，还能用于地热勘探。

重庆地质仪器厂推出的 DUK－2A 及 DUK－2B 高密度电阻率测量系统，以 DZD－6A 多功能直流电法仪为测控主机，配以该厂生产的 DUK－2A 型 60 道或 120 道多路电极转换器以及大线电缆、电极等相关附件构成高密度电法测量系统。该仪器一机多能，仪器具有长导线激电仪、二维高密度电阻率仪、二维高密度激电仪和中功率短导线发射机四种功能。仪器采用全数字化自动测量，可对自然电位、漂移及电极极化进行自动补偿。采用大屏幕液晶汉字显示，在高密度测量模式时可直接显示 14 种以上的布线工作模式；在 DZD－6A 单机模式时可直接显示九种电极排列方式；同时在工作时可实时显示曲线等。超大存储，在高密度模式时，仪器可对 120000 点的测量数据进行存储；在 DZD－6A 单机模式时，可对 4800 个测点的数据进行存储，每个测点 22 个数，设有 RS－232 串行接口，通过相应的软件可直接将存储的数据传入计算机内，进行各种方法的数字化解释。

北京地质仪器厂生产的 DDJ－5 型高密度电法仪（电阻率层析成像数据采集系统），既可以做电阻率层析成像探测，也可做极化率层析成像探测。多路电极转换器采用复合控制技术，精简了硬件规模，使控制电极道数增多，该系统以 120 道为基本组态，可以方便地做长剖面的“滚动”测量。采用双向覆盖电缆，使现场布线与分布式仪器的布线速度相当，与以往普通式连接电缆相比，施工简化，降低了劳动强度，提高了工作效率。电缆接头均有防水功能，可在水中作业。本系统测量通道数量多，而且易于扩大测量通道数，使之探测有效空间增大，便于增加勘探深度和提高探测分辨率。

# 参考文献


[1] 薛国强，刘树才，刘志新，等．煤炭电法探测方法技术［M］．北京：科学出版社，2018.

[2] 李金铭．地电场与电法勘探［M］．北京：地质出版社，2005.

[3] 中国煤田地质总局．中国煤田电法勘探典型成果图集［M］．北京：煤炭工业出版社，2000.

[4] 张胜业，潘玉玲．应用地球物理学原理［M］．北京：中国地质大学出版社，2004.

[5] 陈仲候，王兴泰，杜世汉．工程与环境物探教程［M］．北京：地质出版社，1993.

[6] 刘国兴．电法勘探原理与方法［M］．北京：地质出版社，2005.

[7] 程志平．电法勘探教程［M］．北京：冶金工业出版社，2007.

# 第4章 激发极化法

激发极化法（简称激电法或IP法），它是以地壳中不同岩、矿石的激电效应差异为物质基础，通过观测和研究地下介质的激电效应的分布规律，进行找水、找矿和解决地质问题的一组电法勘探分支方法。按照供电电流性质的不同，有直流（时间域）激电法和交流（频率域）激电法之分。勘查地下水主要是利用它的时间特性或频率特性进行。激电法还是勘查各类金属矿产的重要方法，特别是勘查电阻率与围岩相差不大的浸染状（斑岩型）金属矿床，与电阻率法和电磁法相比更具优势。另外，激电法在山区工作时，纯地形起伏不产生假异常，也是其特点之一。

我国激发极化法的试验研究和推广始于20世纪50年代末和60年代初。早期是以直流（时间域）为主，剖面装置多为中间梯度，测深装置多为对称四极，测量技术采用长脉冲或双向短脉冲。20世纪70年代先后引进P660和P670变频激电仪，与此同时，国内也开始进行研制仪器，并于1974年提出了样机。20世纪80年代初又开始对频谱激电法进行研究。1983年引进了IPS-3频谱激电仪系统。随着电子技术的不断进步，近年来国内研制、生产的激电仪因具有较好的功能价格比，获得了基层单位较广泛的应用。比如北京地质仪器厂生产的DWJ系列微机激电仪，重庆地质仪器厂生产的DJS系列微机激电仪等。国外仪器的研制和生产也取得了较大进展，其中有加拿大Scintrex公司的IPR-12激电仪，法国Ins公司的Elrec-6型激电仪等。

## 4.1 激发极化法基本原理

### 4.1.1 激电效应

在向地下供入稳定电流时，测量电极间的电位差随时间而变大并经过一段（一般约几分钟）时间后趋于某一饱和值（充电过程）；在断开供电电流后，测量电极间的电位差在最初一瞬间很快下降而后随时间相对缓慢地下降，并经过一段（一般约几分钟）时间后衰减接近于零（放电过程）。这种在充电和放电过程中产生随时间缓慢变化的附加电场现象，称为激电效应（激发极化效应）。

### 4.1.2 激发极化原理

#### 4.1.2.1 电子导体的激发极化原理

对电子导体（包括大多数金属矿和石墨及其矿化岩石）的激发激化机理问题，一般认为是由于电子导体与其周围溶液的界面上发生超电压（overvoltage）的结果。在电子导体与溶液界面上自然形成的双电层电位差（电极电位）称为平衡电极电位，记为Φ平［图4.1（a）］。

当有电流流过上述电子导体-溶液系统时，在电场作用下，电子导体内部的电荷将重新分布：自由电子反电流方向移向电流流入端，使那里的负电荷相对增多，形成“阴极”；而在电流流出端，呈现相对增多的正电荷，形成“阳极”。与此同时，在周围溶液中也分别与电子导体的“阴极”和“阳极”处，形成阳离子和阴离子的堆积，使自然双电层发生变化［图4.1（b）］。在一定的外电流作用下，“电极”和溶液界面上的双电层电位差 $\varphi$ 相对平衡电极电位 $\Phi$ 平之变化，在电化学中称为“过电位”或“超电压”，记为 $\Delta\varphi$。

过电位的产生与电流流过电极-溶液界面相伴随的一系列电化学反应（简称电极过程）的迟缓性有关。当电流于“阴极”从溶液进入电子导体时，溶液中的载流子（阳离子）要从电子导体表面获得电子，以实现电荷的传递；同样，当电流于“阳极”从电子导体流入溶液时，溶液中的载流子（阳离子）将释放电子（电子导体获得电子）。若此种电荷传递和相伴随的电化学反应的速度极快，则电子导体和溶液之间，电流可以“畅通无阻”，便不会在界面两侧形成异性电荷的堆积，因而不会形成过电位；但实际上电极过程的速度有限，电子导体与溶液之间不是“畅通”的，故形成过电位。随着通电时间的延续，界面两侧堆积的异性电荷将逐渐增多，过电位随之增大；过电位的形成和增大将加速电极过程的进行，直到该过程的速度与外电流相适应，即流至界面的电流均能全部通过界面，因而不再堆积新电荷时，过电位便趋于某一个饱和值，不再继续增大。这便是过电位的形成过程或充电过程。过电位的饱和值（以下简称过电位）与流过界面的电流密度有关，并随其增大而增大。

当外电流断开后，堆积在界面两侧的异性电荷将通过界面本身、电子导体内部和周围溶液放电［图4.1（c）］，使界面上的电荷分布逐渐恢复到正常的双电层；与此同时，过电位亦随时间逐渐减小，直至最后消失。这就是过电位的放电过程。

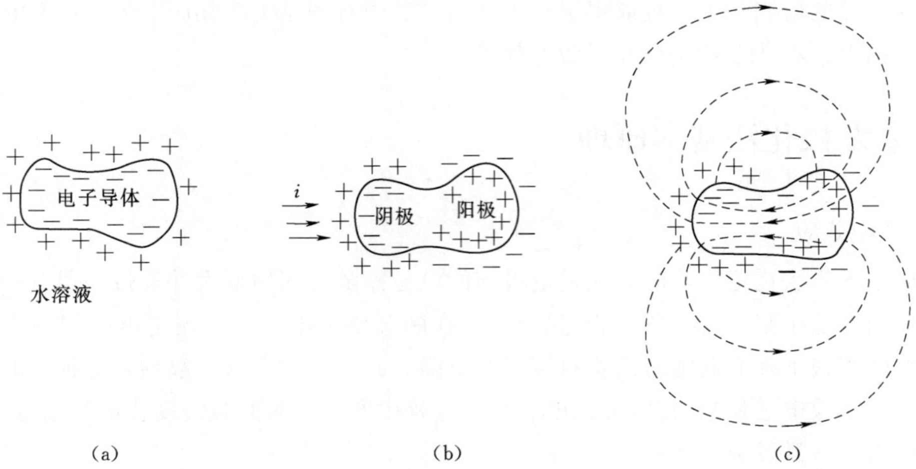


图4.1 电子导体的激发极化过程

#### 4.1.2.2 离子导体的激发极化原理

不含电子导体的一般岩石也可能产生较明显的激电效应。一般造岩矿物为固体电解质，属离子导体。关于离子导体的激发极化机理，所提出的假说和争论均较电子导体的多，但大多认为岩石的激电效应与岩石颗粒和周围溶液界面上的双层有关。主要的假说都是基于岩石颗粒-溶液界面上的双电层的分散结构和分散区内存在可以沿界面移动的阳离子这一特点提出来的。其中一个比较有代表性的假说是双电层形变假说。现简述如下：

在外电流作用下，岩石颗粒表面双电层［图 4.2（a）］分散区中之阳离子发生位移，形成双电层形变［图 4.2（b）］；当外电流断开后，堆积的离子放电，以恢复到平衡状态［图 4.2（c）］，从而可观测到激发极化电场。

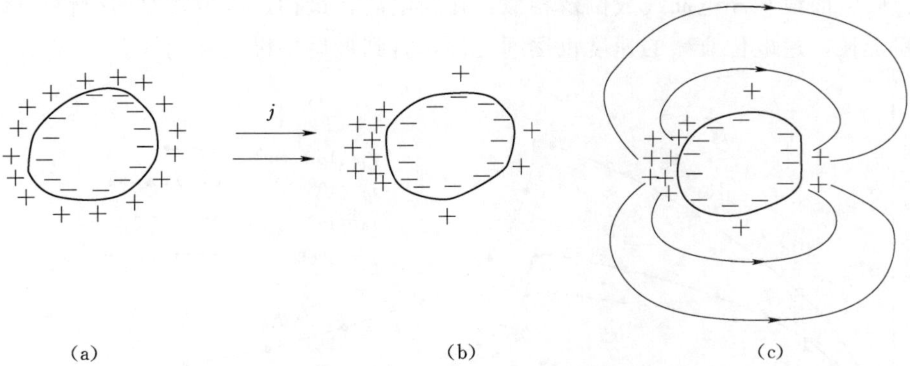


图 4.2　岩石颗粒表面双电层形变形成激发极化

双电层形变形成激发极化的速度和放电的快慢，决定于离子沿颗粒表面移动的速度和路径的长短，因而较大的岩石颗粒将有较大的时间常数（即充电和放电较慢）。这是用激电法寻找地下含水层的物性基础之一。

### 4.1.3　激发极化特性

在激电法理论和实践中，为使问题简化，将岩、矿石的激发极化分为理想的两大类。

第一类是“面极”，如致密的金属矿和石墨矿均属此类。其特点是激发极化都发生在极化体与围岩溶液的界面上。第二类是“体极化”，如浸染状金属矿和矿化（包括石墨化）岩石及离子导电岩石的激发极化都属此类。其特点是极化单元（微小的金属矿物或岩石颗粒）成体分布于整个极化体中。

#### 4.1.3.1　面极化特性

为讨论致密金属矿和石墨的（面）极化特性，首先来看一些试验资料。在图 4.3 所示的薄水槽中，放置待测的致密矿石标本，其上顶露出水面。

通过位于薄水槽两端的板状电极 A 和 B，向槽中供入稳定电流，以在其中形成均匀稳定电流场。标本在外电流激发下，电流流入端成为阴极，产生阴极极化；电流流出端成为阳极，产生阳极极化。在标本一端的边缘及其相邻的水溶液中分别放置测量电极 M 和 N，用毫伏计测量外电流场激发下标本与溶液界面上的过电位 $\Delta\varphi$。图 4.4 给出了石墨和黄铜矿标本在不同外电流密度 $j_0$ 的激发下，阳

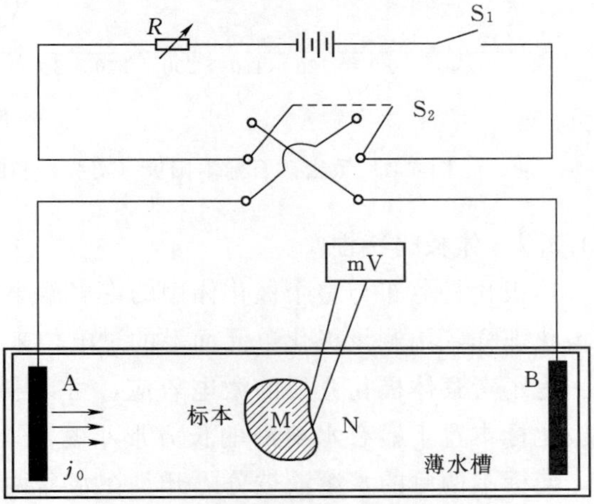


图 4.3　面极化特征的测量装置简图

极过电位 $\Delta\varphi^{+}$（实线）和阴极过电位 $\Delta\varphi^{-}$（虚线）随充电时间 $T$ 和放电时间 $t$ 的变化曲线。图 4.4 中的过电位是用外电流密度 $j_0$ 作了归一化的值 $\Delta\varphi/j_0$。

图 4.4 表明，石墨和黄铜矿过电位充、放电曲线的总趋势是相同的：刚开始充电时，过电位随时间很快地增大；随着充电时间的延长，其增大的速度逐渐变慢，最后趋于某一饱和值。放电曲线与充电曲线成倒像相似：在断电后，最初过电位随时间很快下降；随着放电时间延长，过电位衰减的速度也逐渐变慢，直到最后慢慢衰减到零。

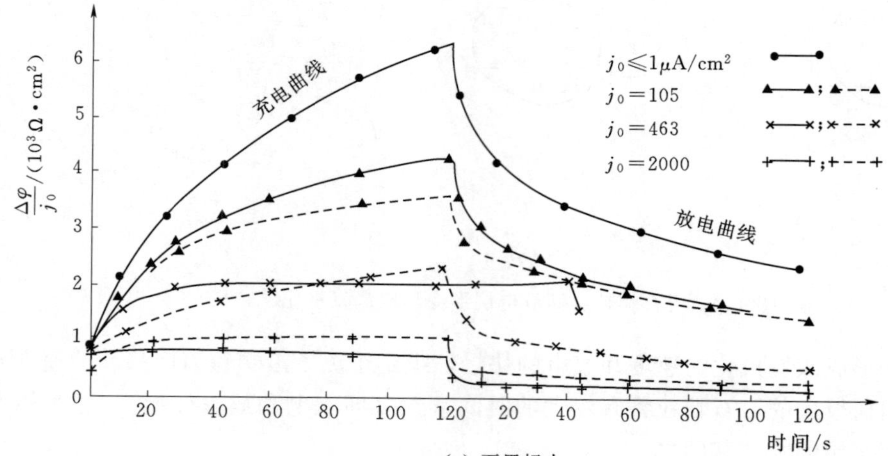


(a) 石墨标本

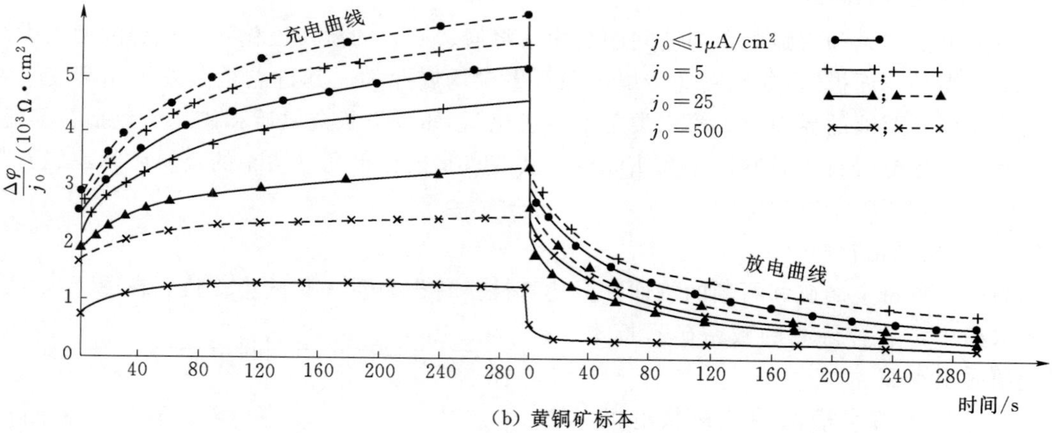


(b) 黄铜矿标本

图 4.4 致密矿石标本阳极（实线）和阴极（虚线）过电位的充、放电曲线

#### 4.1.3.2 体极化特性

体极化是分布与整个极化体中的许多微小极化单元之极化效应的总和，故不能像研究面极化那样，用测量极化单元面上的过电位来表征它的激电效应。

为了考察体极化介质的激电效应，可以利用图 4.5（a）所示的测量装置。将待测的体极化标本置于盛有水溶液的长方形小盆中，标本与盆底和盆边之间用石蜡或橡皮泥绝缘，使标本两侧的水溶液被分隔开。在水盆两端各放一块小铜板 A 和 B 作供电电极，通过它们向盆内供入稳定电流。在标本两侧水溶液中紧靠标本处，放置不极化电极 M 和 N，

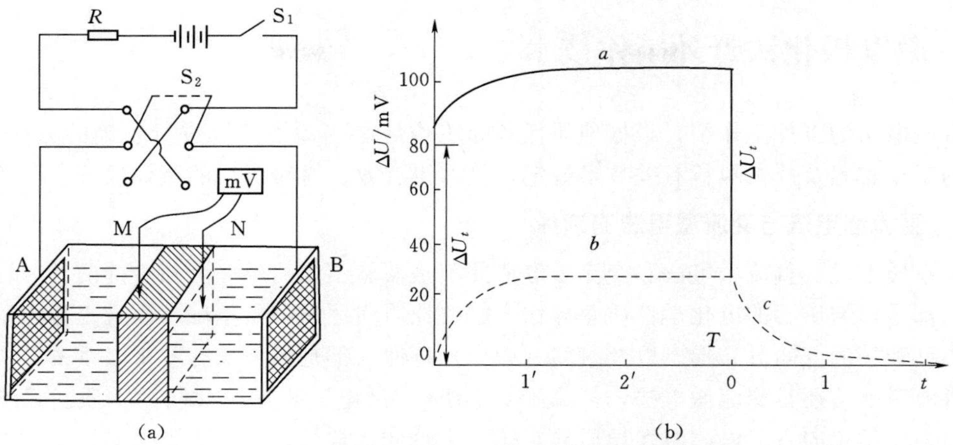


图 4.5　测量体极化标本激电性质的装置和测量结果

用毫伏计观测其间的电位差。

图 4.5（b）是用这种装置对一块黄铁矿化岩石标本测得的电位差随时间的变化曲线。电位差随时间的变化，是由于激发极化产生的电位差 $\Delta U_2(T)$（简称二次电位差）在供电后从零开始逐渐变大（充电过程）及断电后二次电位差 $\Delta U_2(t)$ 逐渐衰减到零（放电过程）的结果。在无激电效应时，电流流过标本由于欧姆电压降形成的电位差，称为一次电位差 $\Delta U_1$，它在稳定电流条件下不随时间而变化。在标本被激发极化后，供电时间为 $T$ 时观测到的电位差为一次电位差 $\Delta U_1$ 和二次电位差 $\Delta U_2(T)$ 之和，称为总场电位差：

$$\Delta U(T)=\Delta U_1+\Delta U_2(T) \tag{4.1}$$

对比图 4.4 和图 4.5（b）可以看出，体极化的充、放电速度比面极化的快得多。

对星散浸染状矿石或矿化、石墨化岩石标本的试验观测结果表明，在相当大范围内改变供电电流 $I$ 时，$\Delta U_2$ 与 $I$ 成正比，且 $\Delta U_2$ 的大小与供电方向无关。因此，在地面电法通常采用的电流密度范围内，体极化效应实际上是线性的。为此引入一个称为极化率 $\eta(T,t)$ 的参数，来表征体极化介质的激电性质，$\eta$ 值的计算公式为

$$\eta(T,t)=\frac{\Delta U_2(T,t)}{\Delta U(T)}\times 100\% \tag{4.2}$$

式中：$\Delta U_2(T,t)$ 为供电时间为 $T$ 和断电后 $t$ 时刻测得的二次电位差。

极化率是用百分数表示的无量纲参数。由于 $\Delta U_2(T,t)$ 和 $\Delta U(T)$ 均与供电电流 $I$ 成正比（线性关系），故极化率是与电流无关的常数。但极化率与供电时间 $T$ 和测量延迟时间 $t$ 有关，因此，当提到极化率时，必须指出其对应的供电时间 $T$ 和测量时间 $t$。大量实测资料表明，地下体极化岩，矿石的极化率主要决定于其中所含电子导电矿物的体积百分含量及其结构。一般说来，含量越大，导电矿物颗粒越细小，矿化岩（矿）石越致密，极化率就越大。完全不含电子导电矿物的岩石，其极化率通常很小，一般不超过 1%～2%，少数可达 3%～4%。激电效应随岩、矿石中电子导电矿物含量增高而增强的特性，是激电法应用于金属矿普查找矿的物理-化学基础。

## 4.2 激发极化法野外工作技术

在激电法的野外工作中，根据地质任务和工作地区的地电条件进行正确的方法选择，合理的工作布置及严格执行有关技术规定，是取得有效、可靠资料的重要保证。

### 4.2.1 直流激电法与交流激电法的选择

从本质上说，直流激电法和交流激电法并不是截然不同的或完全独立的两种方法。因为它们都是以岩矿石的电化学性质差异作为解决地质问题的物质基础，而且工作中采用的装置类型和场的空间分布形态以及时间（频率）特性，都是相同或有紧密联系的。所以无论是直流激电法还是交流激电法，都属于激电法，“激电”是它们共同的本质。只不过一个是向地下供单向直流电，激发地质异常体产生瞬变异常场，另一个则是向地下供变向的交流电，激发地质异常体产生交变的异常场。然而尽管二者从本质上来说是一致的，但并非说在一切方面它们都是相同的。由于交流激电法供入地下的是交流电，因此它的供电设备与观测异常场的仪器，均与直流激电法有所不同。同时在克服或剔除干扰方面（如不稳定的工业游散电流，天然电流场，电磁耦合以及电极极化不稳定等），两者的能力也不同。另外，在观测的物理参数方面，二者也不尽相同。因此了解它们各自的特点或优点，对野外工作开始之前的方法选择是有益的。

#### 4.2.1.1 直流激电法的优点

直流激电法在通常情况下，用长脉冲供电时可以获得最大限度的激电异常，因而有利于在极化效应较弱情况下进行测量，有可能发现较小的地质目标。

直流激电法可以在断去供电电源后，观测和研究激电二次场的时间特性，而交流激电法只能在供电过程中观测和研究极化场，因而在避免电磁耦合干扰方面和研究激电场的电化学放电特性方面，直流激电法优于交流激电法。

直流激电法可以在很长的时间范围内观测和研究激电异常场，而交流激电法在实际工作中，只能在一定的频率段内（一般为0.1～10Hz）观测和研究极化场。因此，直流激电场研究的电化学过程较长，有可能在更广阔的时间域内，揭示激电异常源的性质。

#### 4.2.1.2 交流激电法的优点

由于交流激电法观测的是极化场（总场），与直流激电法相比供电电流可以很小，因而供电系统的装备十分轻便，有利于在地形复杂，交通不便地区采用偶极装置或近场源四极装置开展工作。

由于接收机具有选频和滤波系统，它只接收由发送机发出的固定频率信号，因此在克服电极极化不稳定和不良接地条件方面，以及在避免工业游散电流和天然大地电流场的影响方面均比直流激电法有较强的抗干扰能力。致使在某些相当困难的条件下仍能获得较好的观测资料。

交流激电法相对直流激电法而言，可观测研究的参数较多，如振幅和相位、虚分量和实分量、幅频特性、相频特性等。因而可以从不同角度，侧重于不同方面去研究电化学场的特征，有可能对评价激电异常源性质，提供较多的途径。

通过以上对两种方法相对优点的讨论不难看出，对某一具体工区而言，究竟投入直流激电法还是交流激电法，应根据地质任务、工区地形、地质、地球物理条件以及各种干扰情况等进行选择，但一般来说，地形相对平坦、干扰较小、接地条件也较好的地区，宜选用直流激电法，而对于地形起伏较大、干扰也较大、接地条件较差的地区，宜选用交流激电法。

### 4.2.2 装置类型选择

激电法选择哪种装置和采用多大电极距，需要根据任务要求，工作地区的性质、地球物理条件和装置本身的特点等进行综合考虑。目前使用最多的装置主要是中间梯度装置和偶极-偶极装置。现就对这两种装置的特点进行分析和介绍。

#### 4.2.2.1 中间梯度装置的特点

中间梯度装置（简称中梯装置），它的最大优点就是敷设一次供电导线和供电电极（A、B）能在相当大的面积上进行测量，特别是能用几台接收机同时在几条测线上进行观测，因而具有较高的生产效率。最适用于做面积测量工作；由于中梯装置的观测范围处于A、B之间的中间地段，接近于水平均匀极化条件，故对各种不同相对电阻率的极化体，均能产生较明显的异常，且异常形态比较简单，易于解释。

但由于中梯装置的供电电极距较大，要求的供电电流强度也大，因而供电系统的装备比较笨重，不利于在地形复杂、交通不便的地区开展工作，并且易产生较强的电磁耦合干扰，所以在做交流电法时不宜采用中梯装置，直流激电法由于可利用断电后的延时有效地压制这种干扰，故在直流激电法中中梯装置最为常用。

#### 4.2.2.2 偶极-偶极装置的特点

偶极-偶极装置（简称偶极装置）的优点包括：由于是由供电偶极（AB）和测量偶极（MN）组成，用的都是短线，所以装置比较轻便，受电磁耦合的干扰最小，在交流激电法中最为常用，适用于在复杂地形和交通不便地区开展工作；偶极装置产生的异常幅度较大，对极化体形状和产状的分辨能力较强，对覆盖层的穿透能力也较强。其缺点包括：需要逐点移动供电电极；异常形态比较复杂；常需用多个电极距测量绘制拟断面图，才便于对异常进行解释。

### 4.2.3 激发极化法参数选择

激发极化法是以各种地质体的极化特性的差异为基础的。极化特性主要表现在二次场的大小和它随时间变化的情况。在供电过程中，二次场叠加在一次场上，二次场比较微弱，只有一次场的百分之几，甚至千分之几，因此很难准确地测量出来。更加主要的是在供电过程中供电电流很难保持恒定，通常由于供电电流的变化引起的一次场电位差的变化比二次场更大，所以就更无法进行二次场观察了。在停止供电以后，一次场电位差随供电电流的消失而消失了，二次场可以被独立地观察到，所以一般都是根据停止供电后二次场的衰减曲线确定激发极化特性的。

诚然，二次场衰减曲线包含着激发极化特性的全部信息，如果将二次场衰减曲线描记下来，也就掌握了极化特性的全部情况，但是为了实际应用的方便，常规定一些反映衰减曲线主要特征的参数。在规定这些参数的时候，应当考虑除地质体的客观因素外，二次场衰减曲线还与那些人为的因素有关，从而排除人为的非地质因素，使参数只反映地质体的极化特性。

#### 4.2.3.1 供电时间

在其他条件相同的情况下，供电时间越长，二次场电位差越大。供电时间不仅影响二次场的大小，二次场衰减的快慢也与供电时间有关，试验表明，供电时间长，二次场衰减较慢。

所以为了使所测结果能够对比，测量时应该用统一的供电时间。如果供电时间过短，地质体未被充分激发，二次场电位差太小，衰减也快。供电时间太长，电源消耗太大，各种干扰因素也要加大。

对找水来说，与金属矿相比，二次场更加微弱，衰减也快，供电时间应适当的长一些，以 30s 为宜。在一般情况下，供电 30s 后，二次场达到饱和值的 80%左右。

#### 4.2.3.2 供电电流 *I*

试验表明，当电流密度不大时，$\Delta V_2$ 与 $I$ 呈线性关系，$\Delta V_2$ 正比于 $I$ 而增加。当电流密度很大时将呈现非线性关系，以至出现饱和现象。但是这样大的电流密度只有在实验室中才能遇到，在野外工作中可以不必考虑。

我们不能为测量规定一个统一的供电电流，这样做有许多实际困难。以 $\Delta V_2$ 与 $I$ 的比值作为参数可解决这一问题。从电阻率法知道，$\Delta V_1$ 是供电电流在大地电阻上产生的电压降，是遵循欧姆定律的，$\Delta V_1$ 与 $I$ 是严格呈线性关系的，所以 $\Delta V_2$ 与 $\Delta V_1$ 也是呈线性关系的，因此以 $\Delta V_2$ 与 $\Delta V_1$ 的比值作为参数是较好的解决办法。电流增加 1 倍，$\Delta V_1$ 与 $\Delta V_2$ 也都随着增加 1 倍，$\Delta V_2$ 与 $\Delta V_1$ 的比值不变，这样 $\Delta V_2$ 与 $\Delta V_1$ 的比值就只与地质体有关，而与供电电流无关。

根据以上考虑，规定了极化率 $\eta$、衰减度 $D$、激发比 $J$ 三个激发极化参数。

#### 4.2.3.3 极化率

激发极化效应的特征，目前都是从两个方面研究，一是二次场的强度，二是二次场的衰减特征，即衰减速度。场强一般均以极化率这个参数表示，即

$$\eta=\frac{\Delta V_2}{\Delta V_1}\times 100\% \tag{4.3}$$

式中：$\eta$ 为极化率，以百分数表示；$\Delta V_1$ 为供电时一次场电位差；$\Delta V_2$ 为停止供电时二次场电位差。

极化率是苏联地区和我国在寻找金属矿床时所常采用的激电参数。

#### 4.2.3.4 衰减度

衰减度（常用 $D$ 表示）是反映二次场衰减快慢的参数，以百分数表示。

$$D=\frac{\Delta \overline{V}_2}{\Delta V_2}\times 100\% \tag{4.4}$$

式中：$\Delta \overline{V}_2$为供电 30s，断电后 0.25～5.25s 的 5s 内二次场电位差的平均值。

即

$$\Delta \overline{V}_2=\frac{\int_{0.25}^{5.25}\Delta V_2(t)\,\mathrm{d}t}{5} \tag{4.5}$$

关于求平均值的时间，如果这一时间过长，那么不论衰减快的和衰减慢的，$\Delta \overline{V}_2$都已接近于零，$D$ 值都很小，差别不大；如果这一时间过短，那么不论衰减快的和衰减慢的 $\Delta \overline{V}_2$都与 $\Delta V_2$ 相差不多，$D$ 值都近于 100%，也难反映出异常。实际经验表明，当取 5s 时，在盐碱地上测得的 $D$ 约 15%，不含水的黄土在 30%左右，好的含水砂砾石层为 40%～60%，在一些断层破碎带上则可高达 80%，反映异常比较明显，所以对找水来说 5s 的时间是适当的。

从衰减度的定义可以知道，$D$ 值不会大于 100%，因为二次场总是逐渐衰减的，$\Delta \overline{V}_2$ 总是小于 $\Delta V_2$，有时野外实际测得的 $D$ 值大于 100%，那是干扰造成的，应该复测，不能信以为真。

#### 4.2.3.5 激发比

激发比（常用 $J$ 表示），是一个综合参数，它等于 $\eta$ 和 $D$ 的乘积：

$$J=\eta\times D=\frac{\Delta \overline{V}_2}{\Delta V_1}\times 100\% \tag{4.6}$$

一般来说，含水层的 $\eta$ 和 $D$ 都反映为高值异常，所以激发比的异常更明显。激发比 $J$ 也用百分数表示，它反映$\Delta \overline{V}_2$是 $\Delta V_1$ 的百分之几。

## 4.3 激发极化法资料解释

激发极化法找水资料解释的目的在于根据野外数据采集结果，推断测区内有无含水层以及含水层的位置、规模、埋深和富水程度。但是，应当指出，激发极化法找水也和其他物探方法一样，都是间接手段。虽然激发极化法对地下水的反映比较直观，但绝不是直接找水的方法。单纯的水并不能产生极化效应，产生极化效应的也绝非都是水的反映，绝不能简单地认为高值异常就是水。在 IP 找水资料的解释中，应与地质密切地结合起来，才能达到较好的效果。和任何物探资料的解释一样，离开了地质，单纯依靠几条激发极化曲线，是无法进行正确解释的。物探人员必须与地质人员紧密配合，共同对物探资料进行解释，最好是物探人员深入学习地质和水文地质知识，使自己成为既是物探工程师，又是地质工程师。实践证明，许多好的 IP 找水实例都是水文地质工程师学习了物探以后创造的。

在进行资料解释时，应遵循从已知到未知的原则，尽可能多地在已知孔旁进行参数测量，将所测曲线与已知的曲线进行对比，通过对比发现差异，据以推断含水层的存在。为了了解含水层的空间分布状况，应作出不同剖面和不同高程或埋深的各参数等值线图，从等值线图上可以形象地看出地下水的分布状况。

IP 找水资料解释人员应该对影响曲线的各种因素有透彻的了解，这样才能避免片面性、简单化，或为假象迷惑，从而作出错误的判断。

### 4.3.1 激发极化资料解释中应注意的几个关系

#### 4.3.1.1 供电电极距 *AB*/2 和探测深度

测深曲线的横坐标 $AB/2$ 为供电电极到测站间的距离，$AB/2$ 的大小可以反映深度，大的 $AB/2$ 反映深层的情况，但是 $AB/2$ 绝不等于实际的深度。在有些情况下，特别是当地下水埋藏不深时，激发极化曲线起始转折点（曲线由平缓变为陡立的点）所对应的

AB/2 恰巧等于含水层的埋深，这仅仅是在特定条件下的巧合，绝不是两者存在必然的关系，绝不能将 AB/2 和实际深度混为一谈。

#### 4.3.1.2 视参数与真参数

在电阻率法测量中，在地面测得的是视电阻率 $\rho_s$，不能与真电阻率 $\rho$ 混为一谈，在 IP 测量中测得的也是整个地下地质体的综合反映，是视极化率 $\eta_s$、视衰减度 $D_s$，视激发比 $J_s$。

在 IP 测深曲线上得到的 $\eta$、$D$、$J$ 最大值往往与真极化率、真衰减度和真激发比相差不是很大，至少是同一个数量级的。在同一个水文地质单元里，同样好的含水层，当深度不同时反映在激发极化测深曲线上的极大值往往相差无几。200 多 m 深的岩溶在地面上测得的 $J$ 值常高达 1.3%或更大些，这是 IP 找水的一个优点。虽然视极化率、视衰减度和视激发比等与真值不同，但它肯定与含水体的规模、埋深及围岩的电阻率等有关。正因为这样，可以根据各参数值的大小估计富水程度，找到深部含水层。

#### 4.3.1.3 水位与含水层顶板

IP 测深曲线对第一个高极化层的上界面的深度反映比较清楚。对于含水层来说，如果第一个含水层是潜水或上层滞水，它们有一个自由表面，这时含水层上界面的埋深也就是地下水位，所以从测深曲线上可以反映出地下水位的深浅。但当含水层为承压水时，含水层的上界面，也就是承压含水层的顶板埋深与成井后井中水位的埋深就是两回事了。这时测深曲线反映的是承压含水层顶板的埋深，而不是地下水位，有时下伏基岩为含有电子导体的高极化层，这时从测深曲线上可以明显地反映出覆盖层的厚度。所以在分析测深曲线时，不能笼统地解释为地下水位的埋深。

### 4.3.2 单支 IP 测深曲线的解释

在没有电子导体干扰的情况下，从 IP 测深曲线上可判断：地下是否有水；第一个含水层的上界面的埋深；有时可以分出各含水层组的层位；在同一水文地质单元里有较多的成井资料的情况下，可以估计富水性。

如果三条 IP 测深曲线都是低值水平的直线，一般来说地下没有好的含水层。其具体数值，各地相差悬殊，没有统一的规律。

如果三条 IP 测深曲线的起始部分为一低值水平直线，某一极距后开始上升，这样的曲线一般反映地下有含水层存在，曲线的起始转折点对应的 AB/2 乘以 0.7～1.0 的校正系数，一般就是该含水层上界面的埋深。当 AB/2 不大时，校正系数一般就近似等于 1；当 AB/2 较大时，校正系数要小些。所谓“起始转折点”是指曲线由平缓变成急剧上升的转折点。在曲线转折处应加密极距观测，使起始转折点在曲线上明显地反映出来。如果起始转折点在曲线上反映不明显，可以分别作平缓段和上升段的切线，两切线交点即可作为起始转折点。

含水层的底板在 IP 测深曲线上一般无明显反映，特别是对渐升式的曲线，各参数值随 AB/2 的增大而渐渐升高，更无法判断底板的位置。在许多情况下，IP 测深曲线呈单峰或多峰的形式，在总结了大量经验以后，根据曲线上的转折点、拐点、极值点等特征点的位置，判断含水层组的厚度和深度，有时也很准确，但是这仅是特定条件下的经验数据，不具有普遍规律的意义。

在 IP 测深曲线的前支有时起始部分数值较高，这一般是因为下雨或浇地后地表潮湿之故。在居民点附近回填灰渣、垃圾处常含有废铁、煤渣一类电子导体，在一些河谷地带表层有时沉积由上游冲积下来的电子导电性岩矿碎屑，在这些情况下，各参数的起始值更高。在分析曲线时不能以这些数值作为背景值，应以下降至出现平缓段的数值为准。

$\eta$、$D$、$J$ 三条 IP 测深曲线一般是同步变化的，三者各有特点。$\eta$ 数值较高，对于缓慢变化的干扰，抗干扰能力要强些，比较容易测准。$J$ 的数值一般只有 $\eta$ 的 1/3～1/2，当存在较大的缓慢变化的干扰时测量误差较大，但是由于它是 5s 内的积分值，对于交流干扰的抗干扰能力较强，因为正负半周在积分中被抵消了。因为 $J$ 等于 $\eta$ 和 $D$ 的乘积，对于一般含水层，$\eta$ 高，$D$ 也高，所以 $J$ 反映含水异常更明显。$D$ 值不易测准，因为 $\Delta V_2$ 和 $\Delta \overline{V}_2$ 都很小，测量误差较大，往往曲线上下跳跃，不能反映真实情况。如果测区内地电条件较好，干扰小，视电阻率高，接地条件好，可以测准的话，$D$ 曲线也有它特殊的意义。特别低的 $D$ 值往往是咸水带的标志。

### 4.3.3 激发极化法等值线的解释

单支 IP 测深曲线的解释，仅为我们指明每个孤立测点地面以下地层结构及其相对富水性，但彼此之间缺乏相互联系。为搞清工作区地下水埋藏分布情况，进行剖面测量、绘制各激电参数等值线断面图是十分必要的。等值线断面图能够形象地揭示沿勘探线方向地层结构变化及其相对富水情况，从而揭示各测点间的内在联系。

#### 4.3.3.1 IP 等值线图的种类

IP 等值线图可分为断面图和平面图两种类型。断面图是反映测区内沿某个方向地下水埋藏、分布、变化情况的图件，它可以明确指出沿勘探线方向地下水埋深、分布情况和富水带位置；等值线平面图是反映测区内某个高程或埋藏深度的地下水分布、变化情况的图件，它可以明确显示出地下水富集带的平面位置和分布。

#### 4.3.3.2 IP 等值线图的解释要点

要认真检查等值线曲线形态是否合理，对极不合理的曲线形态，要认真检查原始测量数据的可靠性和是否发生绘图错误；对等值线图上所出现的高值封闭圈或半封闭圈应特别注意，它们往往是相对富水带的标志；在激发比、极化率等值线断面图上，高值封闭圈或半封闭圈，一般反映地下水富集带，数值越大，说明富水程度越好；在衰减度等值线断面图上所呈现出来的高、低值封闭圈或半封闭圈，一般与激发比、极化率两参数的等值线断面图所反映的富水情况相一致，但有时却不相一致，在进行曲线分析时互相对比。

## 参 考 文 献


［1］ 李金铭. 地电场与电法勘探［M］. 北京：地质出版社，2005.

［2］ 李金铭. 激发极化法方法技术指南［M］. 北京：地质出版社，2004.

［3］ 傅良魁. 激发极化法［M］. 北京：地质出版社，1982.

［4］ 程志平. 电法勘探教程［M］. 北京：冶金工业出版社，2007.

［5］ 刘国兴. 电法勘探原理与方法［M］. 北京：地质出版社，2005.

［6］ 陈仲候，王兴泰，杜世汉. 工程与环境物探教程［M］. 北京：地质出版社，1993.

# 第 5 章 探地雷达法

## 5.1 探地雷达技术的发展现状

探地雷达（ground penetrating radar，GPR）测试技术是利用高频电磁脉冲波在不同电磁性介质中的传播规律，达到探测地下目标体的分布形态及特征的一种方法。其发展大致可以分为三个阶段，即发明阶段（1904—1930 年）、发展阶段（1930—1980 年）和成熟阶段（1980 年至今）。早在 1910 年，德国人 Letmbach 和 Lowy 就在一份德国专利中阐述了探地雷达的基本概念。Hdlsenbeck 于 1926 年第一个提出应用电磁脉冲技术探测地下目标物，并指出介电常数变化界面会产生电磁波反射。其后的 50 年中利用脉冲技术探测地下目标得到了广泛的发展，探地雷达技术有了很大改进，但由于地下介质比空气对电磁波具有强得多的衰减特性，而且波在地下介质中的传播比在空气中要复杂得多，所以它仅限于研究介质相对均匀、对电磁波吸收很弱的地质环境，如极地冰层、淡水湖泊、沙漠及岩盐等介质。Evans S 于 1963 年用探地雷达测量了极地冰层的厚度，Procello L T 于 1974 年用探地雷达研究月球表面结构，Unbterberger 探测了冰川和冰山的厚度等。这其中，Annan A P 等许多学者做了大量的理论及试验研究工作，为这一技术的发展奠定了基础。20 世纪 70 年代以后，随着电子技术的发展以及先进数字处理技术的应用，探地雷达探测扩展到土层、煤层、岩层等有耗介质中。在国外，许多研究机构进行探地雷达研究。在美国，如美国的 Kansas 大学近年在研究探地雷达用于航空航天局探测火星的应用。在欧洲也有很多国家进行探地雷达研究，如意大利、瑞典、法国、德国、英国等机构都在进行探地雷达的研究。通过研究，他们相继推出了自己的商用探地雷达产品，例如美国地球物理探测设备公司（GSSI）的 SIR 系列雷达、加拿大探头及软件公司（SSI）的 Pulse EKKO 系列雷达、意大利的 IDS 的 RIS - IIK 系列雷达、英国的 ERA 的 SPRscan 系列雷达、瑞典地质公司的 RAMAC/GPR 钻孔雷达系列、日本应用地质株式会社的 GEORADAR 系列雷达等。

探地雷达（GPR）采用的是时间域脉冲雷达，将宽频带的脉冲发射到地下介质中，通过接收反射信号达到探测地下目标的目的。但由于地下介质的复杂性、非均质性、无规律性以及多变性，时至今日仍有些难题有待解决。随着电子技术的飞速发展，勘探技术的日趋成熟，探地雷达技术取得了突破性的进展，应用领域越来越广泛。

在我国，对地质雷达的研究起步相对较晚，在引进国外仪器的同时，也着手自行研制地质雷达应用于生产实践，近年来不少研究单位也推出了自己的探地雷达样机，如青岛电波传播研究所自主研发的 LTD 系列探地雷达，中国科学院长春地理所的 $SI^2R$ 型探地雷达，东南大学的 GPR - 1 型探地雷达，大连理工大学的 DTL - 1 型探地雷达等。

## 5.2 探地雷达工作原理

### 5.2.1 基本原理

探地雷达是一种对地下或物体内不可见的目标或界面进行定位的电磁技术，它利用高频电磁波发射天线（T）的形式，在地面将信号送入地下，经地层界面或目标体反射后返回地面，再由接收天线（R）接收电磁波反射信号。高频电磁波（$n\times10^6\sim n\times10^9$ Hz），以宽频带短脉冲形式由地面发射天线定向送入地下，视为介电极限（$\frac{\sigma}{\omega\varepsilon}\ll1$）条件下，如图 5.1 所示。

当遇到与周围介质有介电性差异的地层或目标体时，部分能量被反射回地面，被接收天线所接收。如图 5.2 所示，脉冲波行程需时为

$$t=\frac{\sqrt{4z^2+x^2}}{v}(\text{ns}) \tag{5.1}$$

式中：$z$ 为反射体的深度；$x$ 为发射天线和接受天线之间的距离；$v$ 为波速。

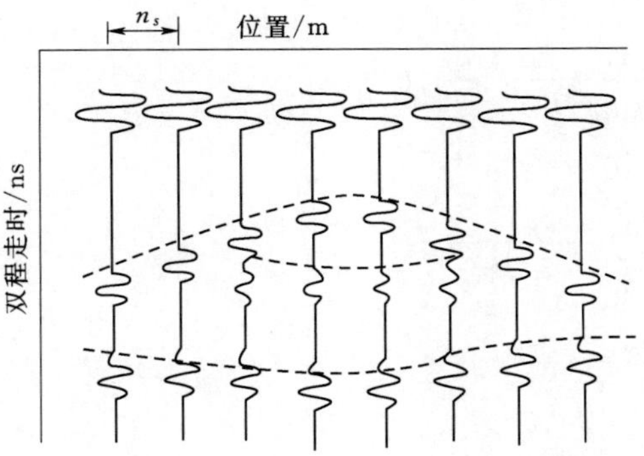


图 5.1 探地雷达工作原理图

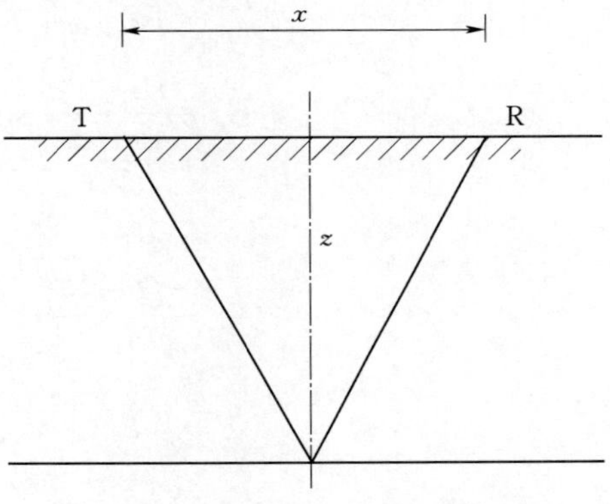


图 5.2 发射、接收天线示意图

$x$ 在剖面探测中是固定的，当地下介质的波速 $v$ 为已知时，通过观测到精确的 $t$ 值，由上式便求出反射体的深度 $z$。雷达图形以脉冲反射波的波形形式记录，波形的正负峰分别以黑白色表示，或对其记录剖面以灰阶或彩色表示，这样用同相轴或灰阶度、等色谱即可形象地表征出地下反射面分布。

电磁波在介质中传播的路径、电磁场强度与波形将随所通过介质的电磁性质及几何形态而变化。故通过对时域波形的处理和分析，便可确定地下界面或病害体的空间位置及地下介质的结构。雷达脉冲信号的强度与反射界面的波反射系数和穿透介质的波吸收程度有关，其界面两侧介质的物性参数（主要是介电常数）差别大，反射波的能量也大，地表电阻率 $\rho$ 决定了雷达波的衰减度，电阻率越小，则探测深度就越小。一般来说，探地雷达不适合地表电阻率小于 100Ω·m 地区的探测（如存在黏土和粉砂质地层以及地下水的环境）。另外，由电磁波的趋肤理论可知，脉冲的频率越低，穿透能力越大。

雷达波的分辨率，指的是对多个目标体的区分和小目标体的识别能力，它与脉冲频带

有关，频带越宽，时域脉冲越窄，在射线方向上的时域空间分辨能力就越强。值得注意的是：提高分辨率意味着增加高频率，而频率高则使探测深度减小。

### 5.2.2 脉冲电磁波的发射、接收原理

探地雷达的天线尽管种类很多，但其基本元可以归结为电流元、磁流元和面元三种形式。目前常用的地面探地雷达系统应用的是水平鞭状电偶极子天线发射的电磁场，电流元是基本的辐射元。

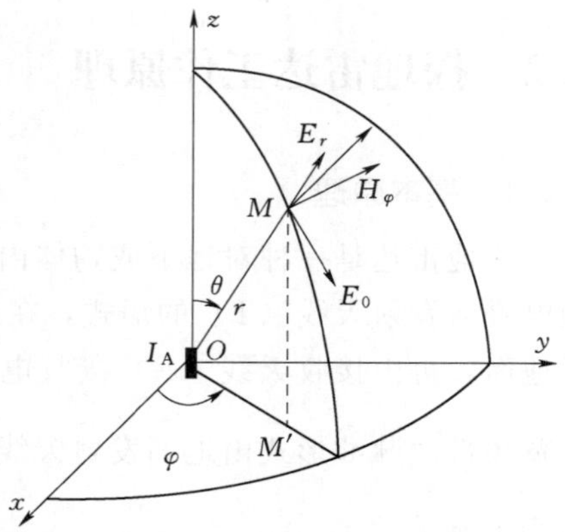


图 5.3 球坐标系中的电磁场

当电流元上载有交变电流时称为电基本振子，是天线的最基本的形式，在如图 5.3 中的球坐标系中，电场强度 $E$ 与磁场强度 $H$ 分别表示为

$$E=\frac{IL}{4\pi}\cdot\frac{2}{\omega\varepsilon_0}\left(\frac{-i}{r^3}+\frac{k}{r^2}+\frac{ik^2}{r}\right)e^{-ikr} \tag{5.2}$$

$$E_r=\frac{IL}{4\pi}\cdot\frac{2}{\omega\varepsilon_0}\cos\theta\left(\frac{-i}{r^3}+\frac{k}{r^2}+\frac{ik^2}{r}\right)e^{-ikr} \tag{5.3}$$

$$E_\theta=\frac{IL}{4\pi}\cdot\frac{2}{\omega\varepsilon_0}\sin\theta\left(\frac{-i}{r^3}+\frac{k}{r^2}+\frac{ik^2}{r}\right)e^{-ikr} \tag{5.4}$$

$$E_\varphi=0 \tag{5.5}$$

$$H=\frac{IL}{4\pi}\cdot\sin\theta\left(\frac{1}{r^2}+\frac{ik}{r}\right)e^{-ikr} \tag{5.6}$$

$$H_r=0 \tag{5.7}$$

$$H_\theta=0 \tag{5.8}$$

$$H_\varphi=\frac{IL}{4\pi}\cdot\sin\theta\left(\frac{1}{r^2}+\frac{ik}{r}\right)e^{-ikr} \tag{5.9}$$

式中：$I$ 为源电流；$L$ 为天线长度；$\omega$ 为工作频率；$\varepsilon_0$ 为真空介电常数；$r$ 为源至观察点的距离；$k$ 为传播常数；$\theta$ 为射线与电振子轴（$z$ 轴）之间的夹角。

在探地雷达实际工作频率，天线尺度和场区条件下，有

$$L\ll\lambda, kr\gg1 \tag{5.10}$$

表明探地雷达的天线视为电振子，研究地属于远区辐射电磁场，即电磁场主要有 $r^{-1}$ 项决定，$r^{-2}$ 项及 $r^{-3}$ 项可以忽略，从而有考虑到横波性：

$$E_\varphi=\frac{\omega^2\mu IL}{4\pi}\sin\theta\ \frac{1}{r}e^{-ikr} \tag{5.11}$$

从上述讨论可知，电基本振子在均匀介质中的远区场是一沿着径向向外传播的电磁横波。然而，在不同 $\theta$ 方向上，它的辐射强度是不同的，在 $\theta$ 等于 0°和 180°方向上，即振子轴的方向上辐射为零，而在通过振子中心并垂直于振子轴的方向上，即 $\theta=90°$ 方向辐射最强。远区辐射场在空间分布的方向是指在离天线相同距离不同方向上，天线辐射场的相

对值与空间方向的关系，称此为天线的方向性。将方向性用图形描绘出来，称为方向图。平面上绘出三维空间的这种图形是不方便的，一般只绘出两个互相垂直的典型平面的方向图，也就可以联想出场在空间分布的大致情况了。对电基本振子而言，一个是与振子轴垂直（$\theta=90°$）的平面，此平面是与磁场矢量平行的平面，称为 $H$ 面；另一个是包含振子轴的平面（$\varphi=$常数），这个平面是与电场矢量平行的平面，称为 $E$ 面，用极坐标绘出的电基本振于 $E$ 面的方向图为 8 字形，$H$ 面为一圆形。

当探地雷达的收-发天线位于地表之上，如图 5.4 所示，从发射 $P$ 点到接收 $M$ 点有直达波，反射波和侧面波（也称“滑行波”）等三种传播路径。

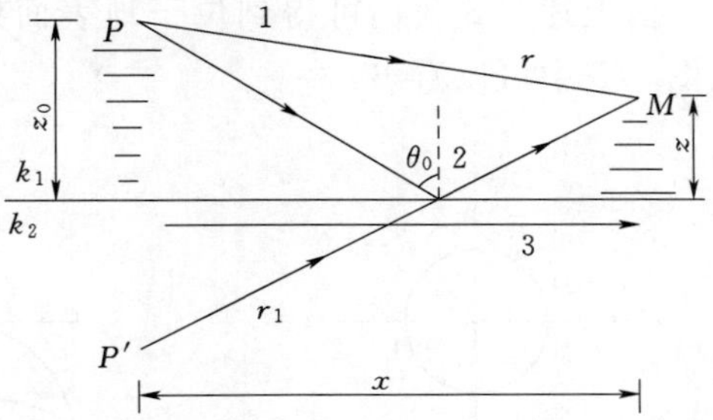

图 5.4　电磁波传播路径

直达波是从源沿直线传播到达接收点的波，电场的方向平行于电偶极子，场强等于均匀无限媒质中水平电偶极子源的辐射场。

$$E_i=\frac{\omega^2\mu_0 IL}{4\pi}\times\frac{1}{r}e^{-ikr} \tag{5.12}$$

反射波是按照几何光学定律由界面反射到接收点的波，反射波可看成场强 $IL'=ILR_{01}$ 的镜像源的辐射场。即

$$E_R=\frac{\omega^2\mu_0 ILR_{01}}{4\pi}\times\frac{1}{r_1}e^{-ikr} \tag{5.13}$$

式中：$R_{01}$ 为地表的反射系数；$r_1$ 为镜像源至观测点处的距离。

侧面波是以临界角 $\theta_c$ 入射，折射后沿着界面传播，再以临界角 $\theta_c$ 返回接收点的波。当 $n_{01}<1$ 时，临界角 $\theta_c$ 为实数。但由于空气的波速大于地下媒质中的波速，$n_{01}>1$，所以 $\theta_c$ 为复角，侧面波随离开界面的距离迅速衰减（图中用逐渐缩小的短横线表示），因此，当源或测点离开界面稍远时，实际上接收不到侧面波的场强。此外，侧面波的功率衰减比球面波更快，当发射和接收的距离较远时，和反射波相比，侧面波对接收场强的贡献也处于次要的地位。

当把水平偶极子天线置于地面上，$z=0$，$r_1=r$，则空气中直达波和反射波电场强度的总和为

$$E^{(0)}=\frac{\omega^2\mu_0 IL}{4\pi}\frac{2\cos\theta_0}{\cos\theta_0+\sqrt{n_{01}^2-\sin^2\theta_0}}\frac{e^{-ikr}}{r} \tag{5.14}$$

式中：$n_{01}$ 为空气的电磁折射率；$\theta_0$ 为空气内电磁波入射角。

该式可用来计算上半空间的辐射场方向图。从式（5.14）可以看出，当 $\theta_0=90°$时，辐射场强等于零。这是因为反射系数等于$-1$，直达波和反射波的场强相互抵消的缘故。

当把水平偶极子天线看作是紧靠界面的地下介质中，则地下媒质变成了入射介质，空气变成了透射介质。可得到地下半空间内直达波和反射波电场强度总和的公式

$$E^{(1)}=\frac{\omega^2\mu_0 IL}{4\pi}\frac{2\cos\theta_1}{\cos\theta_1+\sqrt{n_{10}^2-\sin^2\theta_1}}\frac{e^{-ikr}}{r} \tag{5.15}$$

式中：$n_{10}$ 为地下介质的电磁折射率；$\theta_1$ 为地下介质内电磁波入射角。

由上述二式我们可得到位于地表面处电偶极子 $E$ 面的辐射方向图。如图 5.5 所示。从图 5.5 中可以看出：

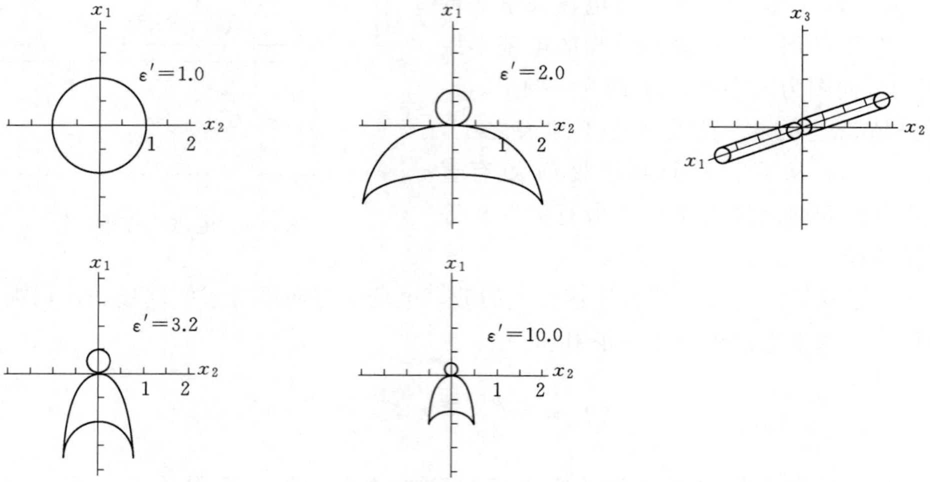


图 5.5　电偶集子辐射方向图

（1）地下媒质的介电常数越大，偶极子源的辐射功率就越往地下集中。

（2）地下辐射场 $E(1)$ 在临界角（$\sin\theta_c=\sqrt{\frac{\varepsilon_0}{\varepsilon_1^*}}$）方向上辐射方向强度最大。

一般地下介质的介电常数远大于1，充分说明此类天线发射出的高频脉冲电磁波具有较强的聚焦性，从而可较大程度上减少横向异常体的旁侧效应。

采用相同性能的接收天线，使收、发天线同点互为平行排列，达到地下介质获取最佳耦合效果，最大限度的接收地下的反射信号。

## 5.3　典型仪器设备

20 世纪 70 年代以后，随着电子技术的迅速发展及现代处理技术的应用，许多商业化的探地雷达系统先后问世。与此同时，探地雷达的应用范围也在不断扩大，已经覆盖了考古、矿产资源勘查、岩土工程测试、工程质量无损检测、环境工程等诸多领域。与其他地球物理方法相比，探地雷达具有下列优势：

（1）高分辨率，工作频率高达 5GHz，分辨率可达厘米级。

（2）无损性，或非接触。

（3）高效率，设备轻便，操作简单，从数据采集到图像处理实现一体化，可进行实时测量，并输出现场剖面记录图。

（4）抗干扰能力较强，可在各种噪声环境下工作。

具代表性的有美国地球物理探测设备公司（GSSI）的 SIR 系统、加拿大探头及软件公司（SSI）的 pulse EKKO 系列、瑞典地质公司（SGAB）的 RAMAC 钻孔地质雷达系统及日本应用地质株式会社（OYO）的 GEORADAR 系列等，这里主要介绍应用于涉水领域的便携式的 SIR－3000 型探地雷达，如图 5.6 所示。

### 5.3.1 主要特点

（1）SIR－3000 型雷达的一体化设计，加上内置式可充电电池，性能坚固耐用，整机仅 4kg 重，是目前市场上最轻便的雷达系统。

（2）SIR－3000 型雷达高分辨率强光型液晶显示，可在野外强光下操作。

（3）USB、Ethernet、RS－232 等接口外，还配备了独特的微型闪存装置，提供便捷、快速的数据传输方式。

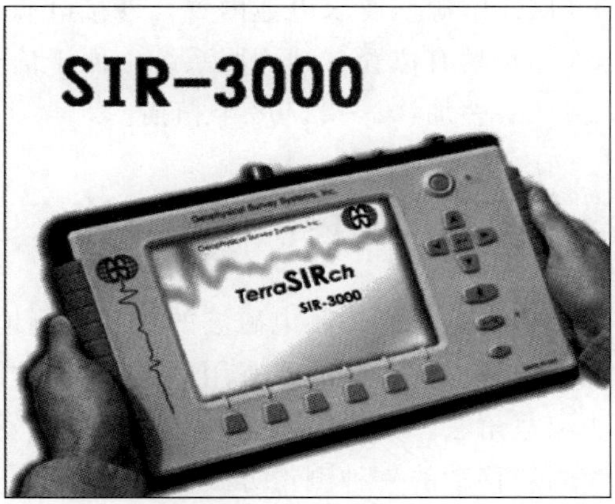


图 5.6 SIR－3000 型探地雷达

（4）GSSI 公司提供多种雷达天线，使用户具有了强大的扩展余地，可满足不同工程检测的需要。而且，所有的天线都可与 SIR－20/SIR－3000 型雷达主机兼容。频率从 16MHz～2.2GMHz 可选。

（5）天线和主机之间使用完全屏蔽同轴电缆传输数据，更加结实耐用，防土、防尘能力强，不受环境限制。

（6）GSSI 公司开发的各种功能的雷达软件包更丰富了雷达系统的应用，除了配备专用的雷达数据后处理软件，用户还可根据自己需要选择特殊功能的软件模块，并且所有雷达软件基于 Windows2000/NT/XP，可在 PC 机上进行数据处理。

### 5.3.2 技术参数

（1）单通道实时数字采集处理器探地雷达，操作平台为 Windows CE；主机可适配所有高中低频雷达天线，频率范围从 16MHz～2.2GHz；存储器：1GB 内存。可插标准 CF 闪烁内存卡。

（2）显示器：强光 8.4″TFT 800×600 分辨率，64K 彩显。

（3）显示模式：线扫描、示波器式。

（4）显示方式：实时彩显，彩色/灰阶行扫描，变面积/波形显示，线性扫描方式中可使用 256 种色源来表示信号的幅度和极性。

（5）扫描速率：最高可达 300 线/秒。

（6）样点字节：8 位或 16 位。

（7）扫描样点数：256/512/1024/2048/4096/8192。

（8）操作模式：须具备连续测量、测量轮、点测三种模式可选。

（9）测量范围：0～8000ns 自选。

（10）增益：手动或自动。1～5 节点（－20～＋800dB 可调）。

（11）滤波器：垂直滤波器-有限、无限低通和高通可调。水平滤波器-叠加、背景去除。

（12）动态范围：120dB。

（13）尺寸：315mm×220mm×105mm 左右，重量：4.1kg。

（14）电源：要求电池内置，外接电源 10.8V DC、15V DC。

（15）具有位置自动伺服系统，便于信号的准确接收。

（16）叠加：2～32768 个扫描。

## 5.4 探地雷达探测工作方法

探地雷达采用高频电磁波的形式进行地下探测，广义上，其探测工作方式包括反射、折射和透射三种。其中最常用的反射方式，目前用的双天线探地雷达测量方式有两种：剖面法和宽角法。其中最常用的是剖面法。发射天线（T）和接收天线（R）以固定间距沿测线同步移动的一种测量方式。

### 5.4.1 探地雷达探测的准备工作

每个探地雷达探测任务都需要对目标体特性与所处环境进行分析，以确定探地雷达探测能否顺利进行。分析内容包括：目标体深度、目标体几何形态、目标体电性、围岩的不均一性尺度、测区的工作环境等。

探测工作进行之前必须建立测区坐标，以便确定记录剖面的平面位置。测网布置与目的体有关。不同的目的体有不同的测网布置：

（1）管线。当管线方向已知，则测线应垂直管线的长轴；如果方向未知，则应采用方格网。

（2）目标体体积有限。先用大网格小比例尺初查，以确定目标体所处的范围，然后用小网格大比例尺进行详查。网格大小等于目标体尺寸。

（3）基岩面等二维体。测线应垂直二维体走向，线距取决于目标体走向方向变化的程度。

### 5.4.2 主要技术参数

在不同的应用场合，所需要探测的对象千差万别，因此在进行探测之前，除了需要确定合理的测量方法，探测时参数的选择也是决定测量效果的一个决定因素。探测参数包括天线中心频率、时窗、采样率、测点点距与发射、接收天线距离等。

#### 5.4.2.1 天线中心频率选择

天线中心频率的选择通常需要考虑三个主要因素：设计的空间分辨率、杂波的干扰和深度测量。根据每一个因素的计算都会得到一个中心频率。一般来说，在满足分辨率且场地条件又许可时，应尽量使用中心频率较低的天线。如果要求的空间分辨率为 $x$（单位：m），围岩相对介电常数为 $\varepsilon_r$，则天线中心频率可初步确定为

$$f=\frac{150}{x\sqrt{\varepsilon_r}} \tag{5.16}$$

根据初选频率，利用式（5.16）计算探测深度。如果探测深度小于目标深度，需降低频率以获得适宜的探测深度。

在野外实际测量中，介质中通常包含有非均匀体的干扰，频率越高其响应越明显。当频率增加到一定程度时，很难分辨主要目标体和干扰体的响应。可见降低频率能提高较大目标体的响应，而减小散射体的干扰。

#### 5.4.2.2 时窗的选择

探地雷达系统的时窗选择主要取决于最大探测深度 $D_{max}$，m；与地层电磁波速度 $v$，m/ns。时窗 $W$ 可估算为

$$w=1.3\frac{2D_{max}}{v} \tag{5.17}$$

式中：时窗值应增加30%，这是为地层速度与目标深度的变化所留出的余量（表2.2）。

#### 5.4.2.3 采样率的选择

采样率（时间采样间隔）是记录的反射波采样点之间的时间间隔。采样率由尼奎斯特（Nyquist）采样定律控制，即采样率至少应达到记录的反射波中最高频率的2倍。

大多数探地雷达系统，频带与中心频率之比为2，即发射脉冲能量覆盖的频率范围为0.5～1.5倍中心频率。这就是说反射波的最高频率约为中心频率的1.5倍，按Nyquist定律，采样速度至少要达到天线中心频率的3倍。为使记录波形更完整，Annan建议采样率为中心频率的6倍。当天线中心频率为 $f$（单位：MHz），则采样率 $\Delta t$ 为

$$\Delta t=\frac{1000}{6f} \tag{5.18}$$

#### 5.4.2.4 测量点点距的选择

离散测量时，测点点距选择取决于天线中心频率与地下介质的介电特性。为确保地下介质的响应在空间上不重叠，亦应遵循Nyquist定律，采样间隔 $n$（单位：m）应为围岩中子波波长的1/4，即

$$n=\frac{c}{4f\sqrt{\varepsilon_r}}=\frac{75}{f\sqrt{\varepsilon_r}} \tag{5.19}$$

式中：$f$ 为天线中心频率，MHz；$\varepsilon_r$ 是围岩相对介电常数。

对于倾斜目的体，测点间距不宜大于尼奎斯特采样间隔，否则就不能很好的确定。当目标体比较平坦，而且结构体的横向变化不大时，点距可适当放宽，工作效率将提高。测点距小，所采集的数据量就大，获得的目标体信息也详细。反之，数据量小，获得的目标体信息就少。在实际工作中，根据实际研究的内容以及目标体的情况，测点间距可在几厘米到几米范围内选取。但对于每一个频率的天线都有一个最大的测点距离限制。

#### 5.4.2.5 天线间距的选择

使用分离式天线进行探测时，适当选取发射与接收天线之间距离，可使来自目标体的回波信号增强。偶极天线在临界角方向的增益最强，因此天线间距 $S$ 的选择应使最深目的体相对接收与发射天线的张角为临界角的2倍，即

$$S=\frac{2D_{max}}{\sqrt{\varepsilon_r-1}} \tag{5.20}$$

式中：$D_{max}$为目标体最大深度；$\varepsilon_r$ 为围岩的相对介电常数。

实际测量中，天线距的选择常常小于该数值。原因之一是天线间距加大，增加了测量工作的不便；原因之二是随着天线间距增加，垂向分辨率降低，特别是当天线距 $S$ 接近目标体深度的一半时，该影响将大大加强。

## 5.5 数据分析与处理

雷达数据处理是采用 GSSI 公司提供的在 Windows 界面下运行的 WINRAD 专用雷达数据处理软件，界面方便易用，直观明了。常规处理流程如下：

原始数据→传输到计算机→原始数据编辑→水平均衡→零漂校正→反褶积或带通滤波（消除背景干扰信号）→频率、振幅分析，偏移绕射处理→增益处理→标定剖面坐标桩号→编辑、输出探地雷达检测图像剖面图。在数据处理过程中，针对原始数据的采集质量的好坏，根据需要合适地选择数据处理步骤。

探地雷达资料的地质解释是探地雷达测量的目的。然而探地雷达资料反映的是地下介质的电性分布，要把地下介质的电性分布转化为地质体的分布，必须把地质、钻探、探地雷达和其他相关的资料有机结合起来，建立测区的地质-地球物理模型，并以此获得地下地质模式。探地雷达的正演模拟解释和反演计算都是探地雷达解释的主要内容。

### 5.5.1 雷达波速度的求取

雷达波速度的获取视探地雷达资料解释的重要内容。也是深度转化的重要的参数，其准确与否，直接关系到解释结果的准确程度。电磁波在介质中传播速度的获取常用的方法有：已知目标换算方法、几何刻度法、介电常数法、SDP 速度分析法、反射系数法等。

已知目标换算方法最简单，同时是常用的方法。该方法是采用钻探的方法获取已知地层或目标体的深度，根据电磁波的传播时间进行计算。然后将获得速度来推断没有钻孔或已知目标的区域地质体的深度。

几何刻度法通过考虑在天线移动过程中，地下目标对电磁波的不同反射路径而求得电磁波在地下介质中的传播速度。

$$t(x)=\frac{\omega}{v}=\frac{2\sqrt{x^2+z^2}}{v}=\sqrt{\frac{4x^2}{v^2}+t_0^2} \tag{5.21}$$

式中：$t(x)$ 为当前位置 $x$ 到目标的双程时间；$t_0$ 为沿垂直路径到目标的双程时间。

CDP 速度分析法与地震勘探中的速度分析一致，也是常用的方法。

反射系数法在浅层检测如公路路面的检测中常用。通常是采用金属板反射法。由于介质的反射波振幅与反射系数成正比。因此通过观测金属板的反射波振幅（反射系数为 1）和介质的反射振幅可以获得电磁波在介质中的传播速度。

$$v=\frac{1-A/A_m}{1+A/A_m}\times c \tag{5.22}$$

式中：$A_m$ 为金属板的反射振幅；$A$ 为介质的反射振幅；$c$ 为光速。

### 5.5.2 时间剖面的解释方法

#### 5.5.2.1 反射层的拾取

探地雷达地质解释基础是拾取反射层。通常从前勘探孔的测线开始，根据勘探孔与雷达图像的对比，建立各种地层的反射波组特征。识别反射波组的标志为同相性、相似性与波形特征等。

探地雷达图像剖面是探地雷达资料地质解释的基础图件，只要地下介质中存在电性差异，就可以在雷达图像剖面中找到相应的反射波与之对应。根据相邻道上反射波的对比，把不同道上同一个反射波相同相位连接起来的对比称为同相轴。一般在无构造区，同一波组往往有一组光滑平行的同根轴与之对应，这一特性称为反射波组的同相性。

探地雷达测量使用的点即很小（<2m)，地下介质的地质变化在一般情况下比较缓慢，因此相邻记录道上同一反射波组的特征会保持不变，这一特征称为反射波形的相似性。同一地层的电性特征接近，其反射波组的波形、振幅、周期及其包络线形态等有一定特征。确定具有一定特征的反射波组是反射层识别的基础，而反射波组的同相性与相似性为反射层的追踪提供了依据。

不同测量目的对地层的划分是不同的。如在进行考古调查时，特别关注文化层的识别。在进行工程地质调查时，常以地层的承载力作为地层划分依据，因此不仅要划分基岩，而且对基岩风化程度也需要加以区分。为此需要根据测量目的，对比雷达图像与钻探结果，建立测区地层的反射波组特征。

根据反射波组的特征就可以在雷达图像剖面中拾取反射层。一般是从垂直走向的测线开始，逐条测线进行。最后拾取的反射层必须能在全部测线中都能连接起来并保证在全部测线交点上相互一致闭合。

#### 5.5.2.2 时间剖面的解释

根据地层反射波组特征在与钻孔对应的位置划分反射波组后，就需要依据反射波组的同相性与相似性进行地层的追索与对比。

在进行时间剖面的对比之前，要掌握区域地质资料，了解测区所处的构造背景。在此基础上，充分利用时间剖面的直观性和范围大的特点，统观整条测线，研究重要波组的特征及其相互关系，掌握重要波组的地质构造特征，其中特别要重点研究特征波的同相轴变化。特征波是指强振幅、能长距离连续追踪、波形稳定的反射波。它们一般都是主要岩性分界面的有效波。它们特征明显，易于识别。掌握了它们就能研究剖面的主要地质构造特点。

时间剖面上主要表现如下特征：

（1）雷达反射波同相轴发生明显错动。破碎带及大的风化裂缝、含水量变化大造成正常地层发生突变。两侧地层或土壤层性质发生变化，表现在地质雷达时间剖面上为反映地下地层界面上的雷达反射波同相轴明显错动，断层或土壤层性质发生变化越大，这一特征越明显。

（2）雷达反射波同相轴局部缺失。地下裂缝、地层性质突变和风化发育情况和程度往往是不均衡的，那么由于其对雷达反射波的吸收和衰减作用，往往使得在裂缝、裂隙的发育位置造成可连续追踪对比的雷达反射波同相轴局部缺失，而缺失的范围与地下裂缝横向发育范围和土壤性质突变大小有关。

(3) 雷达反射波波形发生畸变。地下裂缝、裂隙等在地质雷达时间剖面土的另一表现特征为，由于地下裂缝、不均匀体对于雷达波的电磁弛豫效应和衰减、吸收造成雷达反射波在局部发生波形畸变，畸变程度与地下裂缝、裂隙及不均匀体的规模有关。

(4) 雷达反射波频率发生变化。由于土壤各种成分含量及盐碱性质对于雷达波的电磁弛豫效应和衰减、吸收作用，往往对雷达波波形改造的同时造成雷达反射波在局部频率降低，这也是在地质雷达时间剖面上识别不同土壤性质边界的一个重要标志。

上述现象在地质雷达时间剖面上特征往往不是孤立的，即有时几种特征同时存在，只是有的特征更突出，有的特征不明显，这就需要资料解释人员除对区域地质条件充分了解以外，还必须具有丰富的实践和解释经验，从而去伪存真，得到更准确的地下地质信息。

## 参考文献


[1] 交通部公路科学研究所. 公路工程质量检验评定标准：JTJ 071—98 [S]. 北京：人民交通出版社，1999.

[2] 交通部公路科学研究所. 公路路基路面现场测试规程：JTJ 059—95 [S]. 北京：人民交通出版社，1995.

[3] 李大心. 探地雷达方法与应用 [M]. 北京：地质出版社，1994.

[4] 曾昭发，刘四新，王者江，等. 探地雷达方法原理及应用 [M]. 北京：科学出版社，2006.

[5] 长江水利委员会长江勘测规划设计研究院. 水利水电工程物探规程：SL 326—2005 [S]. 北京：中国水利水电出版社，2005.

[6] 雷少刚，卞正富，张日晨，等. 探地雷达探测干旱区潜水埋深研究 [J]. 中国雷达，2008 (1)：17-56.

[7] 李镐，仲晓杰，韩煜. 地质雷达在隧道富水区超前预报中的应用 [J]. 土工基础，2010.24 (4)：88-90.

[8] 胡少伟，陆俊，王国群. 地质雷达在探测地下富含水区域中的应用 [J]. 水利水运工程学报，2012，6：1-5.

[9] 何开胜，王国群. 水库堤坝渗漏的探地雷达探测研究 [J]. 防灾减灾工程学报，2005，25 (1)：20-24.

[10] 王国群. 探地雷达技术在堤坝工程中的应用 [J]. 江苏地质，2000，24 (2)：101-104.

[11] Seung-Yeup Hyun，Yu-Sun Jo. The laboratory scaled-down model of a ground-penetrating radar for leak detection of water pipes [J]. Measurement Scince Technology，2007 (18)：2791-2799.

[12] Sunjay，Srivastava V K，Singh V K. Ground Penetrating Radar (GPR) Applications In Hydrogeological Study of Aquifers [J]. World Young Earth Scientists For Society Congress，2009：28.

[13] Bimpas M，Amditis A，Nikolaos K. Uzunoglu. Design and Implementation of an Integrated High Resolution Imaging Ground Penetrating Radar for Water Pipeline Rehabilitation [J]. Water Resour Manage. 2011 (25)：1239-1250.

[14] Liu X Z，Sun Q，Liu P. The Application of Ground Penetrating Radar in Detection of the Water Delivery Tunnel Lining [C] //Proceedings of the 2011 International Conference on Remote Sensing，Environment and Transportation Engineering. USA：IEEE，2011.

[15] Panny N S，Davis J L. GPR systems for road and bridges [C] //International Conference on Ground Penetrating Radar. Finland，1992：247-258.

[16] Weill G J. Non - destructive testing of bridge, highway andpavements [C] //Fourth International Conference on Ground Penetrating. Finland, 1992: 259 - 266.

[17] Demirci S, Yigit E, Ozdemir C, et al. Ground penetrating radar imaging of water leaks from buried pipes based on back - projection method [J]. NDT and E International, 2012, (47): 35 - 42.

# 第 6 章 瞬变电磁法

## 6.1 瞬变电磁法概况

瞬变电磁法（transient electromagnetic method，TEM）是利用不接地回线或电极向地下发送脉冲式一次电磁场，用线圈或接地电极观测由该脉冲电磁场感应的地下涡流产生的二次电磁场的空间和时间分布，来解决有关地质问题的时间域电磁法。

### 6.1.1 瞬变电磁法的发展概况

瞬变电磁法最早在 20 个世纪 30 年代由苏联科学家提出，当时采用的是远区工作模式。但是，最早提出利用电流脉冲激发供电偶极形成时域电磁场的是美国科学家 L. W. Blau（1933），以“Eltran”法命名，获得了当年的美国发明专利。直到 20 世纪 50—60 年代，苏联两位科学家完成了瞬变电磁法的一维正、反演，建立了瞬变电磁法的解释理论和野外工作方法之后，瞬变电磁法才开始进入一个实用阶段。20 世纪 80 年代后随着计算机技术的发展，欧美学者在二三维正演模拟技术方面开展研究。与此同时，苏联学者提出电磁波拟地震波的偏移方法，他们吸取了“偏移成像”的广义概念，利用有限差分法实现了电偶源激发下电磁过度场的二维偏移成像，在电磁法中确定了正则化偏移和解析法偏移两种方法。近几年来，三维正反演方法取得了较好的效果。

国外仪器有加拿大 GEONICS 公司生产的 PRO - TEM 系统（PROTEM - 37，47，57，67）；PHOENIX 公司生产的 V6，V8 系统；美国 ZONGE 公司生产的 GDP - 32 系统等。

在我国，对瞬变电磁法的研究始于 20 世纪 70 年代，将脉冲式航电仪用于地质填图和金属矿勘探中。随后又于 1981 年研制出了 DCM - 1 型电磁脉冲瞬变系统，并于 20 世纪 90 年代初研制并生产了 SD - 1 型智能化瞬变电磁仪。物化探研究所、中国有色金属工业总公司地质研究院、中南工业大学等单位相继研制了瞬变电磁仪器，并发展了理论和技术方面的研究。随着仪器的智能化与数字化，瞬变电磁法开始步入工程、环境、灾害地质调查中。如探测地下采空区，陷落柱等煤田灾害，划分地下断层、寻找地下水、隧道超前地质预报等领域。目前，瞬变电磁法已经几乎涉足了勘探地球物理的所有领域，取得了良好的效果。

### 6.1.2 瞬变电磁法的特点

瞬变电磁法与其他电磁法相比具有许多优势和特点：

（1）该方法观测和研究的是二次场即纯异常场，克服了复杂的一次场补偿问题，同时受地形影响小，探测效果更明显，原始数据的保真度更高。

（2）时域方法对于导电围岩和导电覆盖层的分辨能力优于频域方法，并且测量方法技术既快又简单，更适合勘探工作的需要。

（3）可以采用同点组合（框内回线、重叠回线）进行观测，可以与探测目标达到最佳耦合，所得到异常的幅度大，形态简单及受旁侧影响小，提高了对地质体的横向分辨率。

（4）鉴于方法的探测深度仅取决于大地电阻率和测量仪器的采样时间范围，故而易于采用加大发送功率（发送回线中供以大电流）办法增强二次场，以提高信噪比来扩大探测深度。

（5）瞬变电磁法没有主要的噪声源，即装置耦合噪声，因此，一次场不稳、地形起伏、铺设发送回线的形状、方位和点位误差等影响都大为减小。实现流水作业有较高的工作效率。

（6）在高阻围岩地区不会产生地形起伏的假异常，在低阻围岩地区，由于是多道观测，早期场的地形影响也较易分辨。

## 6.2 瞬变电磁法原理

从傅里叶变换理论可知，一个脉冲电磁波可视为许多不同频率的谐变电磁波的组合，而由脉冲电磁场感应产生的二次时变电磁场便是由许多不同频率的谐变电磁场感应产生的二次谐变电磁场的组合。由此可见，TEM 与观测谐变电磁场的频率域电磁法（FEM）同属于研究二次涡流场的方法，二者有许多共同点，两种方法的物性基础都是介质的电阻率异常，依据的物理原理都是电磁感应定律，可以使用一些同样的装置类型。

瞬变电磁法是在一次脉冲信号断开后不同延时观测二次磁场的信号，这样便测出了磁场的时间谱，经过傅里叶变换，就可以得到其频谱，这就相当于测深。但在实际工作中也可以将瞬变电磁地分为剖面法和测深法。在勘探深度为几十米范围的应用中，一般主要利用磁场的剖面信息，而很难利用其深度方面的信息，这时，一般将瞬变电磁法作为剖面法对待；在勘探深度达到数百米范围的应用中，不仅能利用磁场的剖面信息，还可以利用磁场深度方面的信息，这时，一般将瞬变电磁法视为测深法。

瞬变电磁法的工作原理是：在地表敷设不接地线框或接地电极，输入阶跃电流，当回线中电流突然断开时，在下半空间就要激励起感应涡流以维持断开电流前已存在的磁场，并且此涡流场随时间以等效涡流环的形式向下传播、向外扩展，利用不接地线圈、接地电极或地面中心探头观测此二次涡流磁场或电场的变化情况，用以研究浅层至中深层的地电结构，其工作原理如图 6.1 所示。

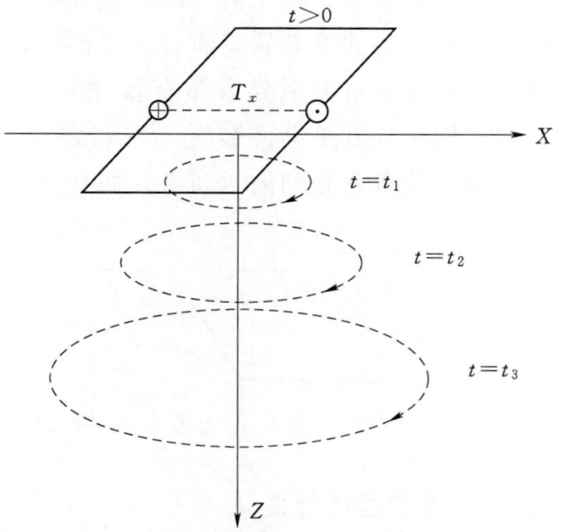


图 6.1 瞬变电磁法工作原理示意图

## 6.3 瞬变电磁法装置形式

瞬变电磁法勘探野外数据采集的指导思想是：以提高采集数据的信噪比和分辨率为核心，采用较适合的仪器采样道数和叠加次数，同时能够在不加大工作强度的情况下获得更为丰富的地下信息。所以工作装置选择是否合理将直接影响到观测的结果，从而影响能否高质量、高效率地完成地质任务。常用的工作装置有重叠回线装置与中心回线装置、磁偶源极装置和大定源回线装置。

### 6.3.1 重叠回线装置与中心回线装置

如图 6.2 所示，重叠回线装置是发送回线和接收回线相重合铺设，但由于有互感现象，在野外施工时将两者分开 1～2m 的距离。瞬变电磁法的供电和测量在时间上是互相分开的，因此发送回线与接收回线可以共用一个回线，称之为共圈回线。重叠回线装置是频率域方法无法实现的装置，它与地质探测对象有最佳耦合，重叠回线装置响应曲线形态简单，具有较高的接收电平、较好的穿透深度及异常便于分析解释等特点。

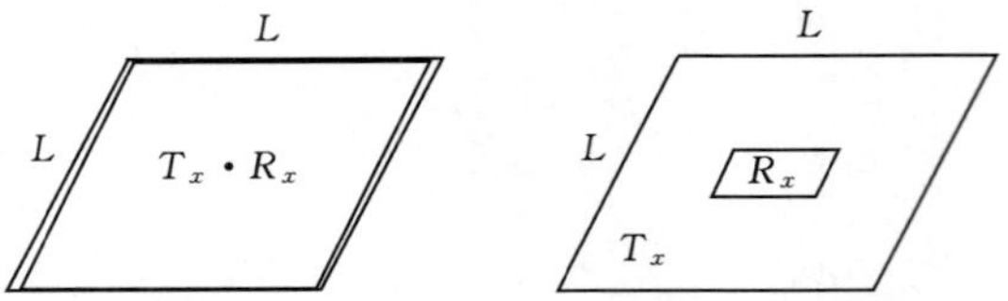


(a) 重叠回线　　(b) 中心回线

图 6.2 瞬变电磁法的重叠回线装置和中心回线装置示意图

中心回线装置是使用小型多匝接收线圈（或探头）放置于边长为 $L$ 的发送回线中心观测的装置，常用于 1km 以内的中、浅层测深工作。中心回线装置和重叠回线装置都属于同点装置。因此，它具有和重叠回线装置相似的特点，但由于其线框边长较小，纵横向分辨率高，受外部干扰较小，对施工环境要求较低，适应面较宽。

### 6.3.2 磁偶源装置

磁偶源装置是保持发射线圈和接收线圈的距离不变，整个系统沿测线逐点移动观测，如图 6.3 所示。偶极装置具有轻便灵活的特点，它可以采用不同位置和方向去激发导体及观测多个分量，对低阻异常体有较好的分辨能力。由于收、发线圈分离，消除了互感作用。但是偶极装置是动源装置，发射磁矩不可能做得很大，因此探测深度受到限制。另外，偶极装置所观测到的时间特性曲线复杂，给解释带来一定的困难。

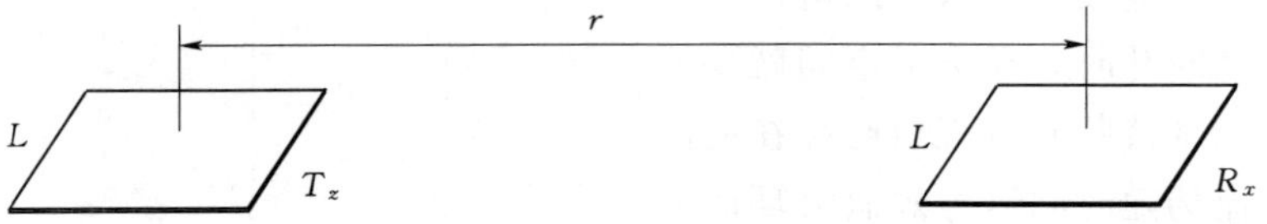


图 6.3 瞬变电磁法偶极装置示意图

### 6.3.3 大定源回线装置

水文勘查中常用的大定源回线装置其发射线框为边长达数百米甚至千米的矩形回线，

采用小型线圈（或探头）在回线内部中心 1/3 面积范围内逐点测量，如图 6.4 所示。一般采用发电机作为大功率电源，供电电流均达 20A 以上，这种场源具有发射磁矩大、磁场均匀及随距离衰减度变慢等特点，适合于深部水文勘查。铺好回线后，可采用多台接收机同时工作，因此工作效率高、成本低。

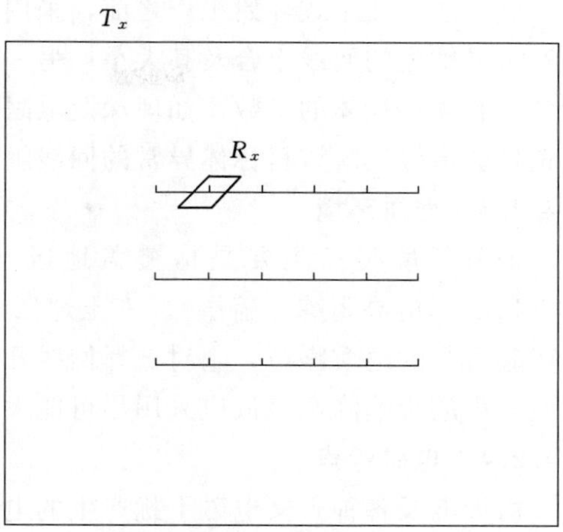

图 6.4　瞬变电磁法大定源回线装置示意图

### 6.3.4　电偶极-电偶极或回线组合装置

这种装置由电偶源激发，用接收回线置于远区接收 $dB_z/dt$ 分量或用两接地电极接收电场水平分量；接收极距一般大于 3km。该装置主要用于深部构造研究，在涉水工程中一般用于通过查找发育断层进行地热勘查。

## 6.4　瞬变电磁法野外工作技术

### 6.4.1　测区、测网的选择

测区范围应根据工作任务和测区的地形、地质及地球物理工作程度合理确定，应主要考虑以下因素：

（1）探测目标的大小、埋深及与围岩的电性差异，为了保证所得异常的完整性，周围要有一定范围的正常背景场，以便分析对比。

（2）测区范围应尽可能覆盖部分已知区域。

（3）大定源回线装置不同发送回线的测区范围相衔接时，必须有一定的重叠面积。

### 6.4.2　装置类型的选择

#### 6.4.2.1　一般准则

在给定条件下，要选用最佳的装置类型应考虑多种因素的影响，如目标体的特性、地质环境、电磁噪声干扰等。一般来说，动源装置（如重叠回线、中心回线装置）的灵敏度随位置的变化是均匀的，而定源装置（如大回线装置）的灵敏度随离开发射回线中心点距离的增加而降低。因此，在地质资料少或空白地区做普查工作时，最好采用动源装置，如选用中心回线或重叠回线装置，而在后一阶段的详查工作中可以用大定源回线装置。还有就是，一般面积性工作，应选用中心回线或重叠回线装置，其对任何产状的地质体，都可以获得最佳的耦合效应，不会漏掉异常。若要确定目标物的产状及边界，最好选用大定源装置，且发射大回线要布置在对目标物激发有利的位置，其回线尺寸取决于探测深度及对横向分辨率的要求。

#### 6.4.2.2　目标体参数的估计

目标体的主要参数决定了目标体的响应，接收机测到的信号强度是目标体大小、电导率和顶部埋深的函数，在选择回线装置组合时应当考虑这些参数，具体可采用两种办法：

一是试验法，在正式开始工作之前，采用不同装置在异常区段反复试验，以此来选择能给出所需灵敏度的回线组合及其大小；另一种是计算法，即在选出回线装置组合之前，最好能估计有关目标体的参数，如埋深及电阻率，计算不同回线组合的目标体电磁响应，以此来选择能最好反映该目标体异常的回线组合及其大小。

#### 6.4.2.3 地质环境

地质环境类型主要是指覆盖地区（厚度大于 100m 的第四系覆盖层）和冻土地区（10m 厚的高阻冻土盖层）。冻土地区地质环境 TEM 响应很弱，但覆盖地区地质环境能引起可观的地质噪声，它对选择回线几何形状以及回线尺寸和延时起主要影响，为了把地质噪声的影响降至最低应采用尽可能大的发射功率以产生高的信噪比。

#### 6.4.2.4 电磁噪声

由天电及各种人文电磁干扰产生的电磁噪声是 TEM 频带中电磁干扰的主要成分，总感应噪声与接收回线的面积成正比。对于天然电磁噪声具有低纬度地区强、高纬度地区弱，夏季强、冬季弱的特点，为了尽量抑制电磁噪声应采用尽可能大的发射磁矩，同时尽量减小接收线圈的尺寸。

### 6.4.3 回线大小的选择

各种装置回线大小的选择应依据以下原则：

（1）重叠回线装置是适用于轻便仪器的工作装置，一般是采用多匝小线圈，长度一般为 3m×3m、5m×5m、10m×10m 或 20m×20m 等。主要是靠增大发射电流来达到增加勘探深度的目的。

（2）中心回线装置发射回线边长按该区测深工作所需要的探测深度、覆盖层平均电阻率、干扰电平及发射电流合理选定，也可以按以下公式进行估算

$$H=0.55\left(\frac{L^2 I\rho_1}{\eta}\right)^{1/5} \tag{6.1}$$

式中：$\eta$ 为最小可分辨电压，一般为 0.2～0.5nV/m$^2$；$L$ 为中心回线装置发射回线连长；$\rho_1$ 为覆盖层电阻率。

接收用水平放置的多匝回线（或探头）观测 $dB_z/dt$ 分量，连长应小于发射回线连长的 1/5～1/10，匝数则在保证其频带宽度大于 8kHz 的条件下，可以适当多一点。

（3）大定源回线装置发射线框依据探测深度在选用，一般在 200m×200m 至 1000m×1000m 范围内选用，有时候受地形限制也会放成矩形框，供电电流一般为 10～30A。在发射框内用探头或轻便线框观测 $dB_z/dt$。

### 6.4.4 道数和叠加次数的选择

一般来说，在实际工作中选择取样道数希望尽可能多些，以记录到在较宽的延时范围内的有用信号；而叠加次数则希望越少越好，以提高观测速度和数据精度。这两点主要决定于测区内所用观测装置的信噪比。要想选择合适的取样道数和叠加次数，在一个测区开始工作之前首先要做些试验工作。如果最后几道读数为仪器噪声电平，说明有用信号都已经记录下来，取样数和叠加次数选择是合适的，如果最后的读数超过噪声电平但波动较大，表明还未达到噪声电平，应增加测道数，直到最后几道仅为噪声电平为止。

## 6.5 瞬变电磁法数据处理和资料解释

### 6.5.1 数据处理

（1）数据整理及验收。瞬变电磁勘探的观测数据是归一化的瞬变感应电压，每个测点至少进行了3次重复观测。观测数据存储在仪器内部，要求当天将数据传输到计算机并存盘保存。它的整理内容包括：一是检查验收原始磁盘数据和实际地物编录；二是核对原始数据有无错误，剔除质量不合格的数据，并编录成便于在微机上进行处理的格式；三是对各种原始记录、表册进行整理、编目、编号，编制原始资料索引。

（2）数据处理。资料处理是能否解决地质问题的关键，针对本区地质任务，按如下流程对资料进行处理解释。

对野外当天采集的原始数据，当天逐条曲线进行验收，认真做好室内评级工作，发现异常及畸变，及时布置检测，对验收合格的原始资料要换算成视电阻率、视深度等参数[由于瞬变电磁法观测数据是各测点各个时窗（测道）的瞬变感应电压，需换算成视电阻率、视深度等参数，才能对资料进行解释]。

视电阻率计算公式为

$$\rho_\tau=\frac{u_0}{4\pi t}\left[\frac{2u_0 mq}{5tV(t)}\right]^{\frac{2}{3}} \tag{6.2}$$

式中：$t$ 为时窗时间；$m$ 为发射磁矩；$q$ 为接收线圈的有效面积；$V(t)$ 为感应电压。

视纵向电导 $S_\tau$ 和视深度 $h_\tau$ 的计算表达式为

$$S_\tau=\frac{16\pi^{\frac{1}{3}}}{(3Aq)^{\frac{1}{3}}u_0{}^{\frac{4}{3}}}\frac{[V(t)/I]^{\frac{5}{3}}}{[\mathrm{d}(V(t)/I/\mathrm{d}t]^{\frac{4}{3}}} \tag{6.3}$$

$$h_\tau=\left\{\frac{3Aq}{16\pi[V(t)/I]S_\tau}\right\}^{\frac{1}{4}}-\frac{t}{u_0 S_\tau} \tag{6.4}$$

式中：$V(t)/I$ 为归一化感应电压；$A$ 为发射回线面积；$\mathrm{d}[V(t)/I]/\mathrm{d}t$ 为归一化感应电压对时间的导数。

瞬变电磁法数据处理步骤主要分为三步如图6.5所示：

滤波及剔除畸变：由于测区内人文活动频繁，存在较大的人文噪声，故在资料处理前首先要对采集到的数据进行滤波，消除噪声，对资料进行去伪存真。

时深转换、绘制视电阻率断面图：瞬变电磁仪器野外观测到的是二次场电位随时间变化，为便与对资料的认识，需要将这些数据变换成电阻率随深度的变化。

绘制各种参数图件：首先从全区采集的数据中选出每条测线的数据，绘制各测线视电阻率断面图，即沿每条测线电性随深度的变化情况；然后是平面图的绘制，根据具体的剖面图上相应深度的视电阻率值进行绘制而成。

### 6.5.2 资料解释

瞬变电磁资料解释，就是根据勘探区域的地球物理特征、TEM响应的时间特性和空间分布特征来确定地质构造的空间分布特点，例如，覆盖层厚度变化、垂向岩性分层和岩

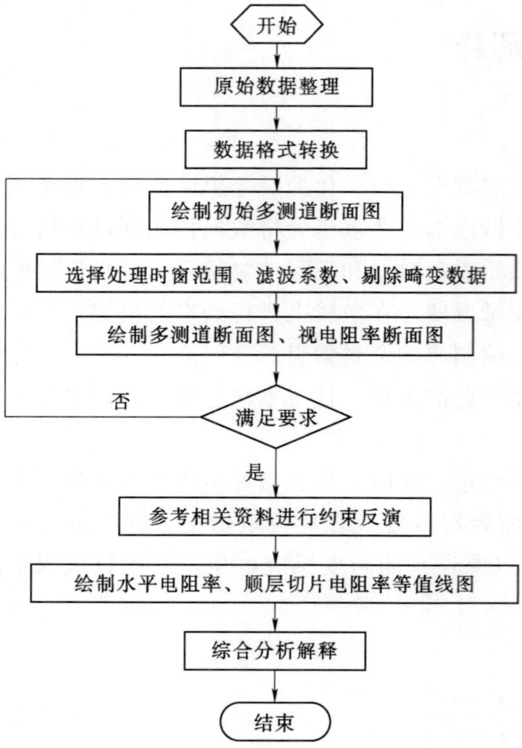


图 6.5　瞬变电磁法数据处理流程图

层的横向变化情况，断裂破碎带和其他局部地质构造目标的位置、形态、产状、规模、埋深等。瞬变电磁法勘探成果的资料解释应以理论及模拟图形为基础，以测区的物性差异为前提，结合地质和其他物化探方法和工作环境进行，对资料的定性分析和解释是资料解释中最重要和最基本的部分，定量解释在定性解释的基础上进行。

资料的解释和数据处理工作往往是同时进行的，它们之间存在一种从实践到认识的提高过程。资料解释是建立在数据处理后的视电阻率综合剖面图和视电阻率顺层切片图的基础上。为提高解释的客观及准确性，在初步解释之后调整处理的窗口（测道）范围进行反复处理，直到满足解释要求。

资料的解释主要依据单点数据（视电阻率-反演解释）结合整条测线的视电阻率断面图进行解释。对地质异常体的解释不仅从定性图件上进行分析，而且要结合单点数据和单支衰减曲线进行综合解释。根据实际对应情况对测区不同地段的相应测道的归一化二次电位绘制等值线平面图和对应层位的视电阻率平面图，结合等值线图对地质异常体进行解释。

瞬变电磁勘探结果为体积效应的综合反映，即使是采用了多种方式的处理，突出了异常，但由于它属于逐点分解，仍然脱离不了体积效应的综合影响。

具体资料解释分如下三步进行：首先，分析各条测线的视电阻率综合剖面图。其次，各条测线每个测道的视电阻率和视深度组成一个瞬变电磁测深的三维数据体，根据从不同角度切取的视电阻率等值线平面图进行赋存异常的综合解释，在这个过程中参考各条测线的视电阻率综合剖面图。最后，对所得到的各个异常带依照异常的特征进行平面组合，圈出异常带。

## 参　考　文　献

[1]　牛之琏. 脉冲瞬变电磁法及应用［M］. 长沙：中南工业大学出版社，1986.

[2]　李貅. 瞬变电磁测深的理论与应用［M］. 西安：陕西科学技术出版社，2002.

[3]　薛国强，李貅，底青云. 瞬变电磁法理论与应用研究进展［J］. 地球物理学进展，2007，22（4）：1195－1200.

[4]　区小毅. 瞬变电磁法在工程勘查找水中的应用［J］. 工程地球物理学报，2015，12（1）：68－71.

[5]　徐杨，徐忠平，蒋忠祥. 瞬变电磁法在基岩找水中的应用［J］. 西部探矿工程，2011，11：104－106.

# 第7章　音频大地电磁法

目前，基于平面波卡尼亚电阻率频率域电磁测深法向两个相反的方向，一个方向是重设备、大功率可控源音频大地电磁测深法（controlled source audio - frequency magnetotellurics），另一个相反的方向是轻设备、天然源音频大地电磁测深法（audio - frequency magnetotellurics）。这两者均是大地电磁法（MT）法的分支。前者，为了提高信噪比，发射功率从几千瓦发展到几十千瓦，代表性仪器是美国 Zonge 公司 GDP 系列和加拿大凤凰公司 V 系列电法仪，后者代表性仪器是美国 Geometrics 公司的 EH - 4 系统。开发研究音频大地电磁测深法仪器，是为了野外工作方便，提高工作效率，因此，从 MT 法中的张量测量简化为矢量测量，放弃了 Hz 测量，使方法从“EH - 5”简化为“EH - 4”。其主要特点有：AMT 法利用天然场源，无近场效应影响；仪器轻便，适用于地形、气候条件恶劣的山区使用；观测频带宽，从 0.1Hz～100kHz，最小探测深度几米至最大探测深度 2000m，特别适合各种不同深度工程勘察和水资源勘察；AMT 是张量或矢量测量，对二维构造反映比较逼真，采用 TM、TE 两种模式观测，故能较真实地反映地质规律，特别适合赋存相对较深的地热资源勘察；工作效率高，不受通信条件约束，在现场能实时获得成像结果。

## 7.1　天然源音频大地电磁测深法

### 7.1.1　音频大地电磁法原理

音频大地电磁法是基于大地电磁法原理，是在 20 世纪 50 年代初期提出的一种较新的地球物理探测方法。它是通过对地面电磁场的观测，来研究地下岩矿石电阻率的分布规律的一种物探方法。大地电磁法理论的关键是研究地面电磁场与地下岩矿石的电阻率存在的关系。下面从电磁场理论出发，简要讨论。

为使讨论方便、简洁，首先研究由太空向地球垂直入射的平面电磁波在均匀大地介质中传递特性，从而引出地面电磁场与地下介质电阻率之间的关系。在直角坐标系中，假定 $Z$ 轴垂直向下，$X-Y$ 轴位于地表水平面上，引入 Maxwell 方程组中的旋度方程

$$\nabla\times\vec{E}=i\omega\mu\vec{H} \tag{7.1}$$

将式（7.1）展开，且考虑到电磁场沿水平方向是均匀的条件，则电磁场各分量表达式为

$$-\frac{\partial E_y}{\partial Z}=i\omega\mu H_x \tag{7.2}$$

$$\frac{\partial E_x}{\partial Z}=i\omega\mu H_y \tag{7.3}$$

$$-\frac{\partial H_y}{\partial Z}=\frac{1}{\rho}E_x \tag{7.4}$$

$$\frac{\partial H_x}{\partial Z}=\frac{1}{\rho}E_y \tag{7.5}$$

由式（7.1）～式（7.5）不难看出，电场分量 $E_y$ 与磁场分量 $H_x$ 有关，磁场分量 $H_y$ 与电场分量 $E_x$ 有关，它们均沿 $Z$ 轴传播。在普通物理学中称这种波为线性极化波。为了与光波的偏振对应，又称这种波为线性偏振波。值得注意的是，所谓电磁波的极化，并非指的是电场中的介质极化，而是指电磁波在传播过程中电场强度矢量随时间或频率的变化状态。如果电磁波在传播过程中电场强度在空间的指向不变，只是大小变化，那么在垂直电磁波传播方向的平面上，电场强度矢量的末端随时间变化的轨迹是一条直线，称此类波为线性极化波，或线性偏振波。任意线性极化波，其极化方向，总是垂直于传播方向。若在电磁法传播的 $X$ 方向上，有电场分量，而磁场方向与波的传播方向垂直，则称此种极化波为 TM 波，又称 H 波；那么，在传播的 $X$ 方向上有磁场分量，而电场方向垂直于波的传播方向，则称此波为 TE 波，又称 E 波。

在波区，电磁波为线性偏振波，经常将电磁场分量分成两组，一组是 $E_y-H_x$，以电磁波沿 $Y$ 方向的分量来命名。则该组波在波的传播方向上有电场 $E_y$ 分量，故此种波称 TE 波或 E 波；另一组 $H_y-E_x$，该组波在波的传播方向有磁场 $H_y$ 分量，故称此种波为 TM 波，或 H 波。自然地，若电、磁场分量都垂直于波的传播方向，则称此种波为 TEM 波。

两组线性极化波的波动方程为

TE 波：

$$\frac{\partial^2 E_y}{\partial Z^2}-K^2E_y=0 \tag{7.6}$$

$$\frac{\partial^2 H_x}{\partial Z^2}-K^2H_x=0 \tag{7.7}$$

TM 波：

$$\frac{\partial^2 H_y}{\partial Z^2}-K^2H_y=0 \tag{7.8}$$

$$\frac{\partial^2 E_x}{\partial Z^2}-K^2E_x=0 \tag{7.9}$$

式中：$K$ 为复波数或传播系数

$$K=\omega^2\in\mu-i\sigma\omega\mu \tag{7.10}$$

由式（7.10）可知，$K$ 由两项组成，其中第一项与位移电流有关，第二项与传导电流有关。在 AMT（0.1Hz～100kHz）的工作频率范围中，可以忽略位移电流的影响，此时式（7.10）简化为

$$K=\sqrt{-i\sigma\omega\mu} \tag{7.11}$$

令 $K=\alpha-i\beta=\sqrt{-i\sigma\omega\mu}=(1-i)\sqrt{\dfrac{\sigma\omega\mu}{2}}$，则

$$\alpha=\beta=\sqrt{\frac{\sigma\omega\mu}{2}} \tag{7.12}$$

式中：$\alpha$、$\beta$ 分别为复波数的实部和虚部；$\sigma$ 为电导率；$\mu$ 为磁导率；$\omega$ 为角频率。

以 $H$ 偏振为例，研究波的传播问题。根据波动方程式：$\dfrac{\partial^2 H_y}{\partial Z^2}-K^2H_y=0$，此常微分方程的一般解为

$$H_y=A\mathrm{e}^{-k^2}+B\mathrm{e}^{k^2} \tag{7.13}$$

式中：积分常数 $A$、$B$ 由边界条件与初始条件确定。

当 $Z\to\infty$ 时，$B=0$，$Z=0$ 时，$H_y=A=H_{0y}\mathrm{e}^{-i\omega t}$，则式（7.13）为 $H_y=A\mathrm{e}^{-kz}$，即

$$H_y=H_{0y}\mathrm{e}^{-i\omega t}\mathrm{e}^{i\beta z}\mathrm{e}^{-\alpha z} \tag{7.14}$$

式中：$H_{0y}$ 为地面上磁场 $\vec{H}$ 的振幅；$\mathrm{e}^{-i\omega t}$ 为场是谐变场；$\mathrm{e}^{i\beta z}$ 为场沿 $Z$ 方向传播是谐变的；$\beta$ 为圆波数，$\beta=\dfrac{2\pi}{\lambda}$，即单位长度上波数的 $2\pi$ 倍；$\lambda$ 为相邻同相面之间的距离；$\mathrm{e}^{-\alpha z}$ 为场强振幅沿传播方向 $Z$ 呈指数规律衰减；$\alpha$ 为吸收系数。

则式（7.14）可等为：$H_y=H_{0y}\mathrm{e}^{-i\omega t}\mathrm{e}^{-\frac{2\pi}{\lambda}(1-i)}$，引入趋肤深度 $\delta$，$\delta$ 表示 $H_{0y}$ 衰减到 $\dfrac{1}{\mathrm{e}}$ 时，电磁波传播的距离。故有

$$\delta=\frac{\lambda}{2\pi}=\sqrt{\frac{2}{\omega\mu\sigma}}=503\sqrt{\frac{\rho}{f}}\,(\mathrm{m}) \tag{7.15}$$

趋肤深度 $\delta$ 与频率的平方根成反比，与大地介质电阻率的平方根成正比。由式（7.15)不难看出，当工作频率高时，探测深度小；随着工作频率降低，探测深度也随着增大。当在一个宽频带（如 EH - 4 电导成像仪的工作频率 10Hz～100kHz）上由高频向低频测量每个频点上的 $E$ 和 $H$ 时，可以计算出视电阻率和相位变化规律，据此可确定该点一定体积范围内的地下介质结构情况。这就是大地电磁法的基本原理。

### 7.1.2 野外工作方法技术

#### 7.1.2.1 工作布置

工作布置首先要明确地质任务，做到有的放矢，目的明确，根据不同的地质任务，选择不同的测线测网布置方法，根据目的层深度等因素选择不同的点距、工作频率范围和电偶极矩。

其次是收集相关资料，包括工作区的地形、地貌，测区内出露的主要地层、产状和岩性特征，测区内的主要断层构造，已有物探资料等。

再就是进行方法有效性分析，这部分包括电性分析和方法有效性试验。电性分析主要是分析区内主要涉及地层以及各地层的岩性，明确地质任务，在考虑勘查工作需要的前提下，分析是否具有一定的地电条件；在进行方法有效性试验时，要选择合理的试验剖面，试验剖面要求地质情况较为清楚、电磁噪声比较平静、各种人文干扰不严

重，选择测区内典型地质剖面、有一定规模的目标体存在、尽量选择地形开阔和起伏平缓的试验剖面。

#### 7.1.2.2 测线布置

测线布置主要考虑以下几点因素：测线方向宜垂直于地层或构造断层的走向和主要探测目标体的走向；测线应布置在地形起伏较小和表层介质相对均匀的地段，宜与地质勘探线或其他物探方法的测线一致，以便资料的分析对比，并避开干扰源；测线间距应根据构造或异常的范围和性质确定；测线应尽量布置成直线，避免通过居民点、高压线和其他建筑物等；当测区边界附近发现重要异常时，应把测线适当延出测区进行异常追踪；在地质结构复杂地区或发现单线异常时，测线应适当加密，在主测线之间布置辅助测线；在山区布置测线时，宜沿等高线或顺山坡布置。若地形起伏不大，可沿坡度相近的山坡布置长测线，若地形起伏较大，尤其是在山脊或山谷两侧，应分段布置短测线。

#### 7.1.2.3 测网布置

测网布置范围应根据地质任务要求、探测深度等因素综合考虑，工作比例尺的选择应能反映探测的断层构造，并可在平面图上清楚地标识出其位置和形态。

### 7.1.3 资料处理与解释

#### 7.1.3.1 数据整理和处理

数据处理即把观测的电磁信号经过运算转换为能够反映地下电性分布的参数，包括如何在强噪声背景下提取信息、正确有效地估算阻抗以及一维、二维反演解释等。在数据处理过程中，数据编辑是非常重要的环节，由于接收的信号非常微弱，有用信号非常容易污染，时常有“飞点”，有的频点数据脱离了曲线变化规律趋势轨迹，这对后期的反演会造成很大的影响，甚至会产生错误的结果，经过对这些“飞点”即畸变的删除，电阻率和相位曲线变化规律趋势会变得清晰，为后续的反演奠定基础。

#### 7.1.3.2 静态效应校正问题

音频大地电磁法数据和大地电磁法的数据一样具有静态效应。当地表存在电性不均匀体时，在电流流过不均匀体界面时，形成界面积累电荷，由此产生一个与外电场成正比的附加电场，给电磁响应带来畸变，这种影响称为静态效应。利用这样的资料进行解释时，其结果会产生较大的误差，甚至得出错误的结论。这种效应是基于卡尼亚电阻率电磁法资料处理人员的一个棘手问题。到目前为止，可以说仍没有一个广泛实用、能完全消除静态效应的方法，而静态效应的校正又是资料处理中必须进行、不可或缺的工作。主要有以下几种校正方法：

（1）用瞬变电磁数据做视频转换后直接对音频大地电磁法数据进行平移校正。

（2）用几何电阻率测深曲线对音频大地电磁法数据校正。

（3）用测井曲线对音频大地电磁法数据校正。

（4）空间滤波处理技术消除静态效应，其主要思想在于，静态效应是一种由局部原因引起的局部效应，放在广大的区域上效应会被有限地平均掉。

（5）利用相位资料的解释方法。

（6）电磁阵列剖面法（EMAP）法消除静态效应。该方法经过理论模型计算和实际资料处理证明是一种较为有效地消除静态效应方法。

# 7.2 可控源音频大地电磁法

## 7.2.1 可控源音频大地电磁法原理

可控源音频大地电磁法（controllable source audio magnetic technique，CSAMT）是在大地电磁测深法的基础上发展起来的一种人工源电磁测深法。20 世纪 50 年代，法国的 Cagniard 和苏联的 Tichonov 以及 20 世纪 60 年代的 Berdichevskil 等借助于在大地中传播的不同频率的电磁波趋肤效应的差异，提出了大地电磁法（MT）和音频大地电磁法（AMT），为地球物理界所重视。到 20 世纪 70 年代，加拿大多伦多大学的 D W Strangway 和 Myron Goldtein 提出了可控源音频大地电磁法（CSAMT），K L Zonge 等将其形成了测量方法。由于电磁场可以穿过高电阻薄层，有些无法用直流电法和地震法探测到的高电阻薄层下的地质体，用 CSAMT 法就可以取得好的效果。

CSAMT 的探测原理是：利用人工场源激发地下地层，当电流流过不同地层结构和不同深度的地层时，产生不同电位差，通过接收不同供电频率形成的一次场电位，就可以分辨出不同地层深度的电磁参数。由于不同频率的场在地层中传播的深度不同，所反映深度也就与频率构成一个数学关系。不同电导率的岩土层的电流流过时所产生的电位和磁场是不同的。CSAMT 就是利用不同岩土层的电导率差异观测一次电位和磁场强度变化的一种电磁勘探方法。

CSAMT 方法主要测量地下岩土层的卡尼亚视电阻率，见公式如下

$$\rho_s = \frac{1}{\mu_0 \omega}\left|\frac{E_x}{H_y}\right|^2 \tag{7.16}$$

式中：$\rho_s$ 为视电阻率；$\mu_0$ 为磁导率；$E_x$ 为电场强度分量；$H_y$ 为磁场强度分量。

实际测量中，习惯于电阻率用 Ω · m 作为单位，电场用 mV/km，磁场用 nT，时间用 s，另外令岩石中的磁导率 $\mu_0$ 与空气中磁导率 $\mu_0$ 相同，并取 $\mu_0=1$，最终得到

$$\rho_s = 0.2T\left|\frac{E_x}{H_y}\right|^2 = \frac{1}{5f}\left|\frac{E_x}{H_y}\right|^2 \tag{7.17}$$

又根据电磁场的趋肤效应理论，得到趋肤深度公式为

$$h_{有效} = 256\sqrt{\frac{\rho_1}{f}} \tag{7.18}$$

可见，频率 $f$ 越高，探测有效深度越小。

场源：如图 7.1 所示，用发送机通过接地电极 A、B 向地下供交变电流，在地下形成交变电磁场。电流的频率可在一定范围内变化，通常从 2～213Hz 按二进制递变，在接地十分困难的地方可用不接地回线作垂直磁偶极子来发送电磁场。

测量：在距离 AB 相当远的地方进行测量。所谓“相当远”指的是在这些地方的电磁场已接近平面波，从而可使用卡尼亚电阻率计算公式并方便解释。若选用直角坐标系，$x$ 轴平行 AB，$Z$ 轴垂直向下，那么标量测量是在测点测量每一频率的电场分量 $E_x$ 和正交的磁场分量 $H_y$，并按公式计算卡尼亚电阻率。当从高到低逐个改变频率时，每个频率就相应获得一个卡尼亚电阻率，从而得到卡尼亚电阻率随频率而变化的曲线，随着频率降

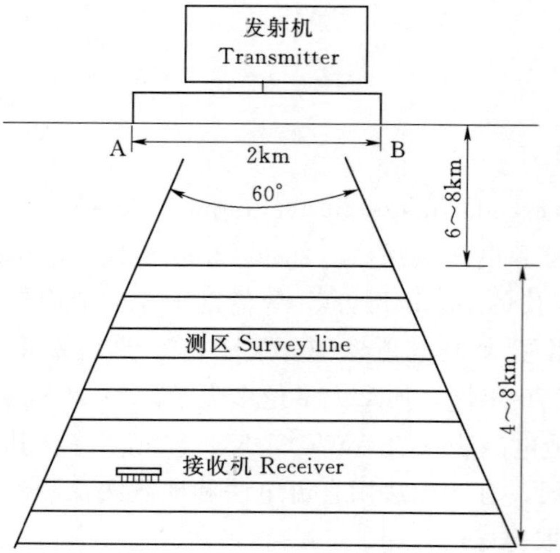


图 7.1　CSAMT 法工作示意图

低，电磁渡穿透深度加大，因而就得到了卡尼亚电阻率的测深曲线。

CSAMT 是针对大地电磁测深法场源的随机性和信号微弱，以致观测十分困难这一状况而提出的一种改变方案——采用可以控制的人工场源。由于电磁场可以穿过高电阻薄层，有些无法用直流电法和地震法探测到的高电阻薄层下的地质体，用 CSAMT 法就可以取得好的效果。其中最常用的场源是把可以改变频率的发送机产生的交变电流，通过一定长度的导线连接到 2 个接地电极（A、B）上，如图 7.1 所示将交变电流输入大地，通常称为水平电偶极子；侧线布在远区测量，一般离场源 6～8km，典型的旁测标量测量包括与场源平行的电场及垂直的磁场。通常采用长 10～150m 的电偶极子（测量电极）来观测电场，偶极的两侧连接在用水浇湿的坑中的不极化电极上。当从高到低逐个改变频率时，每个频率就相应获得一个卡尼亚电阻率，从而得到卡尼亚电阻率随频率而变化的曲线，随着频率降低，电磁波穿透深度加大，因而就得到了卡尼亚电阻率的测深曲线。

可控源音频大地电磁法具有以下特点：

（1）抗干扰能力强。使用可控制的人工场源，它的信号强度比天然场要大得多，因此可在较强干扰区的矿区及外围或在城市及城郊开展工作。

（2）工作效率高。基于电磁波的趋肤深度原理，利用改变频率而非改变几何尺寸进行不同深度的电测深，用一个发射偶极子供电，可以在它两侧的一个很大的扇形区域内进行测量，大大提高了工作效率。

（3）地形影响小。由于接收时所测的值事实上进行了归一化，因而地形影响大为减弱；测量得到的是电场和磁场的参数，利用电场和磁场之比计算出卡尼亚电阻率，由于是比值测量，可减少外来的随机干扰。

（4）高阻电屏蔽作用小。由于接收机在接收电场的同时还要接收磁场，因此高阻屏蔽作用小，可穿透高阻层。

### 7.2.2　典型仪器与探测方法

#### 7.2.2.1　典型仪器

可控源音频大地电磁法发展几十年来，产生了一些研发和生产厂家，主要研发的仪器有美国 Zonge 公司的 GDP－32$^{Ⅱ}$ 多功能电法测试系统、加拿大凤凰公司最新生产的 V8 多功能电法仪和德国的 Metronix 公司最新生产的 GMS－07e 综合电磁法仪。美国 Zonge 公司的 GDP－32$^{Ⅱ}$ 系统与加拿大凤凰公司的 V8 多功能电法系统在瞬变电磁法有关章节已经介绍，他们除了可以进行瞬变电磁法探测外，也可以进行 CSAMT 法测量。

GMS－07e 综合电磁法仪是德国 Metronix 公司过去 30 年在设计和生产地球物理电磁法仪器方面所积累经验的基础上研制开发的新一代产品，可实现大地电磁（MT）探测、音频大地电磁（AMT）探测以及可控源音频大地电磁（CSAMT）探测等多种测量功能。

这是目前国内国际用得最多的 CSAMT 三大测量系统，它们均配有数据处理解释软件。

#### 7.2.2.2 探测方法

可控源音频大地电磁法探测工作分为测量前的准备和数据采集两个环节。准备工作包括收集与工作有关的资料和仪器设备的准备，确保仪器设备处于正常工作状态。

野外测量工作如下：

1. 测量参数的选择

如图 7.1 所示，测区内测线（点）距离由探测目标体的大小决定，一般其间距应不大于目标体的横向尺度。工作电流的频率变化范围为 $0.1\sim10^4$ Hz，相应的勘察深度一般从几十米到 3000m，可以按照需要在一定的范围内选择工作频率。为满足波区工作条件，应在距离 AB 较远的地方测量 $E_x$ 和 $H_y$，即在这些电磁场已经接近平面波的区域进行测量，通常用 10～150m 的电偶极子 MN 电极来观测电场分量，利用磁探头测量磁场分量。发射机与接收机之间距离（$r$）的选择与深度有关，原则上讲 $r$ 越大越好，但 $r$ 越大，接收的信号越弱，导致信噪比降低，为此要根据目的任务、探测深度和发射机功率来选择 $r$，根据理论分析和野外工作经验，认为 $r$ 应满足以下三条：

$$r>(3\sim6)H$$

$$r_{\min}>5\delta$$

$$r_{\max}=[(I\,\overline{AB}\rho_1\sin\theta)/\pi E_{\min}]^{\frac{1}{3}}$$

式中：$H$ 为探测深度；$I$ 为发射电流；$\overline{AB}$为供电偶极长度；$\theta$ 为 $r$ 与$\overline{AB}$之间的夹角；$E_{\min}$为接收机能观测的最小信号，一般取 $7\mu$V。

第一和第二个式子满足了波区或远区的条件，第三个式子满足了观测精度的要求。

在布置工作之前，若能大致估计探测目标的深度 $H$，又能大致地了解测区的电阻率值，就可以根据发射功率大致计算收、发距离 $r$ 的大小。

发射偶极 AB 与接收偶极 MN 的大小，主要考虑偶极子的条件，通常考虑满足以下条件：$\overline{AB}\leqslant(1/3\sim1/5)H$，$\overline{MN}\leqslant r/10$。

对于发射偶极 AB，$AB$ 大时，低频特性好，$AB$ 小时，高频较好。在探测较深目标时，$AB$ 可选择大一些，在探测较浅目标时，$AB$ 可选择小一些。

对于接收端的 MN，$MN$ 大时，一个排列的覆盖范围就大，可以提高工作效率，便于观测，但过大分辨率会降低；$MN$ 小时，分辨率会提高，但测到的电位差值变小，不能保证测量质量。

2. 仪器设备布置和观测

首先按照事先设计的工作布置方案，布设测区内的测线和测点。

发射端：尽量选择土壤潮湿处埋设供电电极 A、B，可采用多块金属板、网、箔等材料，将电极打入土壤中或挖坑埋设，并浇盐水，保证接地良好，AB 场源的接地电阻应不大于 30Ω。发射机最高供电电压和电流应不超过额定值的 80%。

接收端：实际工作中通常采用标量 CSAMT 观测方式，其接收装置为：水平方向电场（MN）应平行于场源（AB），水平磁场应垂直于场源布设。为获得足够大的信噪比，接收电极应采用不极化电极，并浇水压实，接地电阻小于 2kΩ。

电极与磁棒布设完毕后，应检查布设是否正确，连线是否牢固，分别打开发射机和接收机的电源开关，设置好测量参数，并使收一发同步。检测电磁道传输线与屏蔽层的绝缘电阻（一般应大于 2MΩ）。确认仪器参数等正常后，可发射低频信号进行测试，然后可依次由低频到高频（或由高频到低频）进行测量。接收机测量 $E_x$ 和 $H_y$ 值，并由视电阻率公式（$\rho_s=0.2T\left|\frac{E_x}{H_y}\right|^2=\frac{1}{5f}\left|\frac{E_x}{H_y}\right|^2$）计算阻抗视电阻率，可真实记录地下电性分布信息。

### 7.2.3 探测数据分析方法

目前，研究较多是一维、二维可控源音频大地电磁法正反演分析方法，一维已比较成熟。一维正反演只适用于层状介质的情况，地质介质的横向变化时靠不同测点的一维结果组合得到的，显然在电性结构存在横向变化的情况下，一维反演方法获得的拟二维断面结果时会产生偏离真实情况的畸变。二维正反演方法允许在电性结构存在横向变化的情况下得到比较真实的电性结构。实际的 CSAMT 源是三维的，观测系统和场理论上也是三维的，但目前三维的正反演方法在理论上还有很多没有解决的问题，因此近年来，有一些学者研究 2.5 维 CSAMT 正反演理论方法，用于地电结构沿走向变化很小情况下的模拟。目前，在实际 CSAMT 使用上，用的较多的还是一维和二维方法。

用二维数值模拟方法来研究人工源频率域大地电磁法的电磁场时，一般认为构造的走向是无限延伸的，研究的二维区域为垂直于走向的断面。二维正演模拟采用有限单元法进行，有限元方程可以由麦克斯韦方程组经变分法、能量极值原理或伽辽金方法进行推导得到（具体的过程可参考有关文献）。

$$KU=P$$

式中：$K=\overline{K}^{1e}-\overline{K}^{2e}+\overline{K}^{4e}+\overline{K}^{5e}$，为地电系数矩阵；$U$ 为场值；$P$ 为外加激励。

解方程组，即可得各节点电场值。

反演方法：

CSAMT 法通常观测电场振幅 $E_x$、磁场振幅 $H_y$ 等，卡尼亚电阻率 $\rho_{xy}$ 由电场振幅 $E_x$、磁场振幅 $H_y$ 计算得之。卡尼亚电阻率 $\rho_{xy}$ 只在远区是正确的，在过渡区和近区 $\rho_{xy}$ 公式无效，所计算的视电阻率不能真实反映地下电阻率变化，在近区电阻率曲线呈 45°直线。

美国 Zonge 公司 SCS2D 二维反演软件是采用二维有限元算法来计算远区 CSAMT 法数据。有限元法是以变分原理和剖分插值为基础的数值计算方法。它使连续的求解区域离散化，即按一定的规则将计算区域剖分为一些节点处相互连接的网格单元，因此不同方式的剖分（网格化），所计算结果是不一样的。

进入近区的视电阻率（低频段）已不是地下介质的真实反应，因此不易参与二维反演计算。这是由于二维反演的计算过程是从低频（深部）往高频（浅部）进行的，若低频段“假高值”电阻率参与会使整条剖面反演结果图件背景电阻率普遍增高，高、低阻异常均向深部迁移。

SCS2D 软件开始反演时的初始模型断面是由一条剖面的实测数据经移动平均后生成

初始电阻率模型。若已知一些地电信息，可对初始模型进行约束，产生新的初始电阻率模型进行反演。

采集获得的数据一般经预处理（数据的编辑与平滑处理、格式转换等）、滤波、地形校正、正反演计算，得到初步视电阻率分布图，再结合当地的地质构造条件，做定性和定量解释。

## 7.3 EH-4电导率成像系统

EH-4连续电导率成像系统是由美国GEO METRICS和EMI公司联合生产的硬、软件装置。该系统属于可控源与天然场源相结合的一种大地电磁测量系统。

EH-4采用了天然场与人工场相结合的工作方式，由可控源补充局部频段信号较弱的天然场，来完成整个工作频段的测量；发射装置轻便，便于野外多次移动；时间域多次叠加采集数据，提供了丰富的地质信息；实时数据分析，确保观测质量；现场给出连续剖面的拟二维反演结果，较直观；勘探深度较大，分辨率高。

EH-4电磁成像系统与其他物探方法相比，具有以下一些特点：

采用人工场和天然场源共同作用的方式，人工场弥补了天然场源在某些频段的不足，使该系统在10Hz～100kHz的范围内获得连续的有效信号，人工场源对解决浅部地质问题尤为有用。

测量系统和发射装置都比较轻便，测量速度快。该系统效率高于直流电法。

该系统具有较高的分辨率，为探测某些小的地质构造和区分电阻率差异不大的地层提供了可能性。

该系统不受高阻覆盖层的影响，在玄武岩覆盖地区、基岩大面积出露地区，甚至在某些沙漠覆盖区，均能有效地探测地下深部地质信息。

### 7.3.1 EH-4工作原理

EH-4又称Stratagem MT，其磁偶极子发射天线为$X$、$Y$方向的垂直线圈。垂直磁偶极子发射场以TE型波为主，受频率和磁电传感器频谱范围的限制，EH-4的测量频段为10Hz～100kHz，其探测深度大致在10～1000m。500Hz以上用可控源发射，500Hz以下利用天然电磁场。因此，EH-4是天然场和人工场源并存的双源型大地电磁测量仪。目的是加强高频信号，补偿高频天然讯号的不足，增加采集数据的可靠性和提高分辨率。

将大地看作水平介质，大地电磁场是垂直投射到地下的平面电磁波，则在地面上可观测到相互正交的电磁场分量为$E_x$、$H_y$、$H_x$、$E_y$。通过测量相互正交的电场和磁场分量，可确定介质的电阻率值。其计算公式为

$$\rho=\frac{1}{5f}\left|\frac{E_x}{H_y}\right|^2 \tag{7.19}$$

式中：$f$为频率，Hz；$\rho$为电阻率，Ω·m。

在实际工作中，地下介质是不均匀的，因而用上式计算的值称为视电阻率值，用$\rho_s$表示。它是电磁波有效趋肤深度内所有介质导电性的综合反映。其勘探原理与可控源音频大地电磁法相同。

### 7.3.2 野外工作方法技术

#### 7.3.2.1 观测点的布置

首先确定地面与地下的对应关系，可以采用罗盘仪、经纬仪、GPS等方式定位，这样才能保证较准确地确定地质体在空间的位置与分布。

#### 7.3.2.2 平行试验

在正式开展工作之前需做平行试验，以检测仪器是否工作正常。具体方法是：首先选择标量模式，2个磁棒相隔需>1m，平行放在地面，并且是磁棒的朝向一致；2个电偶极子（4根电极）平行且保持朝向一致；磁棒与电偶极子保证垂直。观测电场、磁场通道的时间序列信号，从采集的低频和高频段磁场、电场信号波形图可以看出，2个方向通道的波形形态和强度基本一致，说明仪器工作正常。

#### 7.3.2.3 参数设置

在完成平行试验后，确认仪器工作正常，然后选择张量模式，将增益调整到一个合适的值，以取得相对最佳采集效果。

#### 7.3.2.4 电极的布置

EH-4工作共用4个电极，每2个电极组成一个电偶极子，与测线方向一致的电偶极子为X-Dipole；与测线方向垂直的电偶极子为Y-Dipole。为了保证X-Dipole方向与Y-Dipole方向相互垂直，要用罗盘仪定向，误差<±1°；电偶极子的长度用皮尺测量，误差<±0.5m。实测过程中，根据实际情况（地形、高压线、障碍物等因素）适当改变极距大小，这时主机端应根据具体极距的大小进行设置。

电极接地时要让电极与大地成为一体，不能使两者之间有大的阻抗。在比较干燥的沙地、泥土和水泥地工作时，一是尽量保证电极接地深入，另一个是在电极周围浇水，降低接地电阻。

连接电极与AFE（前置放大器）的电缆尽量贴地，避免因为风吹动电缆造成噪声干扰。

#### 7.3.2.5 磁棒布置

磁棒的摆放遵守右手法则，$H_x$ 磁棒沿着测向方向布置，$H_y$ 磁棒垂直于测线方向，$H_x$ 磁棒无接头的一段始终在前面。

磁棒离AFE（前置放大器）>5m，为了消除人为因素干扰，2个磁棒要埋在地下或紧贴地面，保证其平稳，用罗盘仪定向使 $H_x$、$H_y$ 两磁棒相互垂直，误差控制在<±1°，用水平尺保证磁棒水平。

所有的工作人员离开磁棒至少5m，尽量选择远离房屋、电缆、高压线、大树的地方布置磁棒。

在野外工作结束后，对磁棒的接口进行清理。

#### 7.3.2.6 AFE（前置放大器）的布置

AFE（前置放大器）放在测量点上，即2个电偶极子的中心，为了保护电、磁道，前置放大器应首先接地，远离磁棒至少5m。

#### 7.3.2.7 主机布置

主机要放置在远离AFE（前置放大器）至少10m远的平地，也需要远离磁棒，当然最好是操作员能看到 AFE（前置放大器）和磁棒的布置。在干扰比较大的地方，将主机接地可以取得一些效果。

接主机与 AFE（前置放大器）之间的大电缆尽量贴地，避免受风吹动造成噪声干扰，尽量使大电缆远离电极电缆。

#### 7.3.2.8 电缆的保护问题

电缆很容易损坏，特别是大电缆，因此尽量每次移动测点时拆下大电缆；电极电缆在比较乱的情况下也要拆下重接。

### 7.3.3 EH-4 资料处理和解释

EH-4 系统通过测量地表相互正交的电场、磁场时间序列（这些场的测量在几分钟内完成），然后经过傅里叶变换和复杂的函数计算可得到频率电磁法的呼应——随频率变化的视电阻率和相位值。高频段的数据主要受浅部和附近的异常体的影响；相反，低频段的数据主要受深部和远距离构造的影响。根据一个测点处的观测值可提供该测点下随深度变化的电阻率的估计值。在一个区域，根据在地表观测的大量测点的电磁场数据，经过一系列复杂的计算可以给出该区域地下电阻率的可靠分布，获得地下 10～1000m 范围内高分辨率的电阻率图像。

EH-4 系统的资料处理可分为实时处理和后续处理。实时处理是根据每个测点的视电阻率、相位、相关度及振幅曲线进行数据质量的实时分析处理，把那些不可靠的数据从曲线中剔除，然后继续测量。若整条曲线的数据质量都较差，则要采取技术措施，进行重复测量。在完成整条测线的连续观测后，可在现场用电磁阵列剖面法（electromagnetic array profiling EMAP 法，该方法可以有效地压制或消除静态效应的影响，这一点和音频大地电磁法比较接近）绘出拟二维反演的灰度图。后续处理是野外工作结束后在室内完成的一项工作，包括两方面：一方面是对实测数据进行相关系数、滤波系数的调整或对时序资料进行逐一挑选或剔除等重新处理，尽量降低干扰因素，突出有用异常；另一方面是在上述工作的基础上，将处理结果进一步做定量解释及二维反演处理，进行彩色成图等。

EH-4 电磁成像系统装置轻便，易于野外施工，工作效率高，可以克服因地形因素带来的施工不便等问题，适合在南方岩溶山区工作。

EH-4 反演断面能反映地下细微地质构造的变化情况，EH-4 测量的电阻率参数对含水裂隙带的反映非常敏感，含水裂隙带在反演断面图上清晰地表现为电阻率呈现中间低、两侧高这样一个非常简单和直观的“V”字形异常特征。是探测与岩溶裂隙有关的构造如断层破碎带和裂隙带的有效手段之一。

## 参 考 文 献

[1] 李金铭. 地电场与电法勘探 [M]. 北京：地质出版社，2005.

[2] 汤井田，何继善. 可控源音频大地电磁法及其应用 [M]. 长沙：中南大学出版社，2005.

[3] 张胜业，潘玉玲. 应用地球物理学原理 [M]. 武汉：中国地质大学出版社，2004.

[4] 石昆法. 可控源音频大地电磁法理论与应用 [M]. 北京：科学出版社，1999.

[5] 底青去，王若，等. 可控源音频大地电磁数据正反演及方法应用［M］. 北京：科学出版社，2008.
[6] 陈乐寿，王光锷. 大地电磁测深法［M］. 北京：地质出版社，1990.
[7] 徐光辉. 城市地质工作的利器：可控源音频大地电磁测深与微动测深［M］. 北京：人民交通出版社，2018.

# 第8章　核　磁　共　振

## 8.1　核磁共振探测技术的发展与应用

### 8.1.1　核磁共振探测技术的发展

核磁共振（nuclear magndic resonance，NMR）。1946年，F Bloch小组和E M Purcell小组几乎同时而独立地发现了物质中的核磁共振现象，因此获得1952年诺贝尔物理学奖。早在1954年，M Packard和R H Varian成功地观测了地磁场中水中质子的自由核感应信号，此后不久Varian公司就研制出了准确度高、性能稳定的质子旋进磁力仪。在1962年，Varian公司提出了用核磁共振的方法探测地下水的设想，并申请了美国专利。于1978年，苏联科学院新西伯利亚分院化学动力学和燃烧研究所（ICKC）的一个科学家小组研制成世界上第一台用核磁共振方法探查地下水的专业仪器。1994年法国地调局（BRGM）与ICKC合作研制成核磁感应系统（NUMIS）的找水仪器。1999年NUMIS升级为$\text{NHMIS}^{\text{Plus}}$，2003年又研制成轻便型的$\text{NUMIS}^{\text{Lite}}$。美国的核磁共振地下水探测仪器研制稍晚于法国，2008年，美国成功研发出了GMR核磁共振地下水探测系统，该系统具有四个通道，可扩展至八通道，可以实现参考消噪测量和阵列式测量，并进行二维的反演解释。近年来德国也研制了NMR Mini型地下水探测仪器，该仪器主要应用于浅地表的测量。

在国内，20世纪90年代中国地质大学（武汉）引进了法国IRIS公司研制的NUMIS系统，开始了我国核磁共振实际应用，在国内多地探测地下水源，并利用该系统对三峡滑坡进行监测，以查明地下水的活动情况。21世纪初，吉林大学、中国地质大学分别开始国产核磁共振探测仪器的研制，于2007年分别研制出JLMRS型，CUGNMR－A型核磁共振找水仪。用于地下浅部（0～100m）范围内寻找地下水，最深可达150m。由此，我国进入核磁共振技术找水的世界先进国家行列。

### 8.1.2　技术特点与应用范围

核磁共振法的技术特点为：①通过探测水分子中氢核的信息，达到探测地的目的，属于直接找水方法；②与水文钻探相比，经济、迅速；③该方法不接地，受地表电性不均匀体干扰小；④信息丰富，具有量化的特点；⑤由于所接收的水的核磁共振信号微弱，所以仪器灵敏度高，因而造成探测系统的抗电磁干扰能力很低；⑥勘探深度较小，系统的勘探深度为100m，而其升级系统的最大勘探深度也只有150m。

核磁共振技术的应用行业十分广泛，例如医疗、物质成分检测等领域。在勘探与工程领域，核磁共振技术在地下水勘查和工程地质监测中得到应用。已有的研究资料表明，核磁共振技术在工程地质检测以及探测煤矿、油田管道漏水等领域，具有广阔的应用前景。

## 8.2 核磁共振基本原理

### 8.2.1 原子核的磁矩及其在磁场中的运动

#### 8.2.1.1 原子核的质量和电荷

物质是由原子构成，原子是由原子核与电子组成。而原子核是由质子与中子组成，质子和中子统称为核子。各种不同的原子核具有不同数目的质子和中子，质子与中子都具有质量，其质量基本相等。质子带正电荷 $e$；电子的电荷为 $-e$，中子基本上不带电荷，是中性的。

原子核的电荷用电荷数即质子数 Z 表示。原子核的质量用质量数 A 表示，A 等于核中质子数 Z 和中子数 N 之和，即 A=Z+N，通常 N>Z。Z 等于元素在周期表中的原子序数。具有一定质量数 A 和质子数 Z 的原子核称为核素，某种元素 X 的核素可用符号 $^A_Z X$ 表示。例如：氢核为 $^1_1H$。

#### 8.2.1.2 原子核的磁性

（1）原子核的自旋。原子核具有一定的质量和体积，可以近似把它看成一个接近球体。试验观察表明，大多数原子核与旋转陀螺一样绕着某一轴作自身旋转运动。原子核的自身旋转运动称为原子核的自旋运动。

（2）质点圆周运动的动量矩。设质点的质量为 $m$，沿半径为 $r$ 的圆周运动速度为 $v$，动量为 $p=mv$，因此动量矩（亦称为角动量）为

$$\vec{L}=\vec{r}\times\vec{p}=\vec{r}\times m\,\vec{v} \tag{8.1}$$

动量矩为矢量，质点沿圆周运动的动量矩方向与圆周平面垂直，指向服从右手螺旋定则。动量矩数值为

$$|\vec{L}|=rmv$$

原子核的自旋动量矩的数值为

$$|\vec{L}|=[I(I+1)]^{1/2}h/(2\pi)$$

式中：$h$ 为普朗克常数，$h=6.626176\times10^{-34}$ J·s；$I$ 为原子核的自旋量子数，它表示原子核的固有特性，不同的原子核有不同的 $I$ 值。

$I$ 值只能取零、半整数和整数，它与原子核的质量数 A 和质子数 Z 的奇偶有关（表 8.1）。对于只有一个质子的氢核 $^1_1H$，$I=1/2$。

原子核自旋动量矩的方向是量子化的，在空间某个方向（$Z$ 轴）的投影只能取一些不连续的数值。

（3）原子核的磁矩。具有一定电荷的原子核做自旋运动将形成电流而产生磁性，故用磁矩描述原子核的磁性，原子核的磁性具有量子化的性质。

表 8.1　　原子核自旋特点表

| 原子序数 | 质量数 | 自旋量子数 | 实例 | 有无自旋 |
|---|---|---|---|---|
| Z | A | $I$ | | |
| 偶 | 偶 | 0 | ${}^{12}_{6}C$, ${}^{16}_{8}O$ | 无 |
| 奇 | 奇 | 半整数 | ${}^{1}_{1}H$, ${}^{15}_{7}N$ | 有 |
| 偶 | 奇 | 半整数 | ${}^{13}_{6}C$ | 有 |
| 奇 | 偶 | 整数 | ${}^{2}_{1}H$, ${}^{14}_{7}N$ | 有 |

#### 8.2.1.3　带电质点作圆周运动的磁矩

设质点带有电荷 $e$ 沿半径为 $r$ 的圆周运动，速度为 $v$，形成圆电流。

$$i=\frac{ev}{2\pi r} \tag{8.2}$$

圆电流的磁矩为

$$\vec{\mu}=i\vec{S} \tag{8.3}$$

式中：$S$ 为圆电流的面积矢量。

由此可得

$$|\vec{\mu}|=i\pi r^2=\frac{evr}{2}$$

带电质点作圆周运动时有动量矩 $L$ 和磁矩 $\mu$ 两者的比值称为磁旋比，即

$$\gamma=\frac{|\vec{\mu}|}{|\vec{L}|}=\frac{e}{2m} \tag{8.4}$$

由此可以看出，磁旋比与质点的运动特性无关，只与质点的电荷和质量有关。对于氢核，即与质子有关。

#### 8.2.1.4　原子核磁矩在磁场中的运动

如图 8.1 所示，在磁场 $B$ 中，原子核磁矩将受到一个力矩$\vec{M}=\vec{\mu}\times\vec{B}$的作用，其方向与$\vec{\mu}$和$\vec{B}$平面垂直，指向服从右手螺旋定律。这个力矩将随原子核动量矩发生变化，由动力分析可知，原子核在稳定磁场中做围绕磁场进动，其进动的角速度 $\omega=\gamma|\vec{B}|$，且$\vec{\mu}$和$\vec{B}$之间的夹角 $\theta$ 保持不变，这种进动称为拉莫尔(Larmor)进动，对应的频率称为拉莫尔频率。

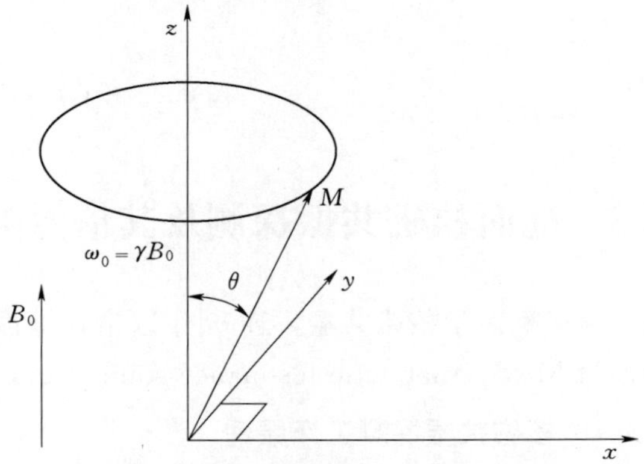


图 8.1　原子核磁矩在磁场中进动示意图

### 8.2.2　核磁共振现象与弛豫过程

#### 8.2.2.1　核磁共振现象

自旋原子核绕外磁场方向进动时，其自旋轴线与外磁场方向的夹角不变，如果在垂直于稳恒的外磁物 $\vec{B}$ 的方向施加另一高频交变磁场，且其频率又与原子核的自旋轴的拉莫尔进动频率相等时，此高频交

变磁场的能量被原子核强烈地吸收，使核的自旋方向的夹角 $\theta$ 以及核磁矩的附加势能都相应地增大，从而发生核磁共振现象。

从量子力学的理论分析，当热平衡时，低能级上的原子核数高于高能级上的原子核的个数。如果在垂直于稳恒磁场 $B$ 的方向上，再另加一个较弱的高频交变磁场 $\vec{B}_1$，且频率满足特定的要求，则处于此磁场中原子核就会吸收高频交变磁场的能量，使原子核从低能级跃迁到高能级，这就是核磁共振。

**8.2.2.2 弛豫过程**

一个平衡系统由于周围环境的变化或受到外界的作用而变为非平衡状态，这个系统再从非平衡状态过渡到新的平衡状态的过程就称为弛豫过程。

对于核磁共振，在外加射频脉冲的作用下，原子核发生磁共振达到稳定的高能态后，从外加的 $\vec{B}_1$ 消失开始，到恢复至发生磁共振前的磁矩状态为止，整个过程叫弛豫过程(Relaxation)，也就是恢复的过程。它所需的时间叫弛豫时间。

弛豫有两种机理，弛豫时间有两种即 $T_1$ 和 $T_2$。$T_1$ 为自旋-晶格或纵向弛豫时间，纵向磁化强度恢复的时间常数 $T_1$ 称为纵向弛豫时间(又称自旋-晶格弛豫时间)。$T_2$ 为自旋-自旋或横向弛豫时间，横向磁化强度消失的时间常数 $T_2$ 称为横向弛豫时间(又称自旋-自旋弛豫时间)。

根据 Bloch 方程，横向弛豫过程按指数规律衰减，即按 $\exp(-t/T_2)$规律衰减，如图 8.2 中实线所示。纵向弛豫过程按$[1-\exp(-t/T_1)]$规律恢复（图 8.2 中的虚线）。

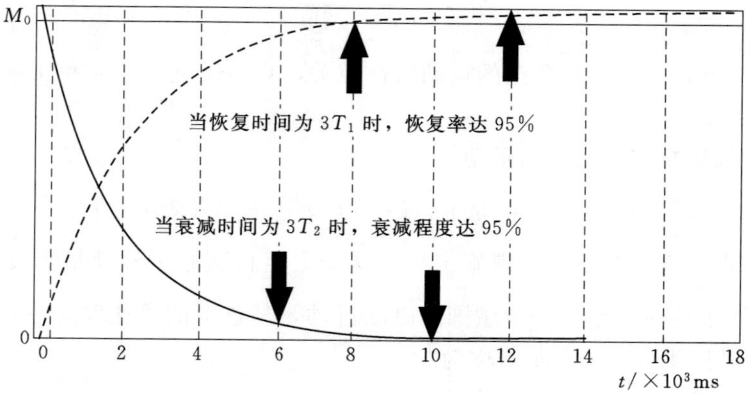


图 8.2 核自旋系统的弛豫过程图

## 8.3 地面核磁共振探测及其信号响应规律

为区别医学核磁共振，1999 年以来，地面核磁共振又简称为 SNMR，近年来又将它简称为 MRS（magnetic tesonance sounding），即核磁共振测探。

**8.3.1 核磁共振探测工作原理**

采用核磁共振探测技术的条件是被探测物质的原子核具有非零磁矩，像 $H_2O$、$CH_4$

等中氢核具核子顺磁性，其磁矩不为零。氢核是地层中丰度最高的具有顺磁性的核子，因此在找水及油田测井领域可以采用核磁共振探测技术。

在稳定的地磁场 $B_0$ 作用下，具有一定磁矩的氢核绕外磁场进动，进动频率为拉莫尔频率。用一定的方法，向地下通以相同频率的交变电流，在地中形成交变电磁场的激发下，使地下水中氢质子产生能级跃迁，大量的氢质子跃迁到高能级上。当撤去供电电流，这些高能级氢质子逐渐回到低能级状态，释放出大量的具有拉莫尔频率的能量子，形成弛豫磁场，在接收天线中产生感应电动势（即 MRS 信号）的弛豫过程。该弛豫场（衰减场）的大小和衰减的快慢直接与含水岩层的类型、含水量有关。

图 8.3 为 MRS 探测地下水的方法的模型，发射单元往铺设在地面上的回线通入交变电流，频率为拉莫尔频率；突然切断电流，用同一回线作接收天线接收 MRS 信号，这一过程被重复几十到几百次，记录下 MRS 信号并进行平均以提高信噪比，由信号的幅度和衰减时间参数经过反演后得到含水层深度、厚度和单位体积含水量。

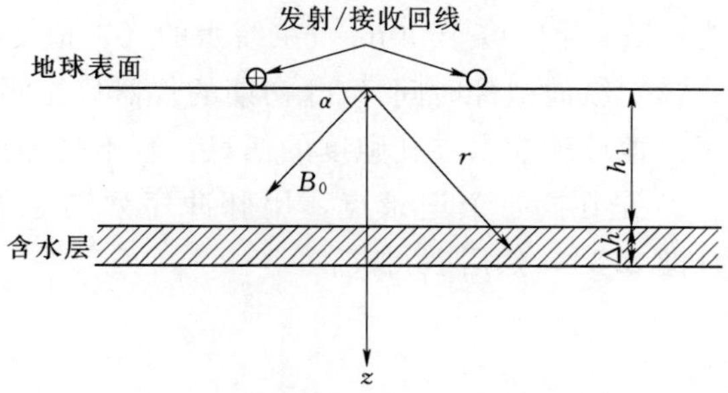


图 8.3　利用核磁共振找水仪寻找地下含水层的模型

### 8.3.2　地下含水层的核磁共振响应

图 8.4 为 MRS 信号示意图。理论上流过天线的激发交变电流脉冲的包络线为矩形，如图 8.4（a）所示。图 8.4（b）为天线上接收到的理想信号，该信号按指数规律衰减，称为自由感应衰减信号（FID）。

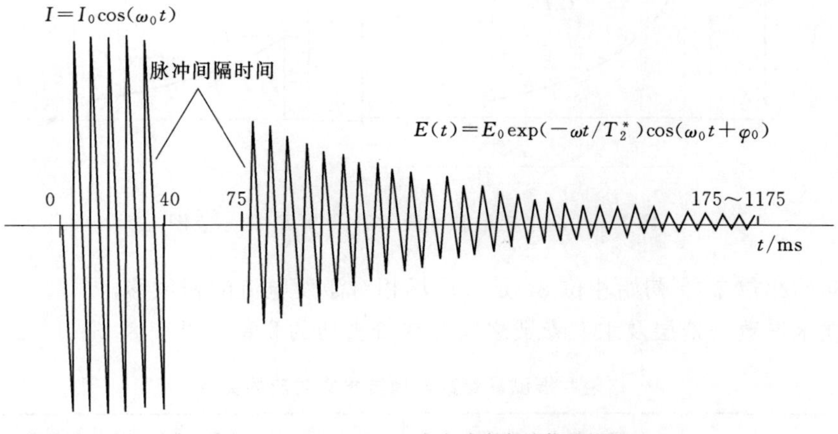


图 8.4　MRS 信号示意图

主要技术参数：

(1) 初始振幅。当激发电流脉冲终止后，接收天线接收到的 NMR 信号 $E(t, q)$，包络线按指数规律衰减

$$\vec{E}(t,q)=\vec{E}_0(q)\exp(-t/T_2^*)\sin(\omega_0 t+\varphi_0)$$

式中：$T_2^*$ 为 NMR 信号的自旋-自旋弛豫时间（通常称为平均衰减时间），ms。

（2）NMR 信号平均衰减时间 $T_2^*$。NMR 信号平均衰减时间 $T_2^*$ 的计算公式如下：

$$T_2^* = \frac{\sum_{m=1}^{M} E_m^2}{\sum_{m=1}^{M} \frac{E_m^2}{T_m}}$$

式中：$E_m$、$T_m(m=1, 2\cdots, M)$ 分别为某个激发脉冲矩 $q_i$ 在 $M$ 个时刻分别对应的 NMR 信号的振幅值、信号的振幅值、信号衰减时间，在探测范围内不存在局部磁性不均体时，$T_2^* = T_2$。统计规律表明，自由水与束缚水的 $T_2^*$ 值不同，自由水的 $T_2^*$ 值变化范围为 $30\text{ms} \leqslant T_2^* \leqslant 1000\text{ms}$，束缚水的 $T_2^*$ 值变化范围 $T_2^* < 30\text{ms}$。

（3）纵向弛豫时间 $T_1$。初期的仪器只能测 $T_2^*$，后期开发的仪器往往可以测 $T_1$，$T_1$ 能很好地反映含水层孔隙度的信息，且不受磁场不均匀性的影响。

$T_1$ 是在同一个记录点，用脉冲序列测定的。每次用两个激发脉冲 $q_1$ 和 $q_2$ 进行测量（图 8.5），然后获得 $T_1$。

$$T_1 = \frac{-\Delta t}{\lg\left(1 - \frac{E_0'}{E_0}\right)}$$

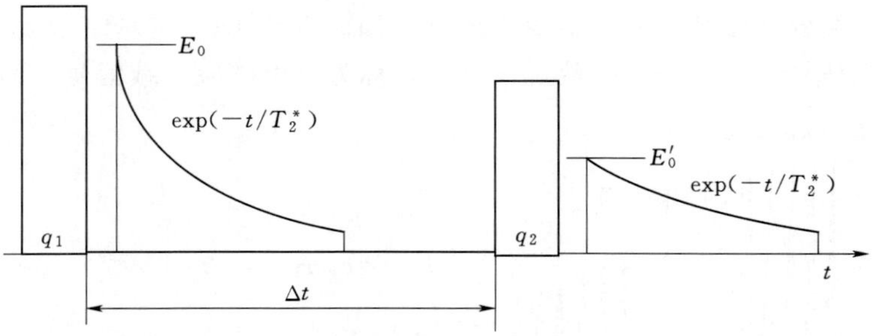


图 8.5　两个矩形脉冲激发时获得 $T_1$ 的示意图

（4）初始相位 $\phi_0$。初始相位 $\phi_0$ 是二次场相对激发电流的相位移，(°)。

主要技术参数与地层及水文参数之间存在着密切的联系，见表 8.2。

**表 8.2　　核磁共振测量参数与地层水文对应的关系**

| 地面核磁共振测量参数 | 反演解释水文地质参数 | 地面核磁共振测量参数 | 反演解释水文地质参数 |
|---|---|---|---|
| 初始振幅 $E_0$/nV | 含水量（有效孔隙度） | 纵向弛豫时间 $T_1^*$ /ms | 渗透性参数 |
| 横向弛豫时间 $T_2^*$ /ms | 空隙大小（渗透性） | 初始相位 $\phi_0$/(°) | 含水层的导电性（电阻率） |

### 8.3.3　含水层核磁共振响应的一般规律

（1）含水率与含水量。若地下介质的含水率 $n(r)$，即 $r$ 处单位体积内含自由水的百分比，则 MRS 信号的初始振幅可写作

$$E_0(q)=\omega_0 M_0\int_\gamma \beta_{1\perp}(r)\sin[\gamma\beta_{1\perp}(r)I_R]n(r)\mathrm{d}\nu \tag{8.5}$$

$$n(r)=V_F/V$$

式中：$V_F$、$V$ 分别为探测体积内的自由水体积和探测体的体积。

图 8.6 是均匀半空间（电阻率为 100Ω・m）内，厚度为 10m 的一个水平含水层位于 50m 深处时，含水量变化时的 $E_0-q$ 曲线，从图中可以看出，曲线形态的变化主要反映在该曲线的极值 $E_{0\max}$ 上，随着含水量的增加，该值明显变大。

水平含水层厚度与含水率大小乘积与 MRS 信号振幅成正比，含水层深度一定时，当含水层厚度与含水量乘积增大，对应的 MRS 信号的振幅随之增大，但 MRS 信号振幅所在位置不变，说明对于某一深度不同厚度的含水层，所需的激发脉冲矩值是一定的，只是含水厚度与含水量的乘积增大使得 MRS 信号幅值增大。

(2) 含水层埋深与厚度。图 8.7 为不同埋深 $E_0-q$ 曲线。由图 8.7 可见，随着含水层深度增大，MRS 振幅的（第一个）极大值减小。极大值的位置向右移动，这意味着，要探测深部含水层，就要加大供电电流。

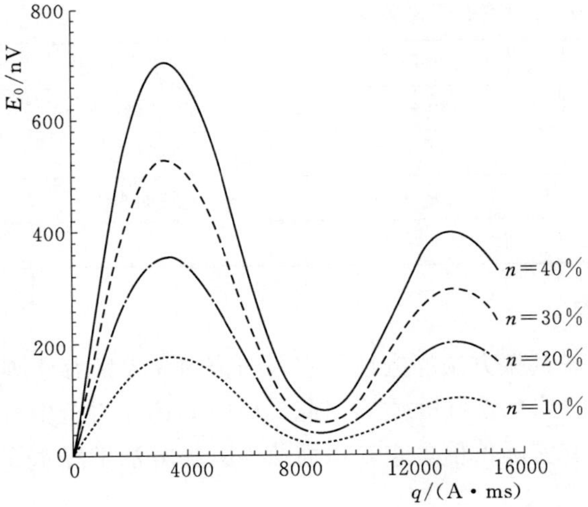


图 8.6 含水率变化时的 $E_0-q$ 曲线

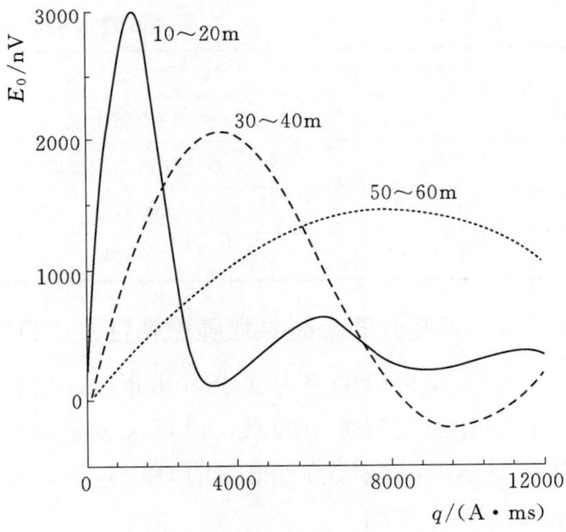


图 8.7 地面核磁共振找水方法的 $E_0-q$ 曲线
（10m 厚含水层位于地表下 10～20m、30～40m、50～60m）

图 8.8 为其他条件不变的情况下，不同深度和不同厚度的含水层的 MRS 响应。可以看出，随着含水层厚度的增大，MRS 的初始振幅也增大；随着含水层深度的增大，MRS 初始振幅极大值减小，其位置向右移动。

(3) 含水层孔隙度。用核磁共振方法探查地下水，研究的对象不是整体单纯形式的水体，而是赋存于地下岩层孔隙或裂隙中的水，所以核磁共振信号与孔隙度相关联，表 8.3 为实测弛豫时间和含水层类型的近似关系。

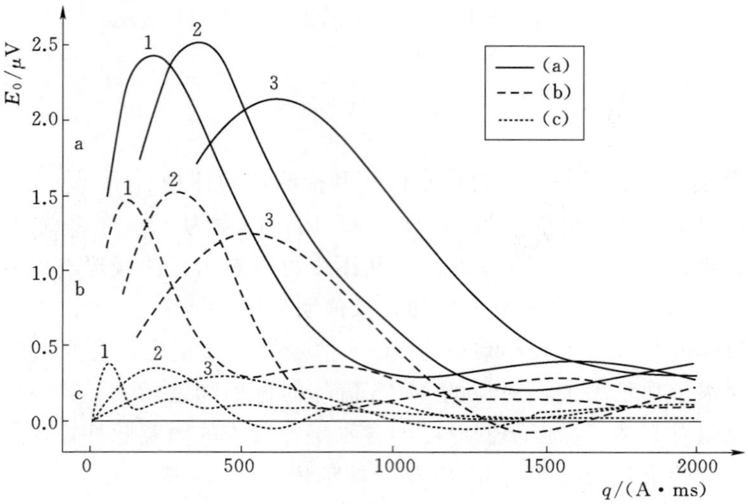


图 8.8 不同深度与厚度的含水层的 MRS 信号的理论响应

(a) $\Delta_h=10m$; (b) $\Delta_h=5m$; (c) $\Delta_h=1m$;

曲线 1: $h_1=1m$; 曲线 2: $h_1=5m$; 曲线 2: $h_1=10m$

**表 8.3** 实测弛豫时间和含水层类型的近似关系

| 弛豫时间 $T_2$/ms | 含水层类型 | 弛豫时间 $T_2$/ms | 含水层类型 |
|---|---|---|---|
| <30 | 砂质黏土层 | 180～300 | 粗砂和砾质砂层 |
| 30～60 | 黏土质砂，很细的砂 | 300～600 | 砾石沉积 |
| 60～120 | 细砂层 | 600～1000 | 地面水体 |
| 120～180 | 中砂层 | | |

### 8.3.4 多孔介质核磁共振弛豫特性及渗透率

含水层可以抽象为含水多孔介质。用核磁共振方法探查地下水，研究对象是赋存于地下岩层孔隙或裂隙中的水，也可说就是研究含水的多孔介质。因此，研究和论述岩石中流体的核磁共振弛豫特性既具有理论意义，也有实际价值，它是地面核磁共振方法解释水文地质的理论基础。

#### 8.3.4.1 弛豫与孔隙大小的关系

在应用地球物理学方面，20 世纪 50 年代有人注意到岩石中流体弛豫增强的现象。后来，做了一些试验，比较著名的试验有两个，一个是 D O Seevers 的试验。他把水注入均匀的石英颗粒中，测得 $T_{1=}$ 1.16s，而对整体水而言，$T_{1B}=3.6s$。另一个是 J J Howard 等做的，他们测得含 Berea 砂岩（美国）中的水，$T_1=0.216s$；将水抽出后，倒入试管中（整体水），则 $T_{1B}=3.9s$。说明液体与岩石的表面处有弛豫作用发生。

到 20 世纪 80 年代，就有科学家利用核磁共振弛豫时间探测多孔物质内部的表面积-体积比率进而确定平均孔隙度大小和孔隙大小的分布。

多孔介质中表面弛豫基本原理是由 J Korringa，D O Seevers 和 H C Torrey 提出的，以他们三人姓氏的第一个字母命名为 KST 模型。该模型表明，岩石中包含许多孔隙，如

图 8.9 所示。对于孔隙中央的水分子来说，由于距液-固界面较远。其弛豫时间应与整体水的弛豫时间一样，用 $T_{1B}$ 表示。而在接近界面。距界面某一距离 $h$ 的一层水里的分子来说，由于受到界面上可能存在的顺磁性格点的影响，弛豫时间应取另一新的数值 $T_{1S}$，$S$ 代表面积。观测到的弛豫（$T_1$）应该是整体水的弛豫和接近界面的一层水的弛豫（$T_{1S}$）共同作用的结果。

$$\frac{1}{T_1}=\frac{1}{T_{1B}}+\frac{hS}{V_B}\times\frac{1}{T_{1S}}=\frac{1}{T_{1B}}+\frac{V_S}{V_B}\times\frac{1}{T_{1S}} \tag{8.6}$$

式中：$S$ 为孔隙的表面积；$V_B$ 为孔隙的体积；$V_S/V_B$，可看作为一个系数。

这个模型在观测到的弛豫时间和表面积-体积比率之间建立起一种明显的关系。

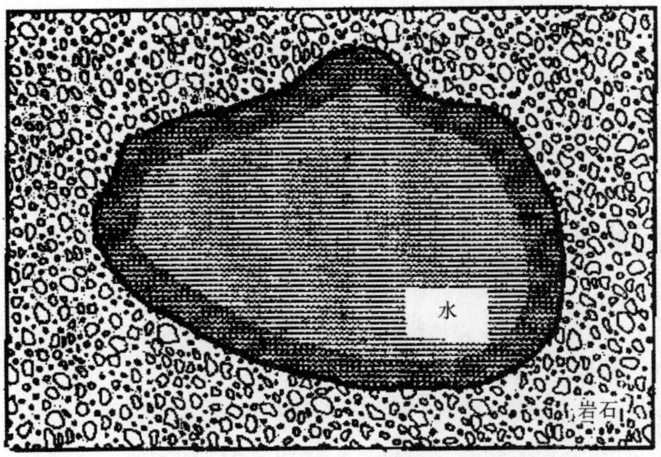


图 8.9 岩石中孔隙液体模型

#### 8.3.4.2 计算渗透率的一种方法

1965 年 KST 模型的三位作者之一 Seevers 利用他们的模型［式（8.7）］，结合表示渗透率 $k$ 的 Kozeny 公式

$$k=\frac{\phi^3}{\tau(1-\phi)^2S^2} \tag{8.7}$$

式中：$\phi$ 为有效孔隙度，有效孔隙度等于单位体积的含水量；$S$ 为比表面积（孔隙面积/岩石体积）；$\tau$ 为结构因子。

推导出了用孔隙度和测得的核磁共振弛豫时间常数求取 $k$ 的公式

$$k=\left(\frac{h}{T_S}\right)^2\frac{\phi}{\tau}\frac{(TT_B)^2}{(T_B-T)^2} \tag{8.8}$$

这就是 Seevers 公式。由于 KST 模型基本上是种唯象理论，我们并不需要确切知道 $h$ 和 $T_S$ 的数值，上式可简化为

$$k=C\phi T^2 \tag{8.9}$$

式中：$C$ 为一个常数，对不同岩性，不同地区，可能有不同的值。

因此，只要根据核磁共振方法测量结果求出其一地层的 $\phi$ 和 $T$（横向弛豫时间），并根据已知的条件确定出 $C$ 的值，即可估算出该地层的渗透率 $k$ 的值。

由以上讨论可见，仅用一条指数曲线代表 FID，很明显不能代表实际情况。比较理想的办法是从弛豫时间常数分布曲线出发进行研究。但是，要用信噪比很高的 FID 曲线才能得到高质量的分布曲线，地面核磁共振方法观测不能经常保证做到这一点。因此，可用三条指数递减曲线拟合 FID 曲线，即

$$M(t)=\sum_{i=1}^{3}A_i\exp(-t/T_{2i}) \tag{8.10}$$

指定 $T_{21}=300\text{ms}$，$T_{22}=110\text{ms}$，$T_{23}=50\text{ms}$，分别对应于大孔隙、中孔隙和小孔隙的弛豫时间常数，而根据相应的 $A_1$、$A_2$、$A_3$ 来确定三种孔隙大小的孔隙度 $\phi_i$。

由 Seevers 公式出发，根据已发表的 NMR 数据，用试配法得到以下数值模型

$$k=C\phi T_2^2=2.2\times\phi\times T_2^2 \tag{8.11}$$

式中：$k$ 为渗透率，md；$C$ 为常数，取 $C=2.2$；$\phi$ 为有效孔隙度，%；$T_2$ 为横向弛豫时间，ms。

由 $k$ 值可算得渗透系数 $K$，再由含水层厚度求出导水系数。

## 8.4 核磁共振找水仪

核磁共振找水仪由发射系统、接收系统等构成。为满足不同工程需要又发展了轻便式、阵列式，因而仪器有些差异。

以 NUMIS 为例，介绍地面核磁共振找水仪的组成。图 8.10 为 NUMIS 系统组成原理框图。主要由交变电流发生器、DC/DC 变频器、程控选频放大电路、测量电路、微处理器等组成，图 8.11 为仪器实物照片。具体组成包括：①电源转换单元；②天线；③切换开关；④调谐单元；⑤发射/接收单元；⑥微处理器；⑦PC 计算机；⑧系统配备的主要软件。

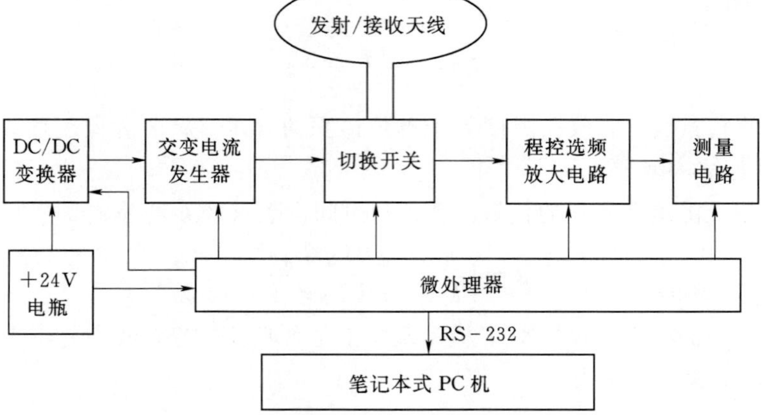


图 8.10　NUMIS 系统组成原理框图

DC/DC 变频器将 24V 电瓶电压变成 400V 高压供交变电流发生器使用，切换开关实现外接回线的发送与接收两种不同工况的切换，微处理器控制与协调各部件的工作，并通

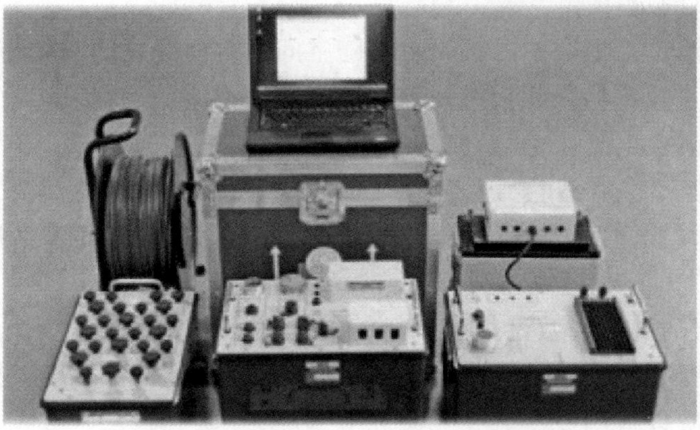

图 8.11　NUMIS 仪器

过接口与 PC 计算机交换信息，接收指令、传递测得的数据，供计算机处理与显示。

与常规仪器组成类似，另一类便携式核磁共振设备如 NUMIS$^{lite}$，调谐单元与电源转换单元。将调谐单元与电源转换单元（DC/DC）合并，该系统集成两个各自 20kg 的模块，使用非常轻便。其主要用于探测浅层地下水。

对于多通道核磁共振仪器，由于接收通道的增加，可增加数个接收器。

## 8.5　核磁共振信号的采集

MRS 信号的采集是核磁共振找水工作的重要环节。在 MRS 信号采集过程中。使用正确的工作方法，可以采集到高质量的信号、获得好的地质效果。

### 8.5.1　施工前的准备工作

在进行 MRS 信号采集工作以前，必须做好准备工作，其中主要的有：收集有关的资料和做好仪器的准备工作。

#### 8.5.1.1　收集地质和地球物理资料

核磁共振方法探测时，应根据工作目的收集和分析工作地区及邻区的地质、水文地质和地球物理资料，为正确地反演解释提供必要的条件。

（1）区域地磁场情况。

（2）磁性地质体的分布情况。

（3）岩石的区域电性特征。

（4）工作区的地球物理环境与干扰源。

#### 8.5.1.2　仪器设备的准备

在进行探测工作前，准备好全套设备和相应的软件，并进行试运行，确定能正常工作。

### 8.5.2　核磁共振信号的采集过程

在进行野外测量时，为了获得最佳质量的数据，还必须由操作人员确定激发频率、选择天线类型、选择测量参数等。

#### 8.5.2.1 激发频率的选择

(1) 地磁场的测量。地球的磁场是一个随空间和时间变化的磁场，一种方法采用质子旋进磁力仪实地测量地磁场强度，另一种方法可以从大比例尺地磁图上查取或用公式计算得到。

(2) 确定激发频率。在进行全程测量之前，要通过试验来确定激发脉冲频率。其方法是：将测得的地磁场强度值 $B_0$($nT$) 输入计算机，以便仪器系统用换算出的频率 $f=0.04258B_0$作初值。

#### 8.5.2.2 线圈形状的选择和敷设

根据工区内待探查含水层的深度和含水量以及工区电磁噪声干扰的强弱、方向，优化线图形状和科学地敷设线圈。

从勘探深度和铺线方便考虑，通常使用的线圈形状是直径一定的圆形天线或边长一定的正方形天线，如图 8.12 (a)、(b) 所示。当工区电磁噪声干扰严重时，通常选用∞字形天线，如图 8.12 (c)、(d) 所示。理论和实践表明，∞字形天线能够起到压制电磁噪声干扰的作用，但是，降低了探测深度。同时要注意研究电磁干扰源类型和方向，经过多次试验与调整，确定线圈的位置和方向，使线圈长轴方向与电磁噪声干扰源的方向一致。

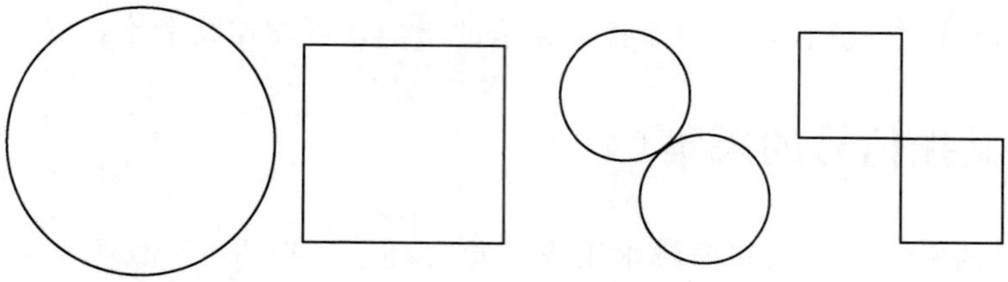

(a) 圆形 (b) 方形 (c) 圆∞字形 (d) 方∞字形

图 8.12 地面核磁共振方法的天线形状

#### 8.5.2.3 仪器的连接

仪器的连接依照仪器说明书进行。注意仪器的连接顺序。

准备好连接部件；连接过程包括：

(1) 接地连接。

(2) 连接 DC/DC 整流器和发射机。

(3) 控制线。

(4) 计算机 RS－232 线。

(5) 计算机电源线。

(6) 天线。

(7) 电瓶。

便携式核磁共振设备更为简单，而多通道核磁共振仪器则较为复杂。具体的连接须仔细阅读各仪器的使用说明。

#### 8.5.2.4 测量之前选择有关的技术参数

在开始测量之前，操作员应当根据仪器的测量程序要求输入计算机。仪器不同，初始参数有所不同。

（1）天线的类型、尺寸和圈数。将敷设在地面上的天线类型、其特征尺寸和圈数输入PC计算机。

（2）测量数值范围。测量数值范围是仪器接收机可以测量的最大值，可以在500～60000nV之间设置。通常，环境噪声会比MRS信号大，建议测量范围取4倍的环境噪声值；如果噪声小，可以忽略的话，测量范围取值比信号大1～2倍。

（3）记录长度。记录长度相对于所期望的MRS信号的时间常数来确定。如果选择不当，不仅影响地质效果，而且降低工作效率。仪器的记录长度可在100～1000ms之间调节，通常把250ms作为记录长度的标准值。

（4）脉冲持续时间。仪器的脉冲持续时间是程序控制的，可在5～100ms之间变化，脉冲间歇时间为30ms，脉冲的持续时间最佳值是置成40ms。

（5）脉冲矩$q$的个数。进行MRS方法找水测量时，脉冲矩$q$的个数应当根据在勘探深度范围内期望分层的多少和测量时间来确定。对于一个完整的核磁共振测深点来说$q$的个数通常选为16。

（6）叠加次数。由于仪器接收机的一次叠加需要10s。因此，叠加次数的选择要兼顾测量质量和总的测量时间两个方面，叠加次数的多少取决于信噪比的大小。

#### 8.5.2.5 测量步骤

（1）启动数据采集程序。各种仪器配置有相应的数据采集软件，程序控制数据采集、MRS信号滤波及MRS信号的幅值、衰减时间、相位和频率的计算。进行测量时，启动数据采集程序功能。一般测量包括：初始化设置；运行测试；自动采集。

（2）参数初始化设置。根据数据采集程序要求，即根据计算机屏幕显示的数据采集输入参数界面要求，通过人机对话方式，输入参数有：①拉莫尔频率或当地的地磁场强度；②测量数值范围和记录长度；③天线类型、特征尺寸和圈数；④脉冲矩的数目、每个脉冲矩的叠加次数，测量$T_1$还是$T_2$，按规定给出储存野外数据的文件名。

（3）运行测试。运动开始需要监测相关参数，确定发射频率、脉冲矩是否符合要求；接收噪声、增益因子等参数的情况。并进行参数调整。

（4）数据采集。在试运行满意后，开始正式数据采集，随着自动采集，监控界面上可以看到信号在不同脉冲矩、不同的叠加次数时有关曲线随时间的变化情况。

操作员根据上述计算机界面显示情况，判断仪器工作是否正常和数据采集质量是否满意，并可用计算机上的控制键的功能进行调整。

（5）文件储存。数据采集完成后按规定的路径与格式储存数据文件。

### 8.5.3 数据的预处理与反演

#### 8.5.3.1 数据的预处理

MRS数据在反演前，往往进行数据的预处理，预处理主要包括以下内容。

（1）零时外延。地面核磁共振的找水装置不能直接测量到自由感应衰减信号的初始振幅$E_0(q)$，为了得到激发脉冲终止瞬间$t=0$时刻的MRS信号$E_0(q)$，必须对观测到的MRS信号衰减曲线进行零时外延。

（2）噪声滤波。大量的经过零时外延的数据，必须进行预先滤波和圆滑处理，这样可以降低噪声水平，改善和提高反演求解质量。进行自适应噪声去除，用参考线圈来消除探测线圈上的噪声。

（3）检查每次叠加的数据，直观地判断和去除噪声较大的记录。

（4）化为标准观测值。用线性回归方法将实际脉冲矩转化为标准观测值，以便利用标准化的程序进行反演，并保存成反演所需的数据格式。

#### 8.5.3.2 NUMIS 系统的反演解释过程

反演解释的目的是将观测到的地球物理数据转换为水文地质参数，即通过对 MRS 信号的反演解释获得地下各含水层的深度、厚度、含水量和平均孔隙度等参数，查明地下水源、水质、监测水污染等。

MRS 信号反演具有反问题的不适定性，常见的反演算法有：近似法、代数法、迭代法和正则化法。

反演采用专业软件，反演解释时需要输入矩阵、数据和滤波常数等人机对话参数。计算形成一个矩阵，该矩阵涉及勘探地区的以下参数：

（1）线圈的形状和大小。

（2）频率。

（3）当地地磁总场的倾角。

（4）要求探测的最大深度，该参数影响对深度的分辨率和计算时间，其取决于天线（线圈）的尺寸和探测目标的深度。

（5）大地的电阻率，其模型可以是均匀半空间或层状大地。由于当大地导电时，激发场随深度变化衰减，因此，大地电阻率将影响探测的深度。

准备好用于反演的包括实测数据的数据文件，根据数据文件调出实测数据或从软盘读入 PC 计算机。

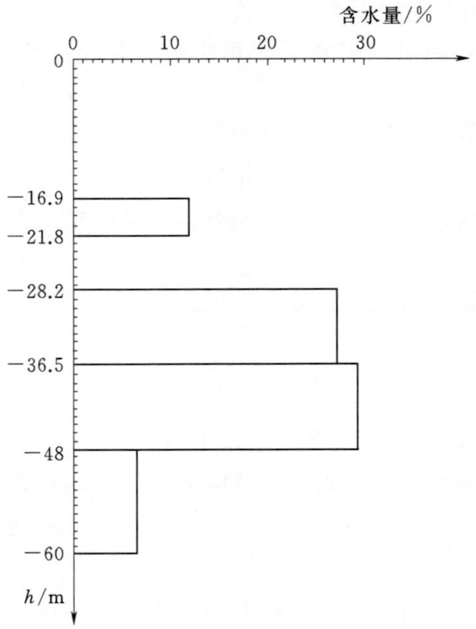

图 8.13 含水量直方图

#### 8.5.3.3 确定与反演有关的参数

在反演开始之前，确定与反演有关的参数并输入计算机，其中有：信号长度、滤波的时间常数（5～40ms）和正则化系数。最后，形成 NUMIS 系统反演结果的文件。

NMR 方法的成果图可根据工作需要绘制和提供有关图件。NMR 方法的主要成果图有：直方图、含水量直方图、$T_2^*$ 或 $T_1^*$ 直方图、含水量二维断面图、导水系数平面等值线图、资料综合解释图等，如图 8.13 和图 8.14 所示。

### 8.5.4 二维采集和数据处理

2D 反演软件要求数据采集按照规定的方法进行。GMR 仪器，有一种方法，将多个探测线圈挨着或重叠发射线圈放置，如图 8.15 所示。规定 2D 数据采集必须采用线性滚动，线圈间隔必须相同，同时用三个线圈接收。线圈间隔要一直保持不变。在这个实例中，线圈间隔是线圈直径的一半。

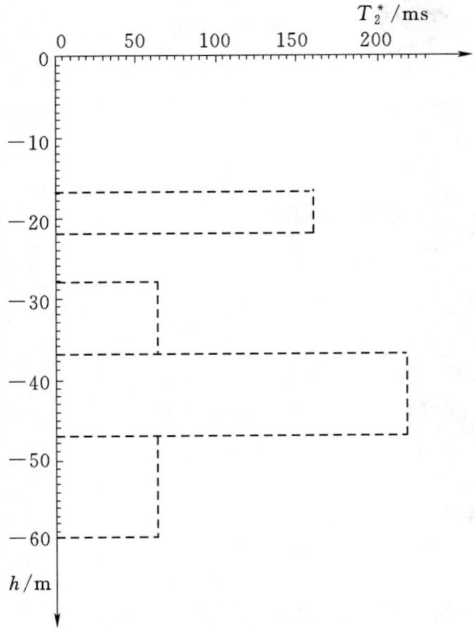


图 8.14 $T_2{}^*$ 直方图

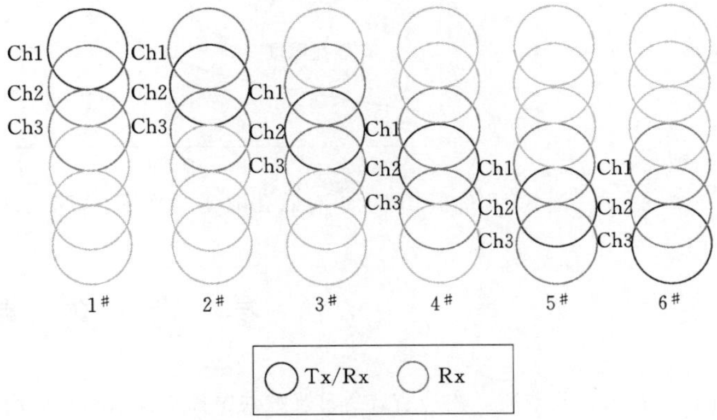


图 8.15 二维核磁共核探测线圈阵列

记录由发射线圈激发的 MRS 信号。通过分析不同位置的接收线圈记录的 MRS 信号的振幅和相位，用 2D GMR 2D 反演软件，可以获得增强的地下水 2D 分布规律。

## 8.6 地层水文参数的估算

核磁共振地下水探测主要用于探测地层中的自由水。饱和水的沉积岩总的含水量就等于总孔隙度。总孔隙度、有效孔隙度以及黏土束缚水孔隙度与地层岩性的对应关系如图 8.16 所示。当地下岩层为细砂、中粗砂及砾石层时，有效孔隙度在 15%～25%，孔隙度评价为好。有效孔隙度即为核磁共振探测到的自由水含水量，在现有技术中认为黏土束缚水孔隙度是不能检测出来的。

孔隙度和渗透性是储集层的两大基本特性，它们都与岩石的孔隙结构有关。渗透率是定量表示多孔介质传输液体能力的一种特性，与岩石的颗粒大小、分选情况、成岩作用和胶结情况有关，更重要的是与孔隙大小及连通情况有关。

渗透系数又称水力传导系数。在各向同性介质中，它定义为单位水力梯度下的单位流量，表示流体通过孔隙骨架的难易程度，表达式为

$$K = k\rho g/\eta \tag{8.12}$$

式中：$K$ 为孔隙介质的渗透率，它只与固体骨架的性质有关；$k$ 为渗透系数；$\eta$ 为动力黏滞性系数；$\rho$ 为流体密度；$g$ 为重力加速度。

在各向异性介质中，渗透系数以张量形式表示。渗透系数越大，岩石透水性越强。

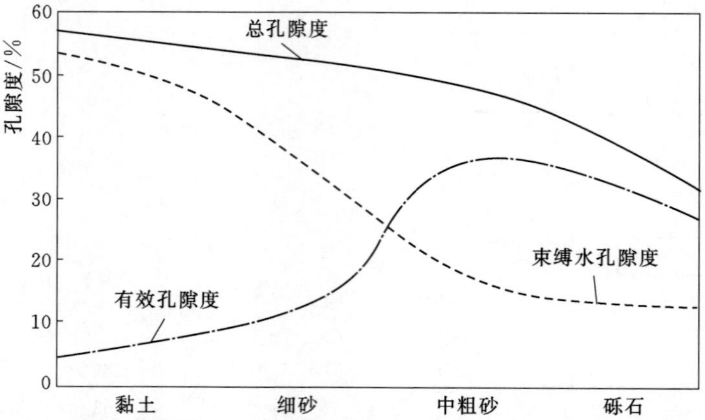


图 8.16 总孔隙度、有效孔隙度以及黏土束缚水孔隙度与地层岩性的对应关系

# 参 考 文 献

[1] 林君，段清明，主应吉，等. 核磁共振找水仪原理与应用［M］. 北京：科学出版社，2011.

[2] 潘玉玲，张昌达. 地面核磁共振找水理论和方法［M］. 武汉：中国地质大学出版社，2000.

[3] 李振宇，唐辉明，潘玉玲. 地面核磁共振方法在地质工程中的应用［M］. 武汉：中国地质大学出版社，2006.

# 第9章 其他电磁法简介

## 9.1 自然电场法

地下存在着天然电磁场，在地面上任意两点都能观测到天然电场所形成的电位差。自然电场法和下节介绍的充电法则属于直流电法的范畴。

### 9.1.1 自然电场的成因

#### 9.1.1.1 氧化还原作用形成的自然电场

金属导体（电子导体）的氧化还原作用产生的自然电场，只有当导体处在特殊的水文地质条件下才能观测到。如图9.1所示，金属导体埋深较浅，一部分在潜水面以上，一部分在潜水面以下，这样，处于地下水中的金属导体上部与氧化带中的地下水发生氧化作用，导体失去电子而带正电，围岩则获得电子而带负电。在金属导体下部，所处的还原环境使得导体的电化学反应同上部相反，即导体得到电子而带负电，围岩失去电子而带正电。在导体与围岩之间，其上部与下部就形成了符号相反的电位跳跃。这样，就在导体上下部形成自上而下的电流，在围岩中电流方向则自下而上。所以在导体上方的地面进行电位测量，将获得电位异常。与金属矿床有关的氧化还原电场，通常在地面上能引起几十毫伏至几百毫伏的电位异常。

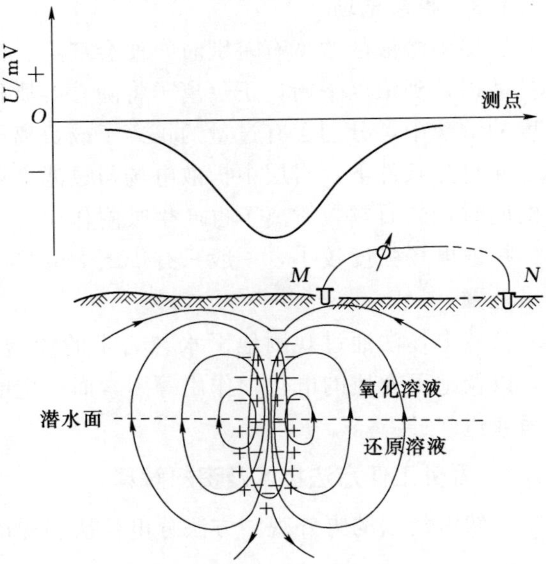

图9.1 氧化还原电场

#### 9.1.1.2 过滤电场

地下水在岩石的孔隙或裂隙中流动或渗透时，由于岩石颗粒表面对地下水中的正负离子具有选择性吸附作用，且大多数具有吸附负离子的特性。因此，在地下水的上游方向集中了较多的负离子，形成低电位；而在地下水的下游方向集中了较多的正离子，形成高电位，由此形成的电场称为过滤电场，其中山地电场为过滤电场的一种表现形式，如图9.2所示。

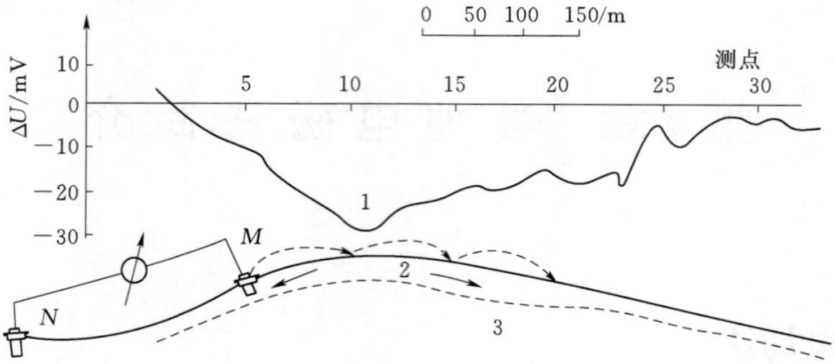


图 9.2 山地电场

（1—自然电位曲线；2—地下水流动方向；3—潜水面）

过滤电场的场强与渗透压力的大小以及岩石、溶液的性质有关。利用式（9.1）可对过滤电场电位差作出近似估算

$$\Delta U=0.77\cdot\rho_{水}\cdot\Delta p \tag{9.1}$$

式中：$\rho_{水}$ 为地下水的电阻率，Ω·m；$\Delta p$ 为引起地下水流动的压力差，Pa。

#### 9.1.1.3 扩散电场

岩层中溶液的浓度有差别时，便会产生扩散现象。溶质由浓度大的溶液向浓度小的溶液扩散以达到浓度平衡，正负离子将随着溶质移动，但其运动速度不同，结果使两种不同浓度的溶液中，分别含有过量的正离子或负离子，形成电动势，这种电场称为扩散电场。

在自然条件下，岩层中扩散电场与过滤电场同时发生，即在不同浓度溶液扩散作用发生的同时，岩石颗粒对离子也产生吸附作用。

扩散电场强度较小，一般只有 10～20mV。利用扩散电场可以圈定浅部工业排放物的污染范围。

自然电场法通过观测地下水与岩土的渗透、过滤作用和溶液中离子的扩散、吸附作用，以及地下介质的电化学作用等因素而产生的自然电场的规律和特点，探测堤防渗漏及管涌通道。

### 9.1.2 野外工作方法技术及资料解释

自然电场法的野外观测方法分电位法和梯度法两种，电位观测法用得更普遍，仅在工业游散电流干扰严重时，才采用梯度观测法。

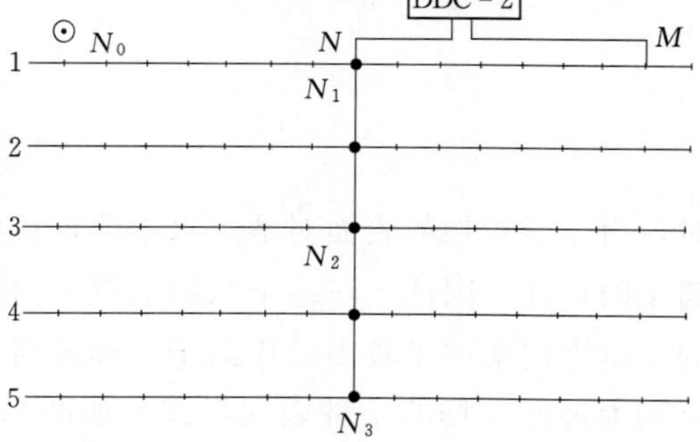


图 9.3 电位法观测自然电场的野外工作布置示意图

电位法是观测所有测点相对于某一固定基点（正常场）的电位值。$N$ 极作固定电极，$M$ 极作流动电极，沿测线逐点移动进行观测。记录点为 $M$ 点。基点一般选择在测区边缘，电场比较稳定的正常场区内（避开乱石堆、流水、垃圾，且注意遮阴）。图 9.3 所示为电位法观测自然电场的野外工作布置。

梯度法是观测沿测线同时移动的相邻两点间（接 $M$、$N$ 电极）的电位差，记录点为

*MN* 中点。在水文地质工作中常采用的“8”字形观测法（或称环形法），实际上是梯度法的变种。

观测自然电位的仪器设备比较简单，包括电位计（可使用电阻率法测量仪器或数字万用表）、不极化电极、导线及绕线架。

测线或测网的布置主要根据勘探对象的大小，以及研究工作的详细程度而定，一般与电阻率法的要求相同。基线通常平行于勘探对象的走向，测线垂直于基线。

观测成果绘制剖面图、平面剖面图、平面等值线图等。

采用自然电场法探测堤防隐患应满足下列条件：①渗流场有较大的压力差，在渗透过滤、扩散吸附等作用下形成较强自然电场；②测区内没有较强的工业游散电流、大地电流或电磁干扰。

## 9.2 拟流场法

20 世纪末，何继善院士提出“拟流场法”，并研制出了世界上第一台能探测堤坝渗漏及管涌的仪器。

该方法利用电流场模拟渗漏水流场，用于查明堤防渗漏和管涌进水口位置的一种探测方法，也可用于追踪存在集中渗漏的均质土坝中的渗漏通道。其基本原理是利用水流场与电流场在一定条件下数学物理上的某些相似性，见表 9.1，建立一个人工特殊波形编码电流场去拟合渗漏水流场的流向和相对流速。

**表 9.1　　无旋水流场与稳定电流场的相似性**

| 无旋水流场 | 稳定电流场 |
|---|---|
| 流速 | 电流密度 |
| 水流连续 | 电流密度连续 |
| 流速势满足 | 电势（电位）满足 |
| 流速与势的关系 | 电流密度与势的关系 |
| 达西定律 | 欧姆定律 |
| 渗透系数 | 电导率 |
| 等势面（线）常数，与流线处处正交 | 等势面（线）常数，与电流线处处正交 |
| 边界条件：透水边界<br>不透水边界 | 边界条件：导电边界<br>绝缘边界 |

堤坝管涌、渗漏探测仪是发送机在管涌、渗漏的出水口发送一种特殊的电流，“伪随机”多频复合信号，沿着管涌通道流动，被水中的接收机的传感器接收，通过信号的分析对比，便可确定管涌、渗漏的入水口。

探测设备主要由建立拟流场的发射机、A 极板、B 极板及测量拟流场的接收机、探头组成。发射机是具有一定频率和功率的电源。

探测堤坝渗漏入口位置时，将与发射机 2 个电极连接的 A 极板、B 极板分别置入堤坝前水域远端和堤坝后渗漏通道出口水中。开启发射机电源后，A 极板、B 极板之间的堤坝及水域就建立起了拟流场，如图 9.4 所示。接收机置于堤坝前水域的探测船上探测探头与接收机连接，当船拖曳的探头接近渗漏入口时，接收机可以采集到拟流场电流密度、电场强度幅值异常增大数据，测试现场便可以明确给出渗漏通道入口的位置。

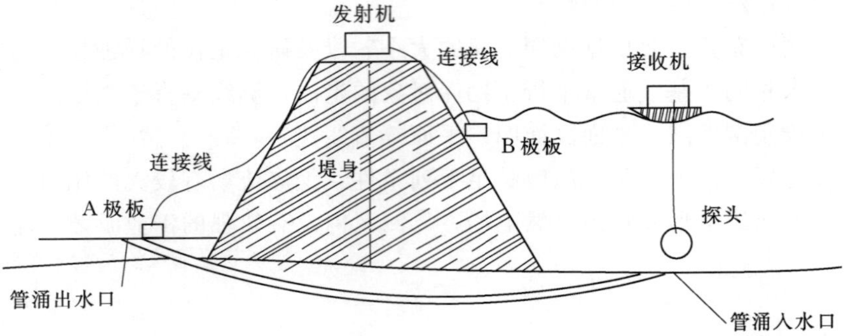


图 9.4　拟流场法探测原理图

实际工作中，可将接收探头放到水底连续扫描，使之尽量靠近入水口。扫描速度可达 3m/s。

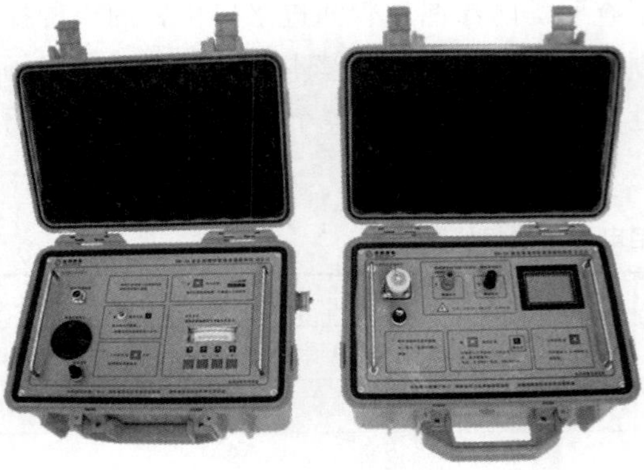

图 9.5　DB－3A 堤坝管涌渗漏检测仪

该仪器与国内外常规方法有本质不同，具有以下特点：①探测器在水底可直接接触管涌、渗漏入水点，探测精度高；②连续扫描测量，操作简单，速度快；③配备高精度传感器，灵敏度和分辨率都非常高；④环境适应能力强，能有效识别各种干扰。

产品现共有两种型号：DB－3A 堤坝管涌渗漏检测仪（普及型），DLD－20 堤坝管涌渗漏检测仪（加强型）。图 9.5 为堤坝管涌渗漏检测仪，表 9.2 为一型号仪器的技术参数。

**表 9.2　　DB－4 堤坝管涌渗漏检测仪技术参数**

| 发送机（DB－4） | | 接收机（DB－4） | |
|---|---|---|---|
| 输出频率 | 输出频率稳定度（7h 内漂移）优于 $7\times10^{-4}$ | 中心频率 $f_0$，3dB 带宽≦$1/f_0$ | |
| 输入电压 | 20～29V，电池容量≥45AH | 接收灵敏度 | $>1.0\times10^{-4}$A/m$^2$ |
| 输出电压 | 20V，40V，60V，80V 和 100V（峰-峰值） | 输入阻抗 | >150kΩ |
| 输出电流 | ≤1A（峰-峰值） | 工频抗干扰 | >50dB |
| 输出过流保护 | ≥1.5A | 连续工作时间 | >7h |
| 工作温度 | －10～50℃ | | |
| 备注：DB－3A 堤坝管涌渗漏检测仪输入电压 12V，输出电压：最高电压幅值≤90V（峰-峰值） | | | |

仪器也在不同类型的堤坝与基础、不同水流速度和气候条件下经受了严格的检验。

## 9.3 航空电磁法

航空电磁法通称航空电法（AEM），它是通过研究由人工或天然形成的电磁场对地质体感应激发产生的异常场特征和规律（即应用交变电磁场的感应原理）来寻找矿体或解决某些地质问题的。主要是用来快速普查良导性金属矿体，对大面积地质填图、圈定近地表的基岩起伏，研究地下水和冰冻层等方面也有一定效果。AEM 具有速度快、成本低、通行性好、可大面积覆盖、可用于海域等优势，尤其是在运积层或植被发育的覆盖地区。

1948 年夏季，Stanmac 和 McPhar 公司在加拿大进行了固定翼飞机 AEM 系统的首次成功试验飞行，标志着勘探地球物理的新分支——AEM 的诞生。20 世纪 50 年代是测量平台（直升机和固定翼飞机）和系统配置（硬架式发射、接收系统，大间距双吊舱系统等）的创新时期；20 世纪 60 年代，系统品种增多，技术不断改进；20 世纪 70 年代，航电技术进一步完善；20 世纪 80 年代，航电系统朝着多线圈、多频率、高分辨率的直升机系统或者朝着大穿透深度、时间域、固定翼飞机系统的方向发展；20 世纪 90 年代，固定翼飞机系统一般测量 3 个分量，并选择合适的脉冲宽度和脉冲频率，以期在导电地层中有更大的有效穿透深度。最近几年 AEM 在测量系统、数据处理和数据解释技术方面都有了新的发展。应用领域也在不断发生着变化，尤其是欧美、加拿大、澳大利亚等国将 AEM 广泛用于环境、土壤土质等领域。

我国的 AEM 研究起始于 20 世纪 50 年代末。我国 AEM 发展并不顺利，20 世纪 70 年代末我国才开始引进国外先进的仪器设备。20 世纪 80 年代我国物探工作者总结了历史经验，把注意力转向应用 AEM 进行地质填图、间接找矿、水文和农业生态地质调查、环境等领域。但是总体来说我国航空电法与国际发展水平还有相当大的差距。

AEM 测量系统包括观测系统、导航定位、运载工具等几部分。分为频率域电磁测量（FEM）和时间域电磁测量（TEM）两种类别。在上述两类 AEM 测量中，由于时间域 AEM 具有勘探深度相对较大等优点，因此该方法使用稍广。

航空时间域瞬变电磁方法通常是将一个多匝导线的发射线固定在飞机的鼻尖、两翼尖和尾锥上，由发射机向发射线圈通以强大的脉冲电流，从而在周围空间产生强大的脉冲一次电磁场；而接收线圈安装于拖吊在飞机后面下方的吊接中，在发射脉冲间断期间测量异常体产生的随时间衰减的二次场水平分量或全部空间三个分量，这两部分组成航空时间域瞬变电磁系统。发射电流脉冲形态可以是方波、间歇式半正弦波或梯形波。为了测量脉冲间断期间不同时间的二次衰减磁场的变化规律，系统的接收部分通过许多时间窗口（称为道），分别采集从脉冲间断后不同时间的信息，早道为早期时间，晚道为晚期时间。为了提高系统的空间分辨能力，近些年研制的系统接收部分多采用两个垂直和一个水平线圈的三分量测量。

航空时间域瞬变电磁方法是通过安置在飞机上的发射和接收线圈，在空中飞行时从接收线圈观测在发射脉冲电流间断期间磁场随时间的变化，来了解地下从浅到深的电性变化或转换成视电阻率分布。它通常测量发射脉冲电流间断期间水平或空间三个方向的磁场随时间变化的场值，$H_x(t)$、$H_y(t)$、$H_z(T)$，或者利用相应的软件，将磁场随时间变化的曲线转换成不同深度的视电阻率值。

这种方法一般绘制剖面线的 $H_x(t)$、$H_y(t)$、$H_z(T)$ 的不同时间叠加的剖面图，供进行定性解释时使用；为进行定量解释，通过软件转换，制作沿剖面线的视电阻率剖面图和地电断面图，并通过面积性测量得到三维电阻率结构图；通过与已知的水文地质资料结合对比，还可给出这种方法解释的水文地质断面或平面图。

## 9.4 磁电阻率法渗漏探测技术

### 9.4.1 基本原理

磁电阻率法基于毕奥-萨伐尔定律，通过测量电流产生的磁场分布，来映射地下的电流分布。

如果将上下游渗流通道两端通电，会形成电流回路。我们可以将其简化为电流在一条无限长的电线中传输，则其周围会产生围绕电线的磁场，如图 9.6 所示。磁感应强度的公式可以表示为

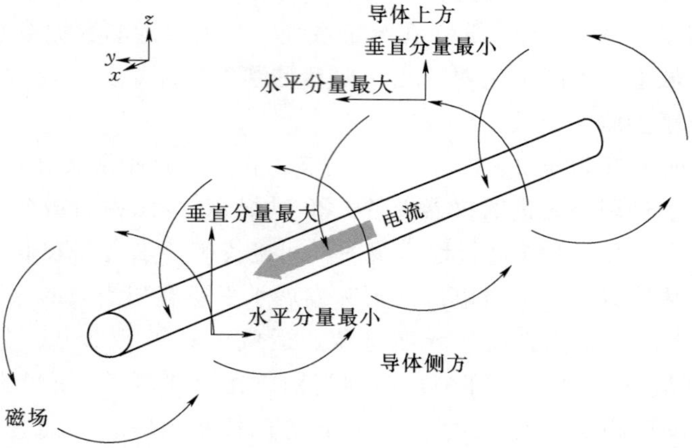


图 9.6 电流产生磁场

$$B=\frac{\mu_0 I}{2\pi R} \tag{9.2}$$

式中：$R$ 为电缆中心到测点的半径距离；$I$ 为安培电流；$\mu_0$ 为常量 $4\times10^{-7}\,\mathrm{Tm/A}$。

磁场的方向是由右手定则所决定的：如果用右手握住电线，拇指的方向代表正电流的方向，其他手指卷曲的方向就是磁场的方向。

通过测量电流通道所产生的磁场大小和方向的测量差异来确定地下渗流优势走向的纵向和横向位置。假设以向上方向、向右方向为正，图 9.7 中位于电流源左侧的点 $A$，其垂直（$V$）和水平（$H$）两个磁场分量为正（分别向上和向右），因此它具有正极性。

点 $B$ 位于电流源的右侧，垂直向下分量为负（向下），水平分量为正。因此 $B$ 点的 $V$ 和 $H$ 分量有相反的极性。当测线布置在电流源的上方时，通过 $V$ 和 $H$ 分量的变化就能判别电流源的空间位置。

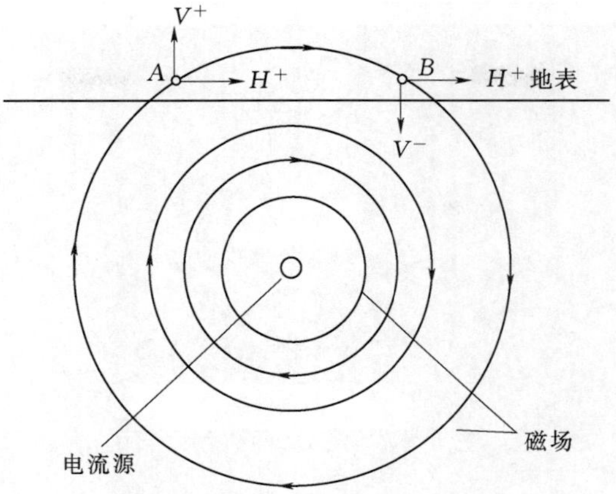


图 9.7　电流源周围的磁场分量

在水库大坝提防等工程的渗漏探测中，磁电阻率法一般采用水平布置方式，如图 9.8 所示，建立大坝上游与下游渗漏点之间的电流回路，测量渗流路径所产生的磁场，进行探测。图 9.9 是磁电法在水库渗漏探测时的平面布置和磁场分布示意图。

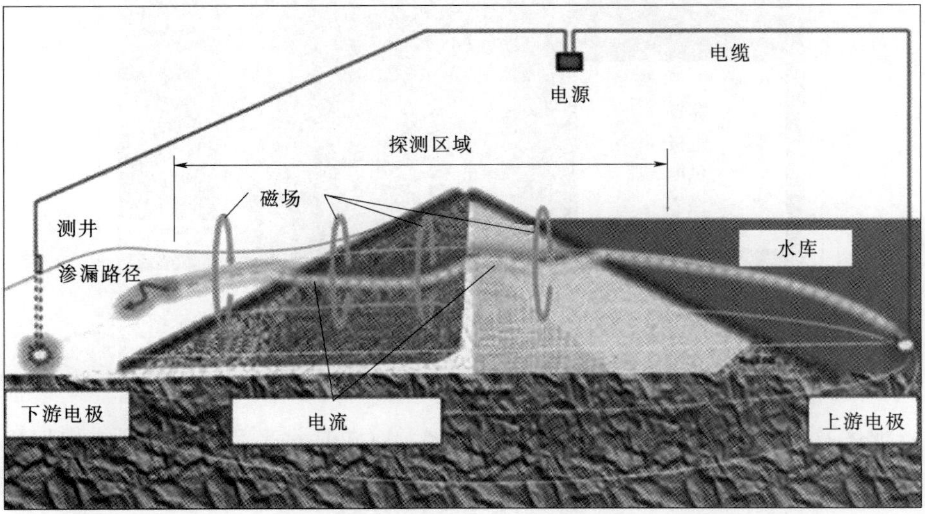


图 9.8　磁电阻率法水平布置方式

## 9.4.2　技术特点及提供的成果

### 9.4.2.1　特点

（1）技术特点：无损快速，探测分辨率高，适应条件宽，地形影响小，应用领域广。

（2）观测特点：采集定位一体化，布置灵活，轻便简单效率高。

（3）成果特点：精度高，可靠性好；成果形式多样，形象直观。

### 9.4.2.2　提供的成果

（1）堤坝迎水面渗漏分布（强渗漏区、弱渗漏区、无渗漏区等）。

（2）坝体及坝肩内部渗漏通道分布（渗漏优势方向）。

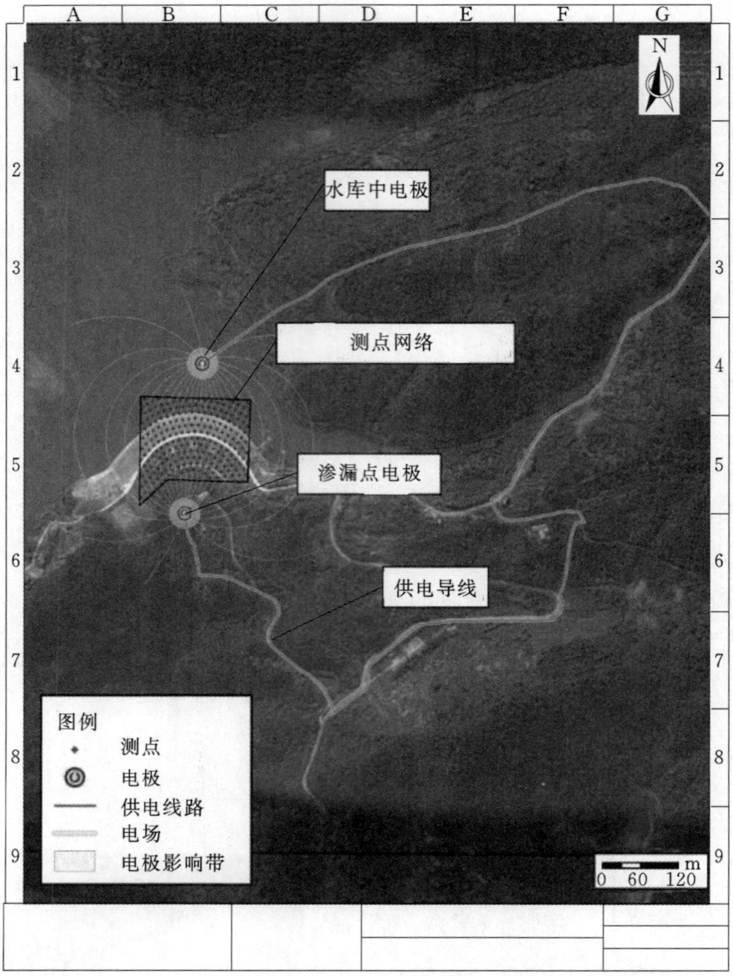


图 9.9 典型的测点布置和磁场分布示意图

（3）坝体及坝肩内部渗漏通道的三维模型展示（包括水平和垂直任意方向切片展示）。

# 参 考 文 献


[1] 邹声杰. 堤坝管涌渗漏流场拟合法理论及应用研究［D］. 长沙：中南大学，2009.

[2] 郑灿堂，万海，郑茂海. 关于流场法理论的几点认识［J］. 地球物理学进展，2012，27（5）：2190-2197.

[3] 张建清，徐磊，李鹏，等. 综合物探技术在大坝渗漏探测中的试验研究［J］. 地球物理进展，2018，33（1）：432-440.

# 第 10 章　堤 坝 隐 患 探 测

堤坝是沿河、江、渠、湖、海岸、水库和分蓄洪区等周围修建的挡水建筑物。但由于堤防线路长、结构复杂、修建年代久远，普遍存在洞穴、裂缝、松散体、高含砂层等安全隐患，探明这些隐患，有利于保证堤坝安全。由于地质条件、岩土特性及水的渗透与浸泡作用，堤坝常常出现渗漏现象，渗漏病害一方面造成水资源的浪费，另一方面渗漏也极易引起堤坝的各种灾变。

## 10.1　土坝隐患的分类

### 10.1.1　堤坝的险情

我国建有各类堤防 30 万 km，其中有不少堤基条件差，属历年逐渐加高培厚的土堤。汛期，在洪水浸泡下，管涌、溃堤、崩岸经常发生。以'98 年特大洪水为例，长江中下游堤防发生 7 万余处险情，其中较大险情 2000 余处，重大险情 50 余处，汛前对堤坝进行隐患检测，可以为除险加固提供科学依据，在出险以前采用仪器设备提早发现隐患，可以及时采取措施防止险情的扩大。

另外，到目前为止，我国的水库数量已登世界榜首，据水利部数据统计，2017 年，全国已建成各类水库 9.8 万余座，总库容 9035 亿 $m^3$。其中 95%以上为土石坝，95%以上是 20 世纪 80 年代以前建设的老坝。在这些土石坝中同样存在各种隐患，水库大坝失事的灾难在世界各地时有发生。

堤坝出险有多种形式，主要有：

(1) 管涌。在土孔隙中的渗流冲刷带走细颗粒，形成通道后，流速会进一步增大，孔道扩大，基土被淘空。也称翻砂鼓水。涌水口径小者几厘米，大者几米。

(2) 漫顶。当洪水位超过堤顶时，即称为漫顶。

(3) 散浸。由于堤身土质的原因，密实度小，渗透系数大，高水位时，堤身内浸润线抬高，水由堤内坡渗出，形成散浸。

(4) 裂缝、滑坡。滑坡是指坝坡上的部分土体，受河流冲刷、洪水浸泡等因素影响，在重力作用下，沿着一定的软弱面向下滑动的现象。

(5) 因受水流冲刷，在重力作用下土石失去稳定沿河岸、湖岸的岸坡产生崩落、崩塌和滑坡等现象。

(6) 溃堤决口。堤防被洪水或其他因素破坏，造成堤坝溃塌、口门过流的现象。

水库、堤防险情等级见表 10.1。

表 10.1 水库、堤防险情等级划分表

| 序号 | 险情种类 | 出险部位 | 险情等级 | | |
|---|---|---|---|---|---|
| | | | Ⅰ级：重大险情 | Ⅱ级：较大险情 | Ⅲ级：一般险情 |
| 1 | 渗漏 | 大坝、堤防 | 渗水浑浊、出逸点高且集中 | 渗水略有浑浊、出逸点较高 | 渗水较少且清、出逸点不高 |
| 2 | 漏洞 | 大坝、堤防 | 漏水量大、浑浊度高 | 漏水量较少、浑浊较低 | 漏水量少、清水 |
| 3 | 塌坑 | 大坝、堤防 | 与渗水漏洞有关或坍塌持续发展、体积大 | 有渗漏洞情况，坍塌不发展或坍塌体积较小 | 无渗漏洞情况，坍塌体积较小、不发展 |
| 4 | 裂缝 | 大坝、堤防 | 贯穿性的横向裂缝或滑坡裂缝 | 未贯穿性的横向裂缝或不均匀沉陷裂缝 | 纵向裂缝或面积较小的龟纹裂缝 |
| 5 | 滑坡 | 大坝、堤防 | 大面积深层滑坡 | 较大面积浅层滑坡 | 小范围浅层滑坡 |
| 6 | 风浪淘刷 | 堤坝护坡 | 坝前护坡被风浪冲刷淘空、严重坍塌 | 坝前护坡局部被风浪冲刷淘空、形成坍塌 | 坝前护坡局部被风浪冲刷、出现冲坑 |
| 7 | 输、泄水建筑物部位渗漏 | 输、泄水建筑物部 | 输、泄水建筑物出现漏洞 | 输、泄水建筑物下游出现渗漏、略有浑水 | 输、泄水建筑物下游出现渗漏、少量清水 |

### 10.1.2 隐患的分类

堤坝出险既有外在因素，又有内部因素，如各种各样的隐患。按隐患存在的部位可分为：堤身隐患、穿堤建筑物隐患和堤基隐患。

按隐患的性质可分为：常规性隐患和特殊性隐患。

常规性隐患：堤身单薄，堤坡太陡，填筑质量差，填筑体中存在砂性土夹层，有明显的堤身裂缝等。与地质条件直接有关的主要为堤基类隐患（包括穿堤建筑物地基）。例如上覆黏性土层薄，或本身即为砂性土堤基（包括浅层砂性土透镜体），存在渗透破坏的可能性；堤基有软弱土层分布，存在滑动稳定问题。

特殊性隐患：进一步可分为随机性隐患（堤身或堤基随机分布有生物洞穴、植物腐烂物等）、再生性隐患（生物洞穴类隐患具有再生性）、人类活动留下的隐患（例如城市区与堤外江河相通的早已被废弃了的各类排泄管道，工程勘探留下的封堵不合格的钻孔等）以及地质条件不明的堤基隐患等等。特殊性隐患规律性差，检测困难，在洪水期一旦演变成险情，其突发性质增加了抢险难度。

通常将堤防隐患按形状与密实程度归纳为三大类：①洞：蚁穴、鼠洞、渗流、塌陷等原因产生的空洞；②缝：纵缝、横缝、斜蔽缝、开口缝等；③松：密实度低（孔隙度大）或填含粗颗粒土过多等。

这些堤坝隐患在水渗透作用，产生渗流。在堤坝中渗流处于设计允许范围内是正常，当局部或整体超过正常范围，就构成散浸、渗漏等现象，这种现象既是堤坝的病害，又是进一步灾变的隐患。

# 10.2 土坝空洞、裂隙等隐患探测

空洞与裂隙在没有水渗入的条件下，可以看成土层与空气沿一定界面分离的土电模型，空洞为封闭空间体，电性与土有一定差异；而对于裂隙，交界面两边土层有差异性。

## 10.2.1 蚁穴探测

### 10.2.1.1 蚁穴孕灾模型

蚁害导致的堤坝漏水险情大致可分为以下几种：

（1）渗漏。

1）先漏清水。若土质堤坝的质量尚好，当水流从迎水坡进入蚁道，开始漏水时，浊水从蚁道入水口进入蚁道，中间要经过无数个菌圃的过滤和穿过主巢腔，故流出的水总是清水，并伴随有白蚁在清水中冲出。

2）漏出浊水并带有巢碎。漏清水一段时间后，由于蚁道被水流冲刷而遭破坏，随之水流中带有泥沙流出，水位不断升高，水压加大，菌圃也被冲碎而随浊水一起流出。

（2）堤坝外坡湿润、牛皮涨。堤坝质量比较好时，白蚁修筑的蚁道坚实而内壁光滑度厚实，水流入蚁道后，一时难以冲坏，故形成管漏。而堤坝质量欠佳，用风化土、半风化土、混合料填筑的堤坝，白蚁在此堤坝内修筑的蚁道质量就不那么坚实，而且也不太畅通，遇到石块则转弯抹角，尽管蚁道内壁也用好的黏土覆盖，但质量也不牢固，非常容易被水冲刷致坏，难以形成管漏，这时水流由内坡进入蚁道后，在外坡就会出现散浸甚至牛皮涨现象，严重时造成滑坡事故。

（3）塌窝。当管漏严重发生时，将主巢腔内的大量泥土冲刷出堤坝外，由于泥土重力作用，瞬间就会形成主巢腔顶塌下来，若是堤坝矮小，断面不大时，白蚁主巢腔往往修筑在堤坝顶或内外坡的肩下面约 2m 的深度，而这时水位已超越主巢腔底的水平高度，故塌窝一发生，就有崩堤垮坝的灾难发生。

（4）崩堤垮坝。从管漏到塌窝至崩堤垮坝的演化历程，少则数小时，多则数十小时，甚至更长些时间，这主要取决于洪水水位升涨速度和堤坝大小、断面厚度以及堤坝质量和蚁巢在堤坝内的位置等诸多因素决定的，另外就是抢险措施是否及时和科学。

### 10.2.1.2 蚁穴的探测案例

南京某区现有中、小型水库 56 座。有蚁害的水库 28 座，占水库总数的 50%；流域性堤防 132km，有蚁害的堤防 15.8km，占流域性堤防的 11.97%。为防止此类隐患造成不良影响与险情，南京水利科学研究院分别采用探地雷达法和高密度电阻率法对白蚁巢穴具体位置进行探测。

1. 探地雷达法

在其中一水库管理房西侧至大坝迎水面之间自西向东布置三条测线，检测时，探地雷达天线底面紧贴背水坡坡面，每 100cm 打一个标，人工拖动天线缓慢前进。

图 10.1（a）～图 10.1（c）分别为根据现场采集数据经软件处理后所得到的探地雷达波形图，图中异常处用圆圈标识。

根据雷达反演图像推断：

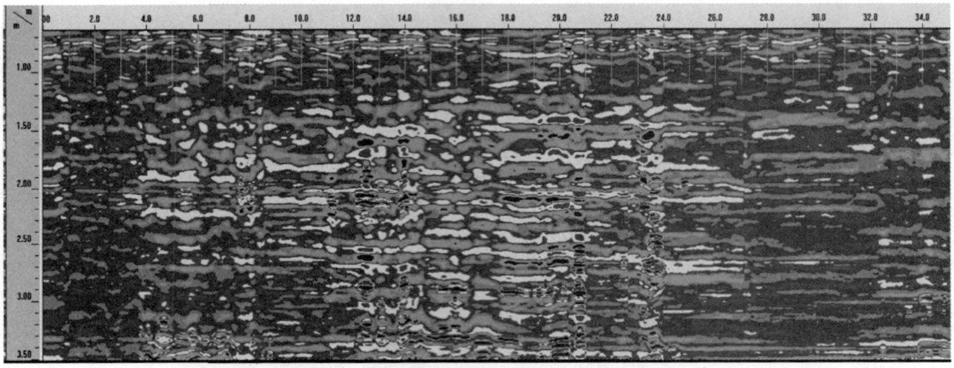

(a) 测线 1 探地雷达探测图像

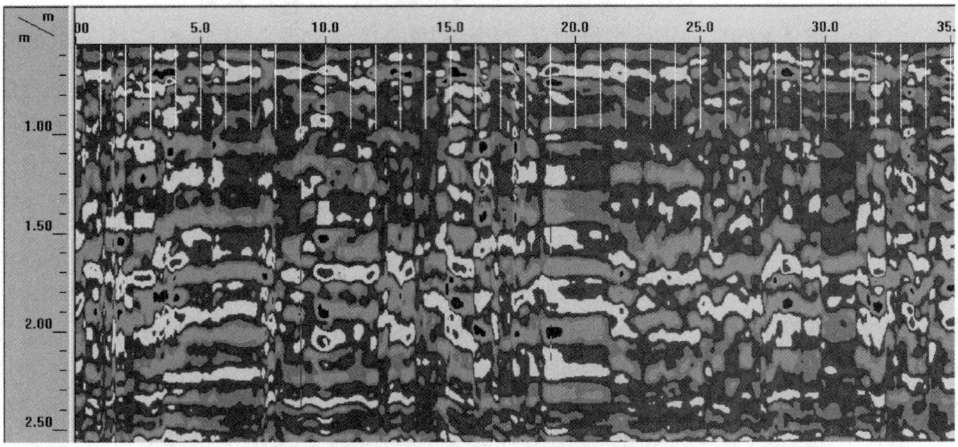

(b) 测线 2 探地雷达探测图像

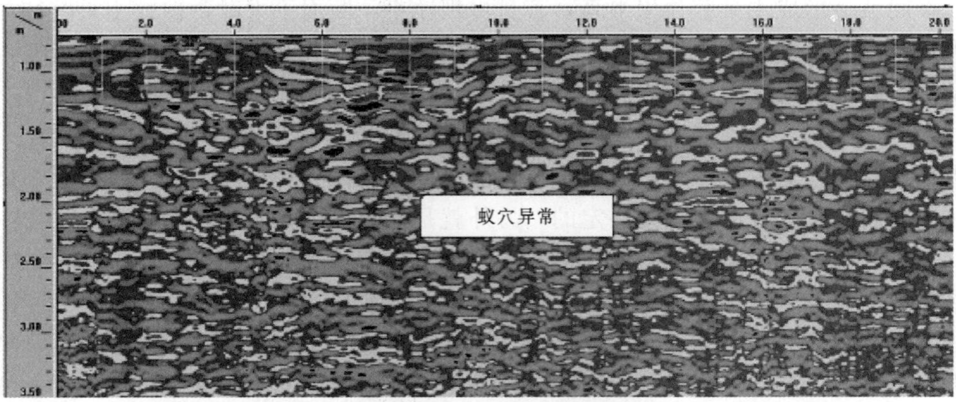


(c) 测线 3 探地雷达探测图像

图 10.1 蚁穴探地雷达波形图

测线 1 和测线 2，没有蚁穴的特征异常存在，该测线上不存在蚁穴。

测线 3 图中红色圈定区域的雷达电磁波以发生散射为主，电磁波同向轴散乱，存在多处类似脱空而产生的强反射点，并且相对集中。对比整个剖面的检测结果，该处剖面存在一种多孔、孔隙聚集并且向下延展的特殊异常，该处异常发育深度为 2.5m 左右，水平宽度在 2～4m，符合发育蚁穴的构造类型，结合现场地面有白蚁死巢指示物碳棒菌，推断此处为可能存在的蚁穴点。

2. 高密度电阻率法

采用重庆奔腾 WGMD-6A 三维高密度测量系统。现场探测共布置 40 个不锈钢电极，间距 1m，测量排列方式为 $\alpha$ 排列（温纳装置 AMNB），其结果见图 10.2。

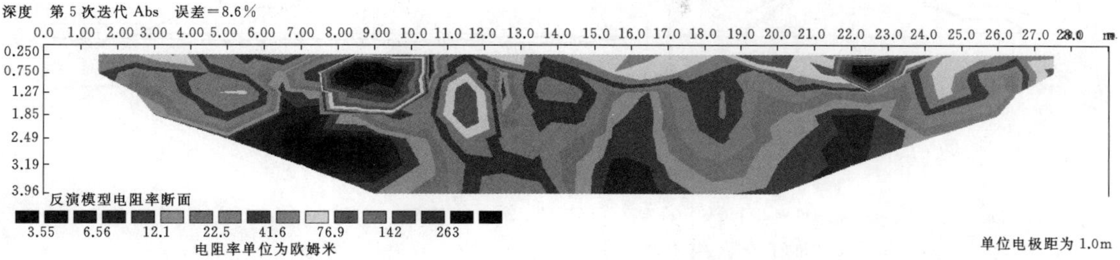


图 10.2 蚁穴高密度电阻率法探测结果

对探测数值进行正反演分析，从反演结果看，测量部分视电阻率大都为 5～70Ω·m，但在水平方向上距首电极 8～10m 以及 22～23m 范围内视电阻率明显较大。其中在水平方向 8～10m 范围紧挨测线旁边有个深度约 1.5m 的土坑，因此在高密度电阻率法反演图像上显示为一个高阻区域。而 22～23m 高阻区域，最高视电阻率为 480Ω·m，明显高于周围土层的电阻率，并形成闭合状，该处与探地雷达法测试异常处一致，推测可能存在蚁穴空洞隐患。

经现场开挖验证，两种探测方法推测的异常处存在白蚁成年死巢、若干卫星巢（副巢）和空腔。开挖体尺寸为 2.6m×2.4m×1.7m（长×宽×高），其展现的外观表明最上面的副巢距地面 35cm，底部主槽位于开挖体的北侧面，顶部距离地表 1.3m，主槽高度不小于 70cm。巢穴开挖如图 10.3 所示。

图 10.3 开挖后坝内蚁穴照片

### 10.2.2 裂缝探测案例

某水利工程主坝由于坝体各分区的不均匀沉降，靠下游侧坝体分区沉降较大，产生了变形不协调，表现为主坝下游侧顶面产生纵向裂缝。被测大坝结构剖面如图 10.4 所示。

大坝裂缝情况如下：

（1）裂缝位置。裂缝位于坝顶下游侧，距路缘石距离为 1.0～2.0m，与坝轴线基本平行。

（2）裂缝宽度。掀开六棱砖并剪开土工布，发现在坝体回填黏土层裂缝表面最大宽度为 4.2mm。继续开挖至砂砾石层，由于前期对该裂缝区域进行过处理，裂缝在后期发展中以松散砂砾石带的形式出现，其中局部夹杂脱空。

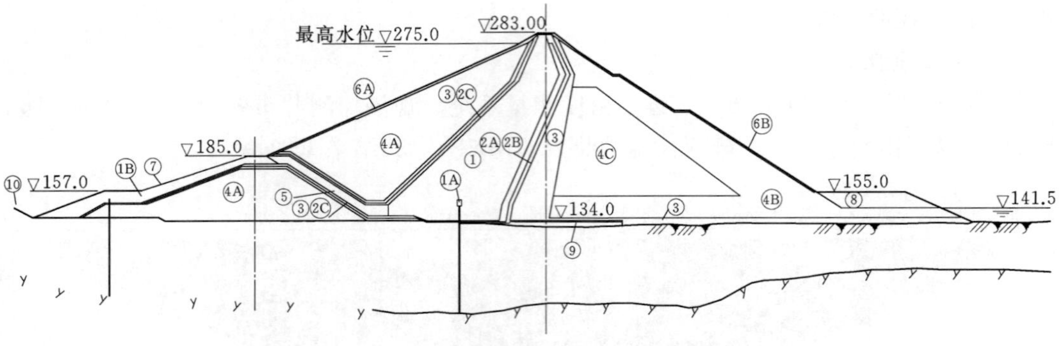


图 10.4　被测大坝结构剖面图

①、⑴B—黏土；⑴A—高塑性黏土；⑵A—下游第一层反滤；⑵B—下游第二层反滤；⑵C—反滤；③—过渡料；⑷A、⑷B、⑷C—堆石；⑤—掺和料；⑹A、⑹B、⑥—堆石；⑦—堆石护坡；⑧—石渣；⑨—回填砂卵石；⑩—上游铺盖

为了掌握该纵向裂缝深度及其状况，南京水利科学研究院研究并开发了裂缝深度示踪法检测技术。

**10.2.2.1　探测仪器、方法与技术参数**

本次检测使用的设备为 SIR－3000 型探地雷达，配套的收-发组合一体式 200MHz 和 100MHz 检测天线。设备系统是时间域探地雷达系统，在检测时可实时自动显示彩色剖面记录图像。

为可靠的获取地下地质体相关信息，现场检测参数设置如下：①采样点数：1024samp/scan；②采样数：16 位；③扫描速度：64scan/sec；④时窗根据探测深度需要实时变动，动态范围为 100～250ns；⑤垂向高通滤波器：50MHz（200MHz 天线）、25MHz（100MHz 天线）；⑥垂向低通滤波器：600MHz（200MHz 天线）、300MHz（100MHz 天线）；⑦发射率：100kHz；⑧叠加：6；⑨手动增益；⑩介电常数值取 13。现场天线沿设计测线贴面连续检测，为消除天线检测速度不均对测量位置的影响，当天线移动到距离标志点时按动标记开关，以便准确控制剖面位置。所有观测数据均通过模数转换后，以数据文件的形式存放于主机。

并结合坝体表面裂缝表征，经过认真仔细研究，确定沿着坝体轴线方向选取 4 个测试断面进行示踪法检测，见表 10.2。

**表 10.2　　示踪法测试断面位置**

| 测试断面编号 | 里程/m | 高程/m |
|---|---|---|
| 1 | D0＋705.18 | 281.652 |
| 2 | D0＋496.44 | 281.328 |
| 3 | D0＋393.18 | 281.179 |
| 4 | D0＋278.45 | 281.323 |

每个测试断面的测线布置为灌浆前和灌浆后。灌浆前，根据坝体裂缝的外部表征，在

疑似裂缝区域选取多条测线（平行于或垂直坝轴线），形成检测网格，以准确定位坝体内部裂缝的实际区域，为灌浆孔的选择提供依据。灌浆后，在灌浆孔附近布置垂直坝轴线测线，以追踪示踪材料的流向，进而确定裂缝的发展方向和最大深度。

**10.2.2.2　数据的处理与探测结果分析**

数据的处理流程如下：原始数据→传输到计算机→原始数据编辑→水平均衡→零漂校正→反褶积或带通滤波，消除背景干扰信号→频率、振幅分析，偏移绕射处理→增益处理→标定剖面坐标桩号→编辑、打印输出探地雷达检测图像剖面图。

1. 常规地质雷达的探测

大坝裂缝的存在，导致坝体均匀介质内出现脱空，电磁波在大坝均匀介质内传播的连续性中断，反映在检测剖面图上显示反射波同向轴中断，并且具有一定的深度，将各同向轴中断点自上而下连成线，构成了裂缝面的发育形态，从而达到检测裂缝存在的目的。

图 10.5（a）、（b）为测试断面 1 灌浆前坝体内部裂缝的实际位置。裂缝宽度较窄，不完全垂直向下，裂缝发育面是弯曲向下的，由于此两检测断面相距 2m，裂缝发育面的弯曲形态也不一致。随着裂缝深度的增加，裂缝面宽度逐渐变窄，深处裂缝面局部被沙砾石填充，裂缝底层实为比较松软的一个松散带，由于探地雷达检测分辨率的原因，该松散带准确的深度无法确定，裂缝底部的位置也无法确定。

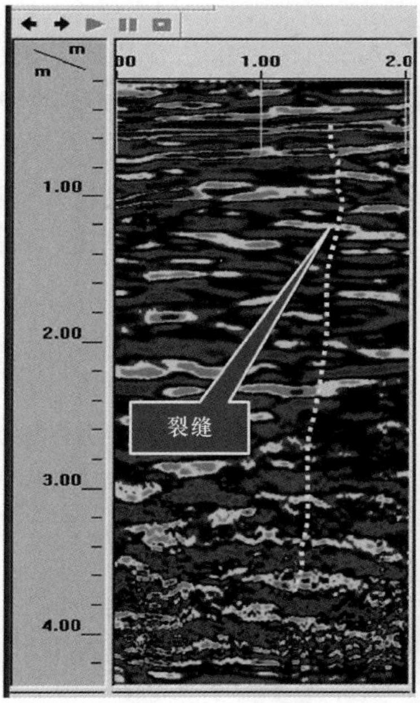


(a) 测线 1

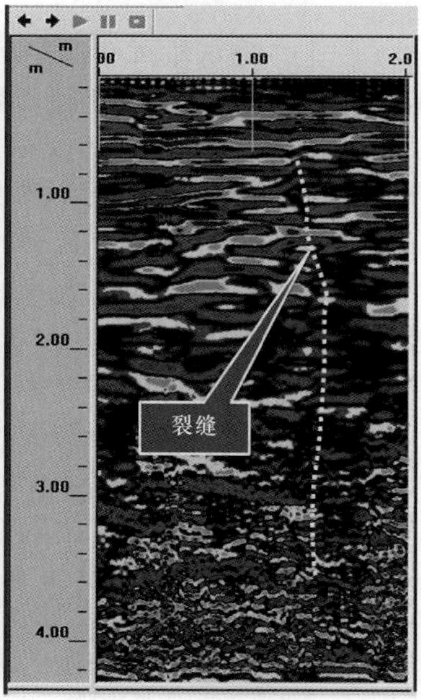


(b) 测线 2

图 10.5　测试断面 1 灌浆前裂缝雷达伪彩图

2. 灌入示踪剂地质雷达的检测

示踪剂对雷达波的反应与其周围介质相比具有数量级的差异，其在裂缝底部的积存，为准确判定裂缝深度提供了很好的途径。

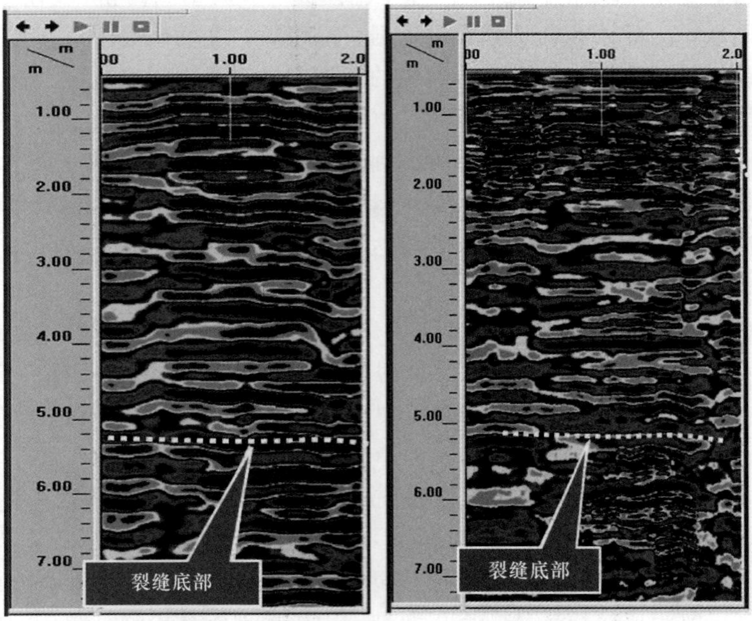


(a) 测线 3　　(b) 测线 4

图 10.6　测试断面 1 灌浆后裂缝雷达伪彩图

图 10.6（a）、（b）为测试断面 1 加注示踪剂后的探地雷达检测成果剖面图，检测成果图表明示踪剂沿着裂缝的缝隙已经渗透到裂缝的底层。图 10.6（a）、（b）两检测断面相距约 20cm，示踪剂在向下渗流过程中，有一定的量残留在裂缝面上，到达裂缝底层后，在裂缝底部富集，并向两侧扩展，因此，裂缝底部的示踪剂的量相对较多，电磁波对裂缝底部示踪剂的信号响应强烈，与没有示踪剂的周围介质形成鲜明的对比，较好地反映了裂缝底部的位置，从而确定了裂缝发育的深度。

3. 裂缝深度的确定

同理，对测试断面 2、3、4 裂缝灌浆前后的探地雷达检测成果图进行分析。通过对比分析，虽然各测试断面灌浆前的裂缝发育面的弯曲形态都不相同，灌浆后探地雷达检测剖面反映的裂缝底部信息的深度也不一致，但符合裂缝发育的规律和实际状况。通过计算，得出各测线断面裂缝发育的深度值，汇总如下：

测试断面 1：测线 3（5.2m）、测线 4（5.2m）；

测试断面 2：测线 7（5.6m）、测线 8（6.3m）；

测试断面 3：测线 11（6.6m）、测线 12（6.7m）；

测试断面 4：测线 3（6.8m）、测线 4（6.7m）。

将示踪剂注入坝体裂缝中，采用探地雷达技术综合监测示踪剂在裂缝中的流动状态，并据此判断裂缝深度。结果表明，该方法基本上查明了各测点裂缝发育面的弯曲形态；利用电磁波对示踪剂的高度灵敏反应的特点，成功地探测到坝体纵向裂缝的底部，获得了裂缝发育的真实深度，为管理单位提供了可靠的基础资料。

## 10.3 土坝渗漏隐患探测

### 10.3.1 渗流与渗透变形

1. 水在土中的渗流

渗流是指流体在孔隙介质中的流动。由颗粒状或碎块材料组成，并含有许多孔隙或裂隙的物质称为孔隙介质。孔隙介质指含有孔隙的土层、砂层与岩层；裂隙介质指含裂隙的岩层、坝体。在地表面以下的土壤或岩层中的渗流是自然界最常见的渗流现象。

多孔介质内的微小空隙的总体积与该多孔介质的外表体积的比值称为孔隙度。有两种孔隙度：多孔介质内相互连通的微小空隙的总体积与该多孔介质的外表体积的比值称有效孔隙度；多孔介质内相通的和不相通的所有微小空隙的总体积与该多孔介质的外表体积的比值称绝对孔隙度或总孔隙度。多孔介质允许流体通过相互连通的微小空隙流动的性质称为渗透性。

法国工程师达西（Darcy）在1852—1855年垂直圆管实验装置对砂土进行渗透试验，结果表明，通过管中砂土水的渗透流量 $q$ 除与管的断面面积 $A$ 成正比外，还与水头损失成正比，与渗透路径长度 $L$ 成反比，引入比例常数 $k$，试验结果可以表示为

$$q=-kA\frac{\Delta h}{L} \tag{10.1}$$

式中：$\Delta h$ 为水头差；$k$ 为渗透系数，取决于土层的性质。

渗透系数又称水力传导系数。在各向同性介质中，它定义为单位水力梯度下的单位流量，表示流体通过孔隙骨架的难易程度，在各向异性介质中，渗透系数以张量形式表示。

影响饱和土渗透性的因素主要有以下几种：①土的坡度成分及矿物成分；②结合水膜的厚度；③土的结构构造；④水的黏滞性；⑤土中气体。

各类土的渗透系数经验值（单位cm/s）如下：黏土渗透系数小于 $1.2\times10^{-6}$；粉质黏土渗透系数为 $1.2\times10^{-6}\sim6.0\times10^{-5}$，粉土渗透系数为 $6.0\times10^{-5}\sim6.0\times10^{-4}$；黄土渗透系数为 $3.0\times10^{-4}\sim6.0\times10^{-4}$；粉砂渗透系数为 $6.0\times10^{-4}\sim1.2\times10^{-3}$；细砂渗透系数为 $1.20\times10^{-3}\sim6.0\times10^{-3}$；中砂渗透系数为 $6.0\times10^{-2}\sim2.40\times10^{-2}$；粗砂渗透系数为 $2.40\times10^{-2}\sim6.0\times10^{-2}$；砾石渗透系数为 $6.0\times10^{-2}\sim1.8\times10^{-1}$。

2. 渗透变形

土岩体在地下水渗透力（动水压力）的作用下，部分颗粒或整体发生移动，引起岩土体的变形和破坏的作用和现象。

流土：在渗流作用下局部土体表面隆起、顶穿或粗细颗粒同时浮动而流失的现象。管涌：土体中的细颗粒在渗流作用下从骨架孔隙通道流失的现象。

土的特性对渗透变形形式有很大关系，一般情况是黏性土和不均匀系数 $C_u<10$ 的匀粒砂，在一定水力坡降下，容易发生流土；$C_u>10$ 的不匀粒砂砾石土（包括曲率系数 $C_c\neq1\sim3$ 的不连续级配的砂砾石），既可能发生流土也可能产生管涌，这种情况主要决定细小填料的含量。

临界水力比降，意思是当渗透力等于土的浮容重时，土粒就处于被渗透水流挟带走的

临界状态，此时的水力坡降即为临界水力比降。

防止渗透变形的允许水力比降应以土的临界水力比降除以安全系数确定，无黏性土的安全系数应为1.5～2.0，黏性土安全系数应小于2.0。

流土与管涌的临界水力比降可采用下列方法确定：

（1）流土型。

$$J_{cr}=(G_s-1)(1-n) \tag{10.2}$$

式中：$J_{cr}$为土的临界水力比降；$G_s$为土的比重；$n$为土的孔隙率（以小数计）。

（2）管涌或过渡型。

$$J_{cr}=2.2(G_s-1)(1-n)^2\frac{d_5}{d_{20}} \tag{10.3}$$

式中：$d_5$、$d_{20}$分别为小于该粒径的含量占总土重5%和20%的颗粒粒径，mm。

（3）管涌型也可采用下式计算：

$$J_{cr}=\frac{42d_3}{\sqrt{\frac{k}{n^3}}} \tag{10.4}$$

式中：$k$为土的渗透系数，cm/s；$d_3$为小于该粒径的含量占总土重3%的颗粒粒径，mm。

无试验资料的情况下，无黏性土的允许比降，可按表10.3选取经验值。

**表10.3　无黏性土渗流出口的允许水力比降**

| 渗透变形形式 | 流土型 | | | 过渡型 | 管涌形 | |
|---|---|---|---|---|---|---|
| | $C_u\leqslant3$ | $3<C_u\leqslant5$ | $C_u>5$ | | 级配连续 | 级配不连续 |
| 允许水力比降 | 0.25～0.35 | 0.35～0.50 | 0.50～0.80 | 0.25～0.40 | 0.15～0.25 | 0.10～0.20 |

注　$C_u$为土的不均匀系数。

防渗土料应满足下列要求：

（1）渗透系数均质坝不大于$1\times10^{-4}$cm/s，心墙和斜墙不大于$1\times10^{-5}$cm/s。

（2）水溶盐含量，指易溶盐和中溶盐按质量计不大于3%。

（3）有机质含量，按质量计，均质坝不大于5%，心墙和斜墙不大于2%，超过此规定需进行论证。

（4）有较好的塑性和渗透稳定性。

（5）浸水与失水时体积变化小。

3. 堤坝的渗漏类型

按土石坝渗透破坏发生的部位，可分为坝身渗漏、坝基渗漏、绕坝渗漏以及接触渗漏。

（1）坝体渗漏。渗漏的逸出点均在背水坡面或坡脚。渗漏现象可分为有散浸和集中渗漏。散浸指坝坡渗漏部位呈湿润状态，随时间延长，土体会饱和软化，甚至下游坡面形成一定面积的细小渗水。集中渗漏指渗水从坝体的一个或几个孔穴集中流出，有无压流和射流两种，有清水也有浑水。

（2）坝基渗漏。渗水通过坝基的透水层，从坝脚或坝脚以外的覆盖层的薄弱部位逸出，如坝后沼泽化、流土和管涌等。

（3）绕坝渗漏。渗水通过坝端山体未挖除的坡积层、岩石裂缝、溶洞和生物洞穴等从下游岸坡逸出。

（4）接触渗漏。渗水从坝体、坝基、岸坡的接触面或坝体与刚性建筑物的接触面通过，在坝后相应的部位逸出。

### 10.3.2 渗漏的电性特征

土石坝是由块石、黏土、砂砾石等材料堆砌而成。从电场的角度来看，由于渗漏通道被水充填，通常表现为相对高阻背景中的低阻异常，根据电阻率的异常特性确定坝体渗漏的通道。对于堤坝的蚁巢等空洞在浸润线以上，为高阻异常区，在浸润线以下，由于水的充填，探测时为低阻异常区。

对于地质雷达而言，在土石坝坝体防渗物质物性均一、土质干容重较大、坝身碾压密实的坝体上，雷达反射波很弱，反射波同相轴连续，视频率均一。当坝体局部发生一定量水渗入后，在水的作用下，渗入区域及其周围的黏土等材料处在相对的饱和状态，介电常数和电导率增大，与未渗漏的部位形成明显的电性界面，形成雷达剖面上的强反射区，此时，雷达剖面上反射渡强度加大，反射波同相轴基本不连续或局部连续。

渗流形成一个渗漏通道，在外加电流的作用下，渗漏通道附近的电场、磁场发生变化。拟流场法根据电场电流密度、电场强度确定渗流通道入口。磁电阻率通过测量电流通道所产生的磁场大小和方向的测量差异来确定地下渗流优势走向的纵向和横向位置。

### 10.3.3 汛期堤防探测案例

2016 年汛期，长江中下游持续强降雨，导致水位普遍上涨。同期，长江上游来流量居高不下，南京下关潮汐站实测最高水位达 9.96m，超警戒水位 1.46m。其中某段长江干流南侧 100 余米江堤出现渗漏险情。

为了研究判断险情性质、状况及发展趋势，南京水利科学研究院采用高密度电法和探地雷达相结合的综合物探方法，前后两次对该段大堤进行探测。探测时堤防所在处长江水位分别为 9.4m 和 4.34m。

1. 探测测线与技术参数

（1）根据现场情况，在大堤背水坡侧堤肩沿堤轴线方向布置一条测线，采用高密度电阻率法进行探测。测线长 330m，测线位置如图 10.7 所示，测线起始位置位于图纸桩号 K0＋220。共使用电极 110 根，电极间距 3.0m，测线特性表见表 10.4。

**表 10.4　　高密度电法探测断面特性表**

| 测线 | 高程/m | 总长/m | 桩号/m | | 距堤轴线水平距离/m | 电极阵列 | 电极数 | 电极距/m |
|---|---|---|---|---|---|---|---|---|
| | | | 起点 | 终点 | | | | |
| 1 号 | 12.3 | 330 | 000 | 330 | 4 | 温纳 α 排列 | 110 | 3.0 |

（2）采用 100MHz 和 35MHz 天线雷达对渗漏段堤防进行探测，在大堤迎水坡侧堤肩和背水坡侧堤肩沿堤轴线方向各布置一条测线，每条测线长度为 330m。

（3）采用 100MHz 天线雷达对大堤背水面过江隧道周围的地层情况进行探测，主要

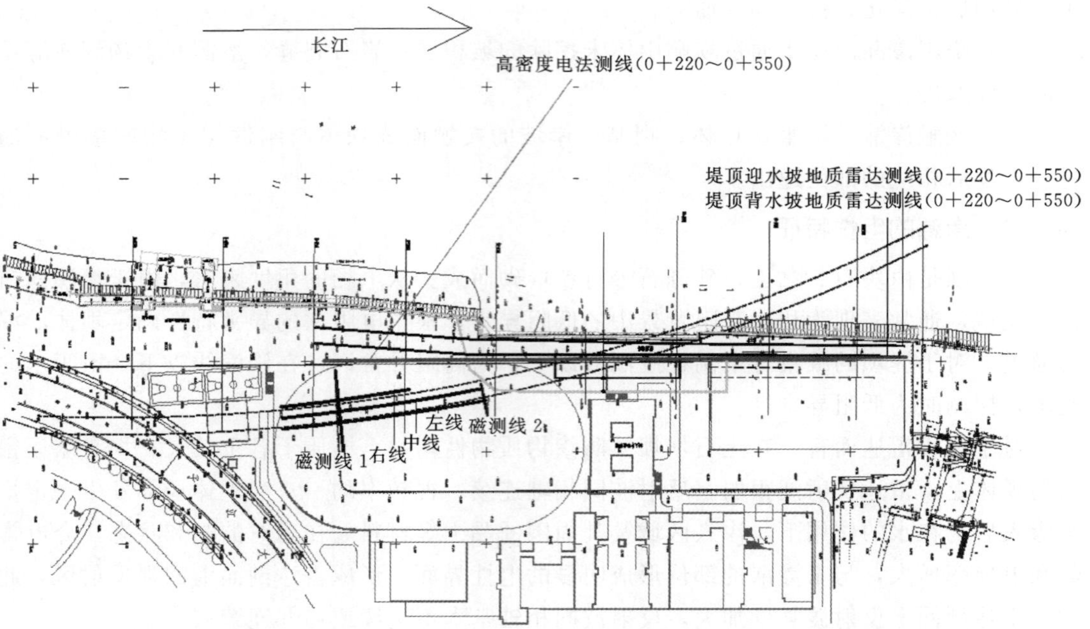


图 10.7 高密度电法与地质雷达测线平面布置

在隧道的左、右边线和中轴线位置布置 3 条测线，横向布置 2 条测线。

2. 探测结果与分析

对布置的测线测量数据运用最小二乘法进行反演分析，两次高密度电法测线反演结果所得计算电阻率云图如图 10.8 (a) 和图 10.8 (b) 所示，探测深度分别为 44m 和 55m。云图横坐标为测点坐标，纵坐标为深度。

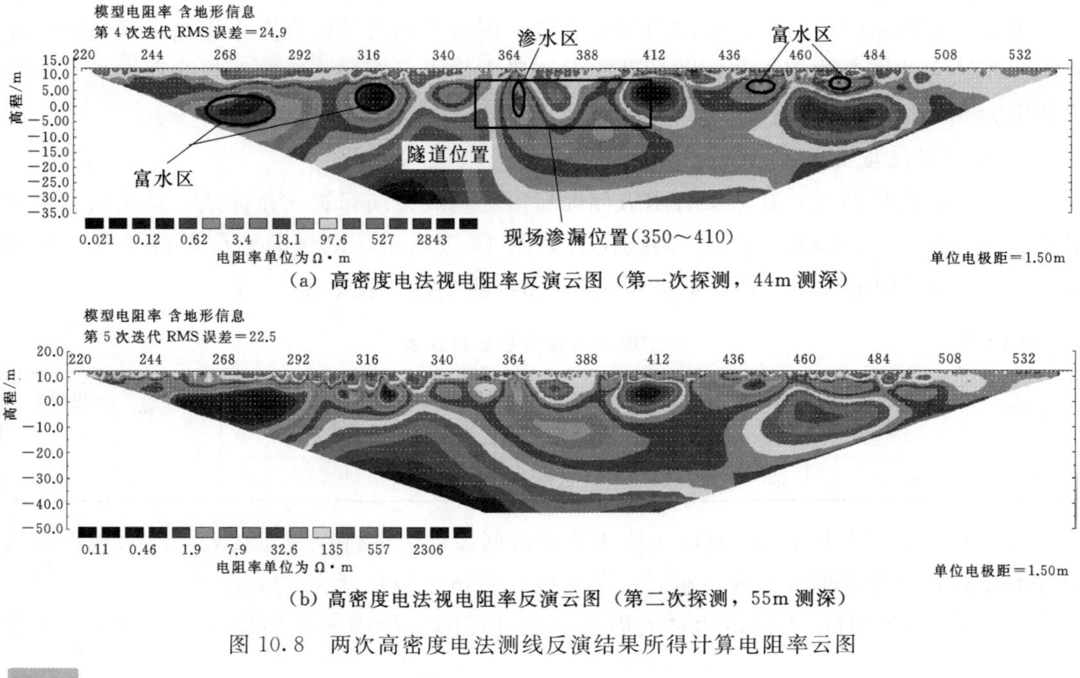


(a) 高密度电法视电阻率反演云图（第一次探测，44m 测深）



(b) 高密度电法视电阻率反演云图（第二次探测，55m 测深）

图 10.8 两次高密度电法测线反演结果所得计算电阻率云图

根据两次探测的视电阻率云图所示，图中埋深 30m 处桩号 K0＋300～K0＋400 之间的高阻区域应是过江隧道所处位置，反映在视电阻率上呈现高阻反映，探测所获得的高阻区域范围和埋深和过江隧道位置基本吻合。

根据长江水位为 9.40m 时第一次探测云图资料，结合现场查勘情况，可判断桩号 K0＋259～K0＋286、K0＋313～K0＋322、K0＋364～K0＋370、K0＋442～K0＋448、K0＋466～K0＋472 段，埋深 5～12m（高程 7.3～0.3m）为该段堤防渗漏高风险区域，其中桩号 K0＋350～K0＋410 段大堤背水坡坡脚已发生渗漏现象。

根据长江水位为 4.34m 时第二次探测云图资料，长江水位回落后，本次探测成果和前次比较，反演结果一致性较好，所获得的地层高、低阻分布情况基本相同，变化主要体现在低阻区域范围变小，埋深有所降低。这也说明随着长江水位降低，堤身地下水位下降，堤防浅层土体视电阻率升高，原先渗水区低阻区域埋深明显下降，高富水异常区范围减小。

经对前后两次探测资料比对分析，充分揭示了长江水位变化条件下（9.40m 降至 4.34m）该段堤防物性变化情况，上述两种方法互相验证、互为补充，所揭示的渗流异常区域虽不完全一致，但吻合度较高，如图 10.9 所示。符合现场查勘实际情况，基本查明了过江隧道段大堤堤身内部的渗漏异常区域和堤后异常隐患区域。

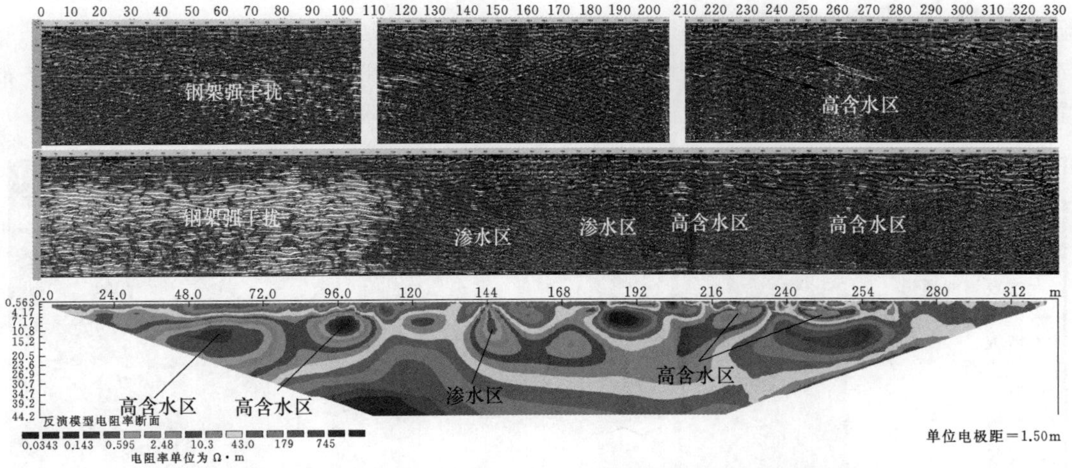


图 10.9　堤防低频雷达和高密度电法探测成果和解释剖面图像对比

### 10.3.4　渗漏通道探测案测

#### 10.3.4.1　磁电阻率法探测渗漏通道案例

磁电阻率法是基于地下水的导电性，在水流的进出口（或上、下游）供入某一频率电信号，采用先进的磁场感应技术追踪其自身导入地下的信号电流来判定疑似的或非地下水流通道，根据探测的结果对电流分布进行建模，最终达到对地下水流通道的定位。

目前在国外已经成功地进行了 180 多个渗漏探测项目，经实际验证效果优良，项目遍及欧美和非洲、东南亚等国家，项目包括水库大坝、河道堤防、尾矿坝、环境污染等的渗漏探测。国内也有数个水库试验采用该方法探测渗漏通道。

下面以韩国某水库为实例，介绍磁电阻率探测渗漏通道及其验证。

韩国 YD 混凝土面板堆石坝，高 70m，水库总容量为 8.15 亿 $m^3$，建设期为 1992—2001 年。如图 10.10 所示，大坝的结构由上游的黏土铺盖层、起防渗层作用的钢筋混凝土面、以砂砾物料铺砌的层理及过渡带，以及占大部分坝体的堆石区组成。

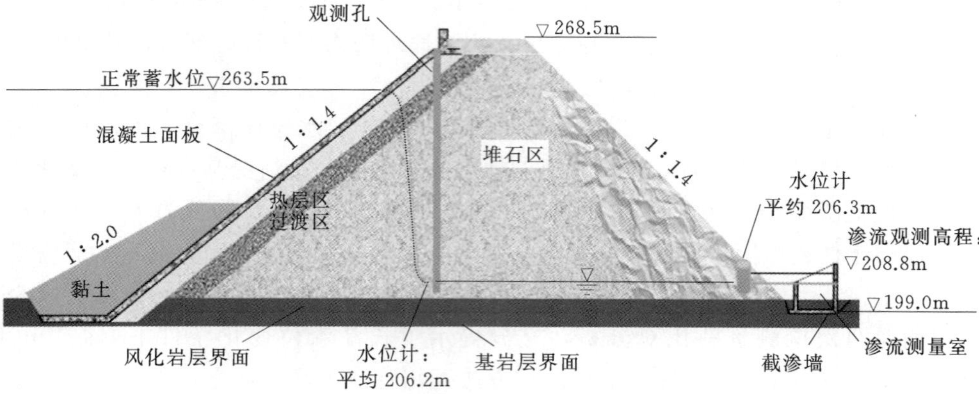


图 10.10 YD 水库大坝示意图

该区主要由前寒武纪变质岩和片状花岗岩组成。YD 坝址的地表沉积分布在山谷和河流底部。中生代沉积岩地区的冲积层发育不良，主要含有沙子、砾石和石砾。

渗漏通道探测工作布置分别如图 10.11 所示，采用水平电极布置方式，第一个电极布置在上游水库中，第二个电极则布置在大坝下游截渗沟的水中，在测区内形成回路。

图 10.11 渗漏通道探测平意图

1. 探测步骤

当电流选择其合程路径，地面测量上测因电流而产生的磁场。

(1) 绘制预测磁场等值线图。假定地下岩体为均匀介质，针对测区内的电极、电线位置和地形条件，通过建模计算来预测每个测点的磁场响应，可绘制预测磁场等值线图。

(2) 绘制实测磁场等值线图。根据水库野外采集的磁场数据，绘制测区的实测磁场等值线图。

(3) 绘制比率响应图。因测区现场干扰源较多，部分电流可能会在测区内的强导电体上汇聚，造成电流数据紊乱。比如金属栅栏、电线等，因此必须对干扰源进行滤除。将现场采集的磁场数据中去掉电流异常数据后与均质环境下的预测值进行对比，就可以绘制测区的比率响应图，图中可显示磁场的异常区域。

(4) 建立地下电流分布模型。因为磁场数据采集都是在地表进行的，而不是在渗漏通道的下面或者旁边采集，通过建模分析可推断优势渗漏通道的具体位置和高程。

2. 主要探测结果

(1) 有主、次两条渗漏通道。如图 10.11 所示，主要渗流通道为图中 $A\sim H$ 段，次要渗流通道为图中 1～2 段。

(2) 主要通道在标高 192m 附近，见 $M—M'$ 剖面；主要通道在标高 195m 附近，如图 10.12 所示。

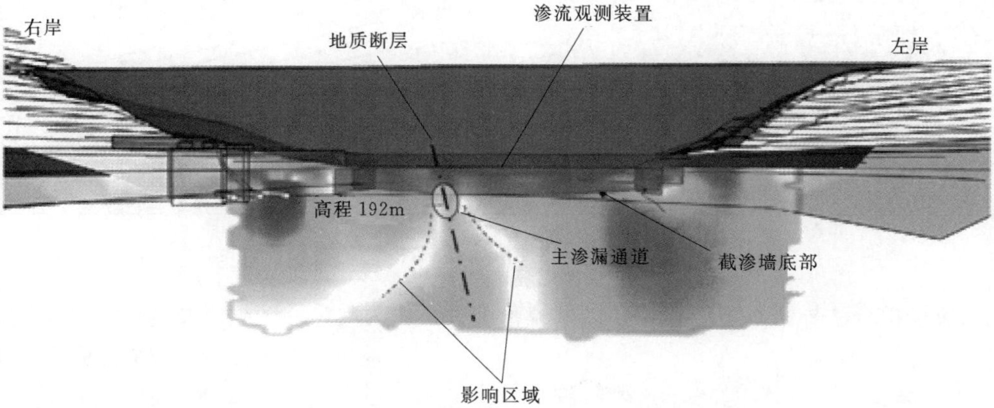


图 10.12　磁电阻率探测 $M—M'$ 剖面图

还对该水库开展了钻孔取样、路径试验、流向和速度试验、地震层析成像等工作。根据钻孔和取样结果，清楚地显示了地下有一个渗透性地质薄弱带（断层裂缝带）。高程为 194.9～185.8m，与探测量结果的初始渗漏路径预测结果吻合较好。

除此之外，还开展了电阻率测量探测试验，电阻率探测表明在防渗墙底部附近有低电阻率区，而渗流收集防渗墙显示整体低阻区。利用电阻率资料，有效地圈定了地下水位，但未能有效地提供地下水流通道。

从比较中可以看出，磁电阻率是探测地下渗流通道的技术。

#### 10.3.4.2　拟流场法探测渗流通道案例

以西南地区某水库为例，该水库工程区域内广布灰岩，以岩溶地貌为主。水库始建于

20 世纪 50 年代，1990 年扩建，水库枢纽建筑物有主坝、东副坝等。主坝为均质坝，扩建时用黏土斜墙与原坝体相连接，形成上游防渗体，下游培厚部分用石灰岩风化料填筑。东副坝坝型为黏土均质坝，原坝高 9.3m，扩建后东副坝高 15.6m，坝型仍为均质黏土坝。

水库扩建后，主坝坝后渗漏量一直较大，实测最大渗漏量达 28.3L/s，东副坝也存在不同程度的渗漏。主坝右侧坝面靠坝肩处自 2006 年开始出现局部沉陷，面积约 $63m^2$。2017 年，水库管理人员巡查发现主坝坝脚右侧下游 23m 处新出现一渗漏点，出水为承压状，且有土颗粒带出，渗漏量为 3～5L/s。此外，监测时段内量水堰通过的渗流量为 3.79～32.14L/s，高水位情况下的坝后渗漏量较一般工程经验明显偏大；水库渗漏量与库水位相关性明显，相关系数为 0.78。综合以上情况，判定水库极大可能存在渗漏通道。

采用拟流场法探查，仪器为湖南继善高科 DB-3A 型堤坝管涌渗漏检测仪。测点布置于主坝、东副坝库区，测线布置近平行于大坝，测线间距一般为 5～20m，测点距为 5m，共计布置了 23 条剖面，其中主坝库区 12 条（记为 $H_1$～$H_{12}$），东副坝库区 11 条（记为 $F_1$～$F_{11}$），具体布置如图 10.13 所示。

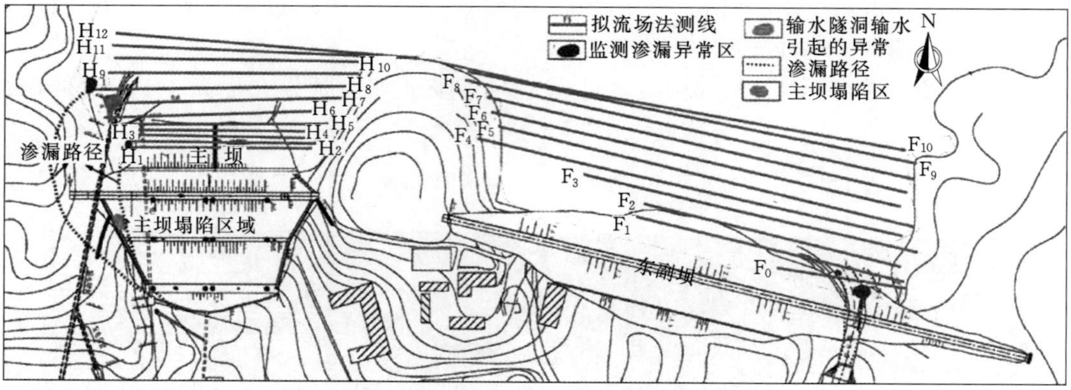


图 10.13 伪随机流场法测线布置

拟流场拟合法异常判定依据主要以电流密度大小作为判定的依据。图 10.14 是拟流场法现场工作图。根据测试成果，测区电流密度正常值范围为 $1\sim15A/m^2$，异常部位电流密度表现为高值异常，为正常值的 3 倍甚至 10 倍以上，通常渗漏进水口电流密度曲线呈“峰”形。

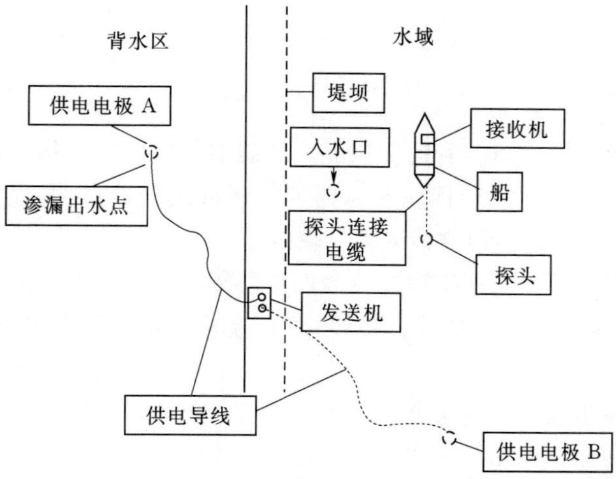


图 10.14 拟流场法现场工作图

对各剖面成果做简要的分析，电流密度剖面成果及分析见表 10.5，代表剖面 $H_1$、$H_2$ 电流密度曲线如图 10.15 所示。

根据主坝检测成果，共发现 3 个高电流密度异常区，电流密度越

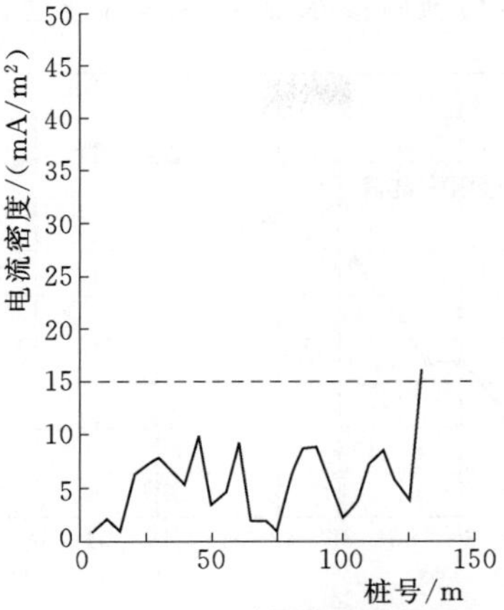

(a) $H_1$ 剖面物探成果图

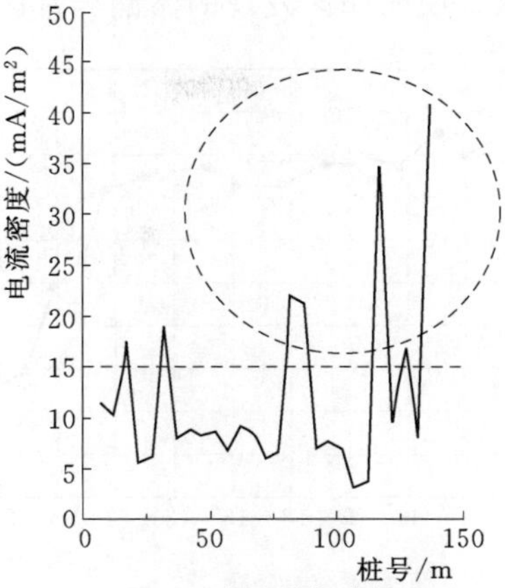

(b) $H_2$ 剖面物探成果图

图 10.15 典型剖面电流密度曲线

大，根据拟流场法原理，则越可能是坝后出逸点对应的渗漏入水口，见表 10.5。

表 10.5 各剖面拟流场法探测成果及分析

| 测线 | 长度/m | 桩号/m | 探测数据 | 分析结果 |
|---|---|---|---|---|
| $H_1$ | 125 | 5～125 | 电流密度值变化不大，在 1～16A/m² 之间 | 无明显异常反应，电流密度曲线如图 10.15（a）所示 |
| $H_2$ | 130 | 7～137 | 电流密度一般为 3～15A/m²，仅在 117～137m 段发现高电流密度异常 | 推测为渗漏异常区，电流密度曲线如图 10.15（b）所示 |
| $H_3$ | 140 | 6～146 | 电流密度一般为 7～17A/m²，桩号 126～146m 段段发现高电流密度异常 | 推测为渗漏异常区 |
| $H_4$ | 135 | 6～141 | 电流密度一般为 4～15A/m²，仅有少数跳点大于 15A/m² | 无明显渗漏异常反映 |
| $H_5$ | 145 | 5～150 | 电流密度值一般小于 10A/m²，仅在 40～55m 段电流密度大于 20A/m² | 推测该段可能存在渗漏 |
| $H_6$ | 160 | 5～170 | 电流密度值一般小于 10A/m²，仅在 146～161m 段电流密度大于 20A/m² | 推测该段可能存在渗漏 |
| $H_7$ | 165 | 5～170 | 电流密度值一般小于 10A/m²，仅在 150～170m 段电流密度大于 25A/m² | 推测该段可能存在渗漏 |
| $H_8$ | 180 | 5～185 | 电流密度值一般小于 10A/m²，仅在 175～185m 段，电流密度大于 20A/m² | 推测该段可能存在渗漏 |
| $H_9$～$H_{12}$ | — | — | 除少数跳点外，电流密度均小于 15A/m² | 均无明显渗漏异常反映 |

为验证拟流场法探测结果的正确性，在经拟流场法探测发现的渗漏异常区内投入大量食盐，随后在主坝坝后出水点位置进行水体电阻率测试，由于供电电极距和测量电极极距是固定的，因此只需将投盐前测试的水体电阻率值和投盐后连续观察的电阻率值进行对比分析就可以确定坝后渗出的水是否为投盐位置流入。

在发现的主坝渗漏异常区投入食盐，经过 22.7h 后，水体电阻率出现陡降的趋势，如

图 10.16 所示，说明库区发现的渗漏异常区水体与坝后渗水点水体具有连通性。

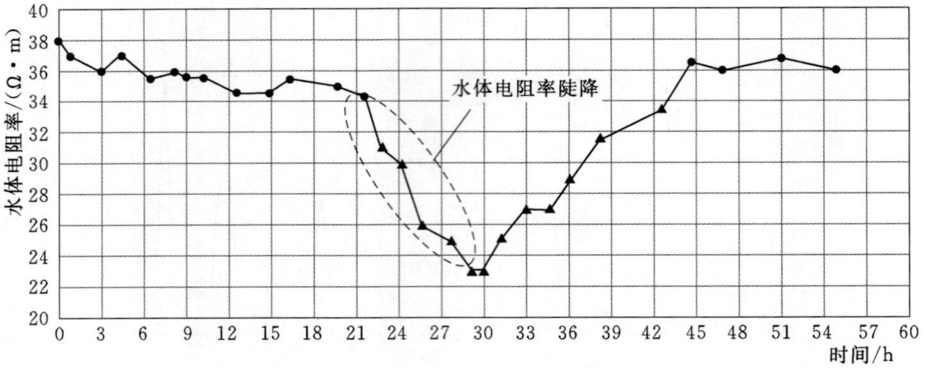


图 10.16 水体投盐前后电阻率连续观测成果图

# 参 考 文 献

[1] 郝燕洁，张建强，郭成超. 堤防工程险情探测与识别技术研究现状 [J]. 长江科学院院报，2019，36 (10)：73-78.

[2] 刘建刚. 堤基渗透变形理论与渗漏探测方法研究 [D]. 南京：河海大学，2002.

[3] 房纯纲，姚成林，贾永梅. 堤坝隐患及渗漏无损检测技术与仪器 [M]. 北京：中国水利水电出版社，2010.

[4] 贾海磊，李军，张敏，等. 高密度电法在堤防渗漏抢险探测中的应用 [J]. 水利水电技术，2018，49 (10)：165-172.

[5] 水利部黄河水利委员会黄河水利科学研究院. 堤防隐患探测规程：SL 436—2008 [S]. 北京：中国水利水电出版社，2008.

[6] 汤大祥，李军. 堤坝白蚁防治技术应用与推广 [R]. 南京：南京水利科学研究院，2013.

[7] 胡涛，贾军，陆俊，等. 基于示踪法的土石坝裂缝发育深度检测及成因分析 [J]. 人民长江，2019，7：201-205.

[8] 张凯馨，高文达，方致远. 基于伪随机流场法的岩溶地区土石坝渗漏检测 [J]. 中国水利，2018，20：46-49.

[9] Park D S，Jessop M L. Validation of a new magnetometric survey for mapping 3D subsurface leakage paths [J]. Geosciences Journal，2018，22 (6)：891-902.

# 第11章 滑 坡 勘 查

## 11.1 滑坡及其分类

滑坡是依附于其内在软弱结构面（带）的地表斜坡岩土体，在自然地质作用和人类活动作用下，失去原有平衡条件而产生的以水平位移为主、直接或间接的危害人类安全和生态环境平衡，并给社会和经济建设造成一定损失的整体移动事件。

滑坡是在一定的地质环境中发生的，其起始必要条件与滑坡工程地质条件密切相关。滑坡的机理受控于一定的岩土组合类型、结构类型、斜坡形态以及结构面组合与临空面的关系。一般来说，相似条件下的滑坡机理大致相同，而不同条件下的滑坡机理则有所差异。滑坡按岩土体和结构因素分类见表11.1。

表11.1　滑坡岩土体和结构因素分类

| 类型 | 亚　类 | 特　征　描　述 |
|---|---|---|
| 堆积层（土质）滑坡 | 滑坡堆积体滑坡 | 由前期滑坡形成的块碎石堆积体，沿下伏基石顶面或滑坡体内软弱面滑动 |
| | 崩塌堆积体滑坡 | 由前期崩塌形成的块碎石堆积体，沿下伏基岩顶面或滑坡体内软弱面滑动 |
| | 黄土滑坡 | 由黄土构成，大多发生在黄土中，或沿下伏基岩滑动 |
| | 黏土滑坡 | 由具有特殊性质的黏土构成。如昔格达组、成都黏土等 |
| | 残坡积层滑坡 | 由基岩风化壳、残坡积土等构成，通常为浅表层滑动 |
| | 冰水（碛）堆积物滑坡 | 冰川消融沉积的松散堆积物，沿下伏基石或滑坡体内软弱面滑动 |
| | 人工填土滑坡 | 由人工开挖堆填弃渣构成，沿下伏基石或滑坡体内软弱面滑动 |
| 岩质滑坡 | 近水平状滑坡 | 沿缓倾岩层或裂隙滑动，滑动面倾角不大于10° |
| | 顺层滑坡 | 沿顺坡岩层层面滑动 |
| | 切层滑坡 | 沿倾向坡外的软弱面滑动，滑动面与岩层层面相切 |
| | 逆层滑坡 | 沿倾向坡外的软弱面滑动，岩层倾向山内，滑动面与岩层层面倾向相反 |
| | 楔体滑坡 | 厚层块状结构岩体中多组弱面切割分离的楔状体滑动 |
| 变形体 | 岩质变形体 | 由岩体构成，受多组软弱面控制，存在潜在滑面，已发生局部变形破坏，但边界特征不明显 |
| | 堆积层变形体 | 由堆积体构成（包括土体），以蠕滑变形为主，边界特征不明显 |

对具体滑坡而言，是否产生整体移动，则尚需考虑重力以及其他应力作用如何而定。滑坡稳定性评价应根据滑动面类型和物质组成选用恰当的方法。

1. 堆积层（土质）滑坡

堆积层（土质）滑坡包括两种滑动面类型：

（1）折线型滑动面。用传递系数法进行稳定性评价和推力计算，可用摩根斯顿-普赖斯法（Morgenstern - Price）等方法进行校核。

（2）圆弧形滑动面。用毕肖普法（Bishop）进行稳定性评价和推力计算，可用摩根斯顿-普赖斯法（Morgenstern - Price）等方法进行校核。

2. 岩质滑坡

岩质滑坡包括3种滑动面类型：

（1）折线型滑动面。用传递系数法进行稳定性评价和推力计算，可用摩根斯顿-普赖斯法（Morgenstern - Price）等方法进行校核。

（2）单一平面滑动面。用二维块体极限平衡法进行稳定性评价和推力计算。

（3）多组弱面组合滑动面。用二维块体极限平衡法进行稳定性评价和推力计算，宜用三维块体极限平衡法进行校核。

## 11.2 水对边坡稳定的影响

边坡的变形破坏不是单纯的动力地质现象，它的发生和发展是极其错综复杂的。影响边坡稳定的因素很多，大量滑坡实例表明，绝大部分滑坡都发生在降雨期间或降雨之后。边坡岩性、结构面特性等因素是影响边坡稳定的内因，然而水将直接影响边坡岩土体的性质、结构面的强度等因素，从而改变边坡的受力极限平衡状态。水是导致失稳的直接因素之一，主要以降雨、地表水、地下水形式作用于边坡。

降雨除对边坡起冲刷作用外，雨水的渗入使边坡岩体的容重增大，进而增大滑动力；同时，水还会对岩土的力学特性产生影响，主要体现在两个方面：一是水的物理化学作用，如地下水对岩体产生软化作用，导致岩体抗压强度降低，地下水的润滑作用使岩土体的内摩擦角减小。使岩体的物理力学性质发生变化；二是水的力学效应，通过水的静水压力和动水压力作用使岩体发生劈裂扩展、剪切变形和位移，使岩体抗剪强度和黏聚力降低。

（1）对于均匀的土质边坡，随着雨水的渗入，表层土体含水量逐渐增加，随着水逐渐向下渗透，从而使得原土体的浸润线快速升高。部分经历非饱和到饱和的过程。由非饱和土的强度理论可知，土体含水量增加，土体中的负孔隙水压力（基质吸力）降低，根据Fredlund非饱和土理论，土体的负孔隙水压力对强度有贡献。随降雨的持续，土体含水量增加，负孔压降低，土体强度也会有所下降。

（2）岩石边坡内部一般会含有众多的节理、裂隙等不连续构造。水对其影响表现在以下几个方面：①裂隙中的地下水会以渗透压力和水头压力的方式作用在裂隙的两个表面上，这不仅会使沿裂隙面法向的有效应力减少，还会降低缝面的摩擦系数，从而降低裂隙的强度；②当岩体中有泥质充填物的断层、层间错动带以及节理裂隙时，充填物质遇水软化，使结构面抗剪强度显著降低。

（3）除了上述渗流引起的滑坡，还有一种水位骤降引起的滑坡。库区边波及浸泡中堤防，在水位快速下降时，容易产生这种滑坡。一方面，水位骤降，导致孔隙水压激增，有效应力明显降低；另一方面，水位下降过程中会产生沿着坡脚方向的渗透拖曳力，在很大程度上增加了边坡的滑动力。并且下降速率越快，稳定系数降低越多。

因此，滑坡稳定性评价时，应考虑水的影响，相关规范规定，地下水位以下范围水压力按下列方法计算：①当滑坡体渗透系数大于 $1\times10^{-7}$ m/s 时，应计算渗透压力；②当滑坡体渗透系数小于 $1\times10^{-7}$ m/s 时，可不计算渗透压力；③对岩体完整或较完整、滑面缓坝、后缘有陡倾裂隙的岩质滑坡，应考虑降雨入渗在后缘裂隙形成的静水压力，以及在滑面形成的扬压力和超孔隙水压力。

## 11.3 滑坡勘查中解决的主要地质问题

1. 勘查的基本要求

（1）调查滑坡区的自然地理条件。

（2）调查滑坡区的地层岩性、地质构造、水文地质、工程地质特征，查明滑坡的发育形成条件。

（3）查明滑坡类型、性质、规模、成因与形成条件。

（4）查明滑坡床的形状、埋深与特征。

（5）查明滑坡体中地下水的位置、层数、涌水量和补给源等。

（6）查明滑坡的发育阶段、稳定程度及滑坡继续发展的可能性。

（7）查清影响滑坡稳定性的主要因素及其作用方式。

（8）进行岩土体样品工程地质试验，确定滑坡岩（土）体的颗粒密度、天然含水率、压缩系数及抗压强度、确定滑动面（带）岩（土）体。

2. 地球物理勘查解决的主要地质问题

（1）查明滑坡体（或滑坡群）的边界、前后缘位置。

（2）推测滑动面的深度，确定基岩顶板埋深，滑床形态。

（3）确定滑坡各物性层的厚度和埋深。

（4）查明地下水的分布形态和流向、流速，了解含水层和隔水层的分布、厚度、性质及其变化。

（5）探测结构面和滑动面（带）的深度及形态变化。

（6）探测滑坡体（或滑坡群）的地层结构，判断异常介体的存在，并估算其埋深。

（7）评价岩体的完整性和强度，探测张开裂隙延展深度等。

## 11.4 滑坡勘查的电磁类方法

针对滑坡体勘查中需解决的主要地质问题，根据各种电磁类方法的适用性，应用条件及经济、技术特点，可选择相应的方法进行勘查，见表 11.2。

表 11.2　　滑坡勘查的电磁类方法选择表

| 法名称 | | 解决问题 | 应用条件 | 经济、技术特点 |
|---|---|---|---|---|
| 直流电法 | 自然电位法 | 1. 探测滑坡体地下水、流向，确定滑坡体边界；<br>2. 分析滑坡的活动性；<br>3. 探测隐伏断层、破碎带位置 | 1. 受地形、环境影响较小；<br>2. 适合地下水位较浅的地方工作 | 方法简便、资料直观，成本低 |
| | 充电法 | 1. 探测滑坡体地下水流速、流向；<br>2. 监测滑坡体位移 | 受地形、环境影响较小 | 方法简便，对一些特殊问题，如地下水活动，位移监测有显效；成本低 |
| | 电阻率剖面法 | 1. 探测隐伏断层、破碎带的位置；<br>2. 探测隐伏地下洞穴的位置、埋深，判断充填状况；<br>3. 探测拉张裂缝的位置、充填状况 | 地形起伏小，要求场地宽敞 | 资料简单、直观，工作效率高，以定性解释为主；成本低 |
| | 电阻率测深法 | 1. 测定覆盖层厚度，确定基岩面形态；<br>2. 划分基岩风化带，确定其厚度；<br>3. 探测滑坡体的岩性结构，岩性接触关系；<br>4. 测定滑坡堆积体的厚度，确定堆积床形态 | 1. 地形无剧烈变化；<br>2. 电性变化大且地层倾角较陡地区不宜 | 方法简单、成熟，较普及；资料直观，定性定量解释方法均较成熟；成本较低 |
| | 激发极化法 | 1. 测定地下水位埋深；<br>2. 探测隐伏断层，破碎带位置，含水特征；<br>3. 探测滑坡体软弱夹层或滑面埋深 | 1. 地形影响小，要求一定工作场地；<br>2. 适合岩性变化较小的地方工作 | 是研究岩石极化特征的方法，可以提供一些特殊信息，但机理较复杂，需认真分析；成本适中 |
| | 高密度电阻率法 | 1. 探测隐伏断层、裂隙带位置、产状、性质；<br>2. 探测后缘拉张裂隙、前缘鼓胀裂缝的位置、产状及充填状况；<br>3. 测定覆盖层厚度，确定基岩面形态；<br>4. 划分基岩风化带，确定其厚度；<br>5. 探测滑坡体地层结构，岩性接触关系；<br>6. 测定滑坡堆积体的厚度，确定堆积床形态 | 1. 地形无剧烈变化，要求有一定场地条件；<br>2. 勘查深度一般较小，小于150m | 兼具剖面、测深功能，装置形式多样，分辨率相对较高，质量可靠，资料为二维结果，信息丰富，便于整体分析，定量解释能力强；成本较高 |
| 电磁法 | 音频大地电磁法 | 1. 探测隐伏断层、破碎带的位置；<br>2. 探测拉张裂缝的位置 | 1. 受地形、场地限制小；<br>2. 天然场变化影响大时不宜工作；<br>3. 输电线、变压器附近不宜工作 | 仪器轻便，方法简单，适合地形复杂区工作，资料直观，以定性解释为主，适于初勘工作；成本低 |
| | 甚低频电磁法 | 1. 探测隐伏断层、破碎带的位置；<br>2. 探测拉张裂缝的位置 | 1. 有效探测深度较小，一般数10m；<br>2. 受电力传输线干扰，易形成假异常 | 被动源电磁法，较轻便，受地形限制较小，以定性解释为主，成本低 |

续表

| 法名称 | | 解决问题 | 应用条件 | 经济、技术特点 |
|---|---|---|---|---|
| 电磁法 | 瞬变电磁法 | 1. 探测隐伏断层、破碎带的位置、产状、性质；<br>2. 探测覆盖层厚度，确定基岩面形态；<br>3. 划分基岩风化带，确定其厚度；<br>4. 探测滑坡体的地层结构，岩性接触关系；<br>5. 探测滑坡堆积体的厚度，确定堆积床形态 | 1. 受地形、接地电阻影响小；<br>2. 电网密集、流散电流区不宜工作 | 静态影响和地形影响较小；对低阻体反应灵敏；工作方式灵活多样；成本适中 |
| | 探地雷达 | 1. 探测隐伏断层、破碎带的位置、产状、性质；<br>2. 探测拉张裂缝的位置、产状、性质；<br>3. 探测覆盖层厚度、确定基岩面形态；<br>4. 划分基岩风化带，确定其厚度；<br>5. 测定滑动面的埋深和形态；<br>6. 探测滑坡体地层结构，岩性接触关系；<br>7. 探测滑坡体堆积体的厚度、确定堆积床形态 | 1. 受地形、场地限制较小；<br>2. 勘探深度较小，最大深度 30～50m | 具有较高的分辨率，适用范围广；成本较高 |

# 11.5 滑坡勘查应用实例

## 11.5.1 高密度电法在滑坡勘查中的应用

1. 勘查区地质条件

该区域表层主要以残坡积物以及强、中等风化的花岗岩为主，在电性上表现为低电阻率反映，下部基岩为花岗岩，在电性上表现为高电阻率反映。

2. 测线布置

本次高密度电法平行布置了两条测线，其中 L1 测线布设 47 个电极，电极间距 2.5m，L2 测线布设 50 个电极，电极间距也为 2.5m。

3. 数据分析与解释

图 11.1 为本次工作的 L1 线高密度电法成果剖面图。从图 11.1 中可以看出，该剖面覆盖层厚度变化相对较大，其中残坡积物及强、中等风化的花岗岩厚度在 3～15m；其电阻率值较高，为 400～1500Ω·m，解释为基岩，在 TJ1 和 ZK1 附近呈现高阻闭合圈，电阻率值在 400～1000Ω·m；在 TJ1 的上坡方向标高＋495～＋510m 的位置存在一低阻带，电阻率值在 50Ω·m 以下，且覆盖层的厚度相对较大，厚度在 10～15m，可能为残坡积物的滑体。

图 11.2 为本次工作的 L2 线高密度电法成果剖面图。从图 11.2 中可以看出，L2 测线

地形起伏较大。覆盖层厚度变化也相对较大，残坡积物及强、中等风化的花岗岩厚度在3～20m；基岩电阻率值在400～1500Ω·m；在CT4和ZK5区域的表层以及TJ2附近呈现高阻闭合圈，电阻率值在400～800Ω·m；在ZK4附近出现一低电阻率条带，且其值在50Ω·m以下，覆盖层的厚度大约为20m。

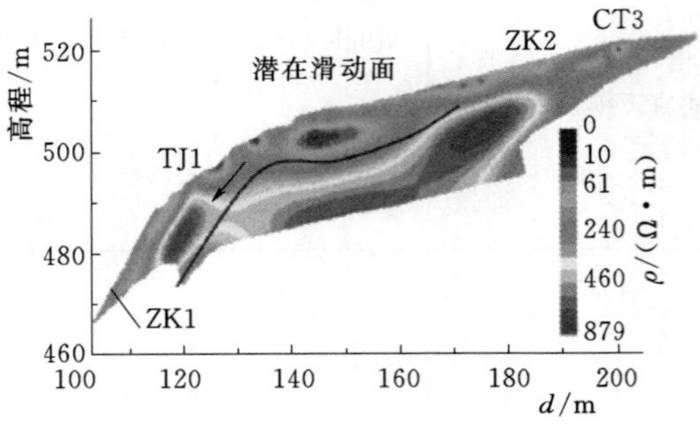


图11.1 L1线高密度电法成果剖面图

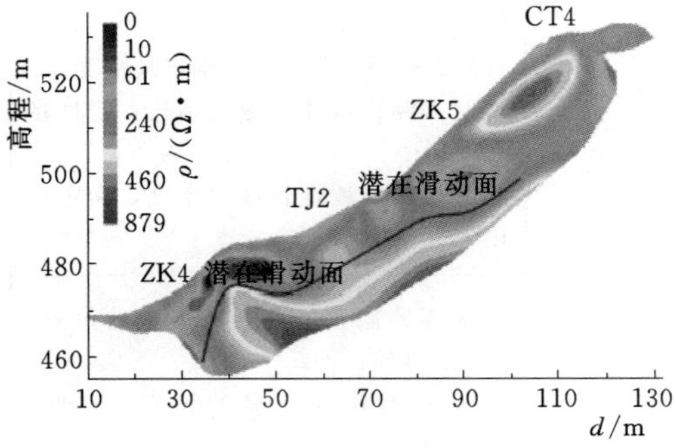


图11.2 L2线高密度电法成果剖面图

4. 探测分析成果

在高密度电法L1、L2线的基础上还开展了地震反射共偏移法，两种方法推断的结果基本吻合，后经钻探验证，证实了两种物探方法推断成果的准确性。基本查清了该区域的滑坡发育状况，为下一步治理提供了良好的地质依据。

### 11.5.2 大地电磁测深法在滑坡勘查中的应用

1. 工程及地质概况

研究区出露的地层主要为三叠系上统小定西组一段、侏罗系中统花开左组下段、上统坝注路组、白垩系下统景星组下段及第四系。

2. 方法技术

采用高频大地电磁测深法。该方法基于EH-4电导率成像系统，配置特殊的人工电磁波发射源，发射频率从500Hz～100kHz，专门用来弥补大地电磁法的寂静区和几百赫兹附近的人文电磁干扰谐波；采集频率范围10～$1\times10^5$Hz。进行电导率连续剖面观测，对每个测点电磁场正交分量进行观测，得出相互正交的时域电场分量$E_x$、$E_y$和磁场分量$H_x$、$H_y$。

3. 资料处理

通过对时间域两个电场分量$E_x$、$E_y$和两个磁场分量$H_x$、$H_y$进行傅氏变换，转换为电磁场频域的实分量、虚分量。然后计算各频带的视电阻率、$E-H$振幅、相位差及全信息相干度等，并实时显示一维图像。

4. 成果分析

图11.3为本次工作的3线电导率成像反演剖面图。从图11.3中可以看出，该剖面上表层电阻率变化不大，根据ZK42在68.80m处见到基岩，以68.8m所处的电阻率等值线140Ω·m为界来划分堆积体和基岩，堆积体平均深度为60～70m。

为了验证本次勘察的精度，在1025点附近设计了一个验证钻孔，钻孔布置在距测线

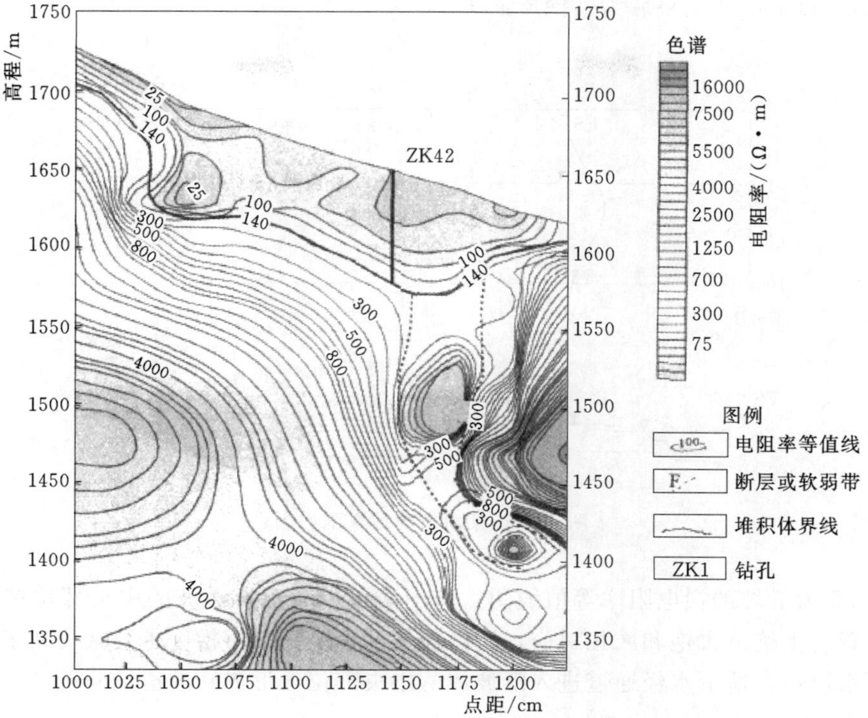


图 11.3 3线大地电磁法视电阻率等值线剖面图

约 15m 远的位置。根据钻孔资料显示，在地下 40m 处见到基岩，40m 以下比较均匀、完整。EH-4 推测的堆积体厚度为 30m，考虑到钻孔位置并不在测线上，可以认为钻孔资料与物探解释成果吻合较好。

### 11.5.3 电剖面和电测深结合勘探在滑坡勘查中的应用

1. 地球物理前提

在滑动带内，岩石已经风化，其天然结构遭到破坏，矿物组分发生了变化；同时，含水量和孔隙水含盐量也增大。这些变化导致滑坡体的岩石电阻率降低。这就为采用电剖面法和电测深应用于滑坡勘探提供了良好的地球物理前提。

2. 探测方法

用电剖面法主要是探测同一深度上地电断面的视电阻率的水平变化，由低电阻率异常推断含水量增多的地段和地下水赋存的大致深度。用电测深法主要是为了探测测点处不同深度上视电阻率的变化。电测深曲线类型，在滑坡体范围内表现为 H 型，在滑坡体外表现为其他类型。由 H 型曲线的分布区则可圈定滑坡体的范围。

3. 成果分析

图 11.4 为某滑坡的地电剖面图，从图中可以看出，电测深曲线普遍为三层的 H 型曲线。其解释结果为：第一层由比较干燥的沉积物组成，其视电阻率约为 20Ω·m，第二层是滑坡体的主要部分，但由于含水量大，视电阻率相对较低，只有约 5Ω·m，第三层是未受滑坡作用的黏土质岩石，其视电阻率值相对较高，与第一层的数量级相当（100～

200Ω·m），以上推断结果后为钻探所证实。

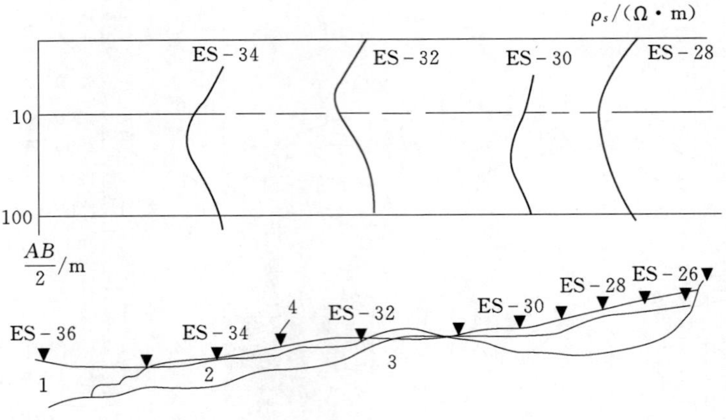


图 11.4　某滑坡的地电剖面图

图 11.5 为滑坡的视电阻率等值线图，从图中可以看出，滑坡的中央部位视电阻率低值异常位置与土壤最大饱和区相对应，测区西北部视电阻率值梯度带异常反映了异常处存在一地下水通道，地下水经通道进入滑坡体的中央部位，形成新的滑坡断壁。

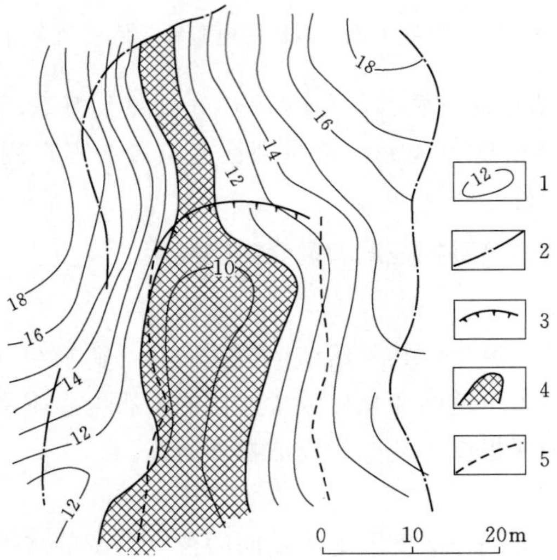


图 11.5　某滑坡视电阻率等值线图

1—等值线；2—古滑坡边界；3—现代滑坡断壁；4—过分湿润带；5—现代滑坡边界

## 参　考　文　献


[1]　周荣官，晏琮良. 物探在地质灾害勘查中的应用与研究［M］. 南京：河海大学出版社，2013.

[2]　雷卓翰，潘玉玲，杨熹云. 地球物理勘探及地球化学勘探方法在城市建设中的应用［M］. 北京：地质出版社，2006.

［3］ 刘传正. 地质灾害勘查指南［M］. 北京：地质出版社，2000.

［4］ 郭建强. 地质灾害勘查地球物理技术手册［M］. 北京：地质出版社，2003.

［5］ 陈仲候，王兴泰，杜世汉. 工程与环境物探教程［M］. 北京：地质出版社，1993.

［6］ 周官群，翟福勤，郝志超，等. 高密度电阻率法及地震反射共偏移法在九华山滑坡体探查中的应用［J］. 物探与化探，2015，39（4）：872－876.

［7］ 程光贵，康世海. EH4法在探测深厚滑坡堆积体中的应用［J］. 工程勘察，2013（12）：78－82.

［8］ 江玉乐，周清强，黄鑫，等. 高密度电阻率法在滑坡探测中的应用［J］. 成都理工大学学报：自然科学版，2008，35（5）：542－546.

［9］ 龙建辉，李同录，张钊. 电阻率法探测黄土滑坡滑动面（带）的试验研究［J］. 工程地质学报，2007，15（2）：268－272.

［10］ 中华人民共和国国家质量监督检验检疫总局，中国国家标准化管理委员会. 滑坡防治工程勘查规范：GB/T 32864—2016［S］. 北京：中国标准出版社，2017.

# 第 12 章　水工混凝土结构病害探测

在水工建筑物中，最常见的是混凝土结构，如闸坝、输水隧洞、渡槽等。混凝土结构缺陷与病害，影响着这些水工建筑物功能正常运行，严重的会威胁工程的安全。适时准确地探测混凝土结构中的隐患，可以及时地除险、修复与加固，保证水工建筑物安全、有效的运行。

## 12.1　混凝土缺陷与病害

建筑物在正常运行和正常维护的情况下，常由于物质磨损和自然侵蚀，导致建筑物功能部分丧失，而产生缺陷与病害。混凝土建筑物病害从现象上看主要有裂缝、渗漏、剥蚀、混凝土碳化等，另外钢筋混凝土结构还存在钢筋的锈蚀现象。

裂缝是混凝土建筑物最普遍、最常见的病害之一，不发生裂缝的混凝土结构是极少的，而且混凝土裂缝往往是多种因素联合作用的结果。裂缝对水工混凝土建筑物的危害程度不一，严重的裂缝不仅危害建筑物的整体性和稳定性，而且还会产生大量的漏水，使水工建筑物的安全运行受到严重威胁。另外，裂缝往往会引起其他病害的发生与发展，如渗漏溶蚀、环境水侵蚀、冻融破坏及钢筋锈蚀等。这些病害与裂缝形成恶性循环，会对混凝土建筑物的耐久性产生很大危害。

由于混凝土当中有许多微小的孔结构，在日常使用当中和外界有一定的压力差，就必然有液体或者气体由高压处向低压处渗透，这种现象就是混凝土的渗透性。这些渗透进来的有害气体或者液体会和混凝土反应，从而降低混凝土的耐久性，所以混凝土的渗透性与混凝土的抗碳化能力、抗腐蚀能力、抗冻融能力都有密切的关系。Mehta 教授在 1991 年召开的第二届国际混凝土耐久性会议上主旨报告中指出：当今的混凝土破坏原因，按重要性排列，首先是钢筋锈蚀、冻害、物理化学作用。可见冻害是影响混凝土耐久性的重要因素。由于混凝土中气体和液体的渗透主要通过气孔来进行，渗透性的强弱，取决于混凝土的孔结构、孔的大小和空隙率。所以从抗渗角度尽量减少孔才是最重要的，另外和孔结构密切相关的就是混凝土的冻融破坏。

碳化是水泥石中的水化产物与环境中的 $CO_2$ 相互作用的一个复杂的物理化学过程。一方面混凝土的碳化可能是有利的，因为 $CO_2$ 与不同水化产物反应生成碳酸钙，部分填充了混凝土的空隙，改善了混凝土的力学性能，增强其抗渗透性和抗化学腐蚀的能力；另一方面，伴随着碳化，使混凝土的碱度降低，从而失去对钢筋的保护作用，是一般大气环境下混凝土内部钢筋锈蚀的前提条件。混凝土的碳化是建筑物最为典型的劣化特征。

钢筋锈蚀在房屋建筑、公路、桥梁、大坝等混凝土结构中大量存在，是混凝土结构耐久性的一个主要问题。混凝土中水泥水化后在钢筋表面形成一层致密的钝化膜，故在正常情况下钢筋不会锈蚀，但处于混凝土液相介质中的钢筋通常具备了电化学腐蚀的条件，当钝化膜破坏之后，有反应需要的水和氧气时，钢筋便开始锈蚀。锈蚀作用不仅导致了钢筋截面面积的削弱、力学性能的退化，且将由于锈蚀产物密度小于钢筋密度而产生体积膨胀，致使混凝土保护层开裂、脱落，削弱了钢筋和混凝土的共同作用。随着保护层的不断开裂、脱落，混凝土逐步失去对钢筋的保护作用，锈蚀进一步形成恶性循环，其直接危害是使构件服役效果锐减，严重影响混凝土结构物正常使用性能。

## 12.2 混凝土质量与病害检测方法

### 12.2.1 混凝土常规质量检测

1. 混凝土强度检测

混凝土强度检测是混凝土老化病害检测的主要指标，其强度的检测结果可直接通过计算判断结构的安全性。目前普遍采用的方法为直接取芯样的破损检测和间接分析的拉拔、贯入阻力、回弹、超声回弹及核子等无损检测方法。

(1) 取芯法。采用混凝土取样机直接钻孔取芯样检测混凝土抗压强度是目前最直观可靠的混凝土强度检测手段。

(2) 回弹、综合法。回弹法常被认定为非破损检测的基本方法之一。综合法是利用回弹仪和超声波仪联合测定混凝土强度将回弹、超声法优点充分发挥，使检测精度有所提高。

(3) 贯入阻力法。贯入阻力法检测混凝土抗压强度，是通过精确控制的动力将一支特制的射钉射入混凝土中，根据混凝土对射钉的贯入阻力来推求混凝土强度。

2. 钢筋保护层厚度

混凝土保护层厚度检测可采用钢筋探测仪普测（非破损）和局部开凿（微破损）相结合的方法。钢筋探测仪有电磁法钢筋探测仪和雷达法钢筋探测仪两种，前者又分为应用电磁感应的钢筋探测仪和应用涡流效应的钢筋探测仪。

### 12.2.2 混凝土缺陷与病害检测

水工混凝土建筑物老化病害的检测，是一项比较复杂的现场测试工作，涉及仪器性能、检测试验方法、数据可靠性、检测费用等多方面问题，检测的重点应该是混凝土强度、碳化深度、氯离子含量及裂缝等耐久性指标，检测的难点是钢筋锈蚀的判断、小尺寸混凝土构件的强度，检测技术的发展方向是混凝土结构的无破损检测。

1. 混凝土的碳化检测

混凝土的碳化是介质与混凝土相互作用的一种广泛的形式。最典型的例子是大气中的二氧化碳气体对混凝土的作用。用化学方程式可写成

$$Ca(OH)_2+CO_2H_2O\longrightarrow CaCO_2+H_2O$$

检测混凝土碳化深度，即在选定的检测位置将混凝土凿开，孔内清扫干净后，向孔内喷洒1%浓度的酚酞试液，喷洒液量以表面均匀、湿润为准。喷洒酚酞试液后，未碳化的

混凝土变为红色，已碳化的混凝土不变色。测量变色混凝土前缘至构件表面的垂直厚度即为碳化深度。

2. 混凝土的冲磨破坏

许多江河含沙量大，推移质泥沙粒径达数十厘米，大者超过 1m，是造成水工混凝土冲磨破坏的最主要介质。进行检测时，可根据水工建筑物各构件上所留下的擦痕或沟槽进行观测。

3. 混凝土的冻融破坏

混凝土的冻融破坏是指：在水饱和或潮湿状态下，由于温度正负变化，建筑物已硬化的混凝土内部孔隙结冻膨胀，融解松弛，产生疲劳应力，造成混凝土由表及里逐渐剥蚀的破坏现象。

混凝土冻融试验是以快冻法进行。冻结时，混凝土试件的中心温度为－17～－15℃，融化时，试件中心温度为 6～8℃。一次冻融循环 3h 左右，试件在冻结和融化过程均处于全浸水状态（即饱和状态）。常采用的冻融试验机有日本生产的 ATM 全自动混凝土试验机。另外，还可采用混凝土的饱和面干吸水率的变化来从侧面反映混凝土在冻融过程中的变化。

混凝土冻融破坏过程中水化产物的形态和结构可采用扫描电子显微镜来观测，放大倍数一般为 1000～3000，也可达 5000，混凝土冻融过程中对水化产物的影响是通过 X 射线衍射峰值试验进行的，由于 X 射线对不同的结晶体有不同的衍射特性，因此，通过衍射峰值的大小即可比较水泥混凝土中水化产物的相对含量。

4. 钢筋的锈蚀

目前国内外采用较多的电化学检测手段为混凝土表面的等电位势的测试，测绘出一定范围混凝土表面等电位图和诱发钢筋锈蚀的临界电位值。因混凝土结构的环境条件如湿度、表面是否维修处理等因素而有所不同，需通过破损试验验证。钢筋锈蚀等电位测试方法可以判断混凝土中是否存在活动的电流运动，是一种辅助的检测手段，不能仅凭此值判断钢筋是否锈蚀。鉴别和评定钢筋锈蚀的方法可以分为两类：判别法和现场实测法。判别法是以已有的研究成果为基础，结合现场测到的其他有关资料，推断钢筋的锈蚀速度或锈蚀量。

5. 混凝土的裂缝

裂缝是水工混凝土中最常见的病害之一。在当今土木工程建设中，任何混凝土构件都是带裂缝工作的。裂缝的存在和扩展，使相应部位构件的承载力受到一定程度的削弱。同时，结构物裂缝还会引起渗漏、保护层剥落、钢筋腐蚀、混凝土碳化、持久强度降低等。另外结构物的破坏常常是从裂缝开始的。我们常把裂缝的存在视作结构物濒临破坏的危险征兆。

混凝土构件裂缝的检查方法，依《水工混凝土试验规程》(SL 352—2018)，现场质量检测，常用的有超声波法，可分为：

(1) 平测法。使用非金属超声波探测仪根据声波沿最佳路径、最短声程传播的几何特性（费马定理来进行），只能测量无筋或少筋混凝土建筑物中浓度不大于 50cm 的裂缝，而且裂缝中有水时，该法不适用。

（2）对测法。在有条件钻孔时，可采用此法测量无筋或少筋混凝土裂缝。该法即若超声波传播路径被裂缝截断，则超声波能量大部分将被反射，只有少量的能量传播到接受换能器。根据接受信号的振幅、波形的突变可判断裂缝的存在，从而测得其浓度。此外还有面波、冲击回波等方法。

6. 混凝土不密实

混凝土在浇筑过程中振捣不密实，上部混凝土浇筑完成后在自重作用下下沉，以及周边岩土变形等原因，容易造成混凝土内部及接触界面处产生空洞与不密实现象，这种不密实常采地质雷达、声波透射法的方法探测。

7. 渗漏

水工建筑物在修建和运行过程中，存在着不同程度的渗漏问题，影响到水工建筑物的正常效用和混凝土本身的耐久性。水工混凝土建筑物的渗漏在水工建筑物各种损坏现象当中属于比较常见的一大病害，按其发生的部位不同，可分为建筑物本身渗漏、基础渗漏、底板与基础接触面渗漏以及侧绕渗漏等几种。渗漏的探测与堤防类似，可以采用电阻法等电磁法探测。

## 12.3 混凝土坝内部裂缝探测

### 12.3.1 混凝土坝裂缝产生

混凝土具有抗压强度高、重度大等优点，然而混凝土大坝的开裂却是一个不可回避的事实。在水利工程中，大坝开裂是普遍现象，裂缝的产生不仅会使大坝出现渗漏问题，而且还会腐蚀钢筋，最终威胁大坝的整体性和稳定性。

影响混凝土大坝裂缝的因素主要包括：

（1）荷载作用产生的裂缝。混凝土大坝受力复杂，当大坝受到组合荷载作用下的应力大于大坝的抗拉强度时，就会产生荷载裂缝。另一种情况是，混凝土长期在荷载作用下会产生徐变，随着徐变程度的不断增加，混凝土大坝产生裂缝。

（2）温度变化产生的裂缝。大坝属于大体积混凝土，在浇筑完成后，由于水泥水化放热，当温度应力过大超过混凝土承载极限时，裂缝出现。

（3）收缩产生的裂缝。在混凝土浇筑后便开始硬化收缩。当这种体积收缩受到限制时，便产生拉应力造成开裂。

（4）不均匀沉降产生的裂缝。由于地基软弱且土质不均匀造成大坝不均匀沉降，产生裂缝。由此产生的裂缝通常为贯穿性裂缝，其走向和沉降与具体情况有关。

### 12.3.2 混凝土坝内部裂缝探测案例

对混凝土大坝而言，结构安全检测是大坝安全评价的重要组成部分。混凝土坝内部裂缝是经常遇到的难题，前面介绍的方法在大体积混凝土坝内部裂缝探测很难实施，这里介绍采用地震波与地质雷达结合探测案例。

1. 工程概况与探测方法

某水库位于淮河上游洪河支流上，大坝为全断面碾压混凝土重力坝，总库容 1.2 亿 $m^3$，该水库建成后，由于多种原因导致大坝裂缝较多，廊道内渗漏溶蚀严重，析出物逐年增加。

南京水利科学研究院无损检测研究室于 2016 年采用 GSR－3D 系统对石漫滩水库大坝的典型坝段坝体裂缝进行探测［图 12.1（a）］，检测坝体表层及内部是否存在贯通裂缝及脱空现象，并采用地质雷达进行了对比检测分析。

(a) GSR－3D系统

(b) SIR－3000 型高速地质雷达仪

图 12.1　现场检测仪器

检测使用的地质雷达为美国 GSSI 地球物理公司研制生产的 SIR－3000 型高速地质雷达仪［图 12.1（b）］。根据测试技术要求和现场实际情况，外业采用连测方式，选用天线以 900MHz 屏蔽接收发射一体天线为主，6 次数据叠加，增益根据探测深度变化进行指数放大。数据处理和反演解释使用仪器生产厂家与美国加州大学联合研制的 Randon7 雷达处理软件对雷达信号进行处理、解释和计算。

2. 测线布置

根据勘探任务要求，测线于可能发育裂缝处网格化布置，测线间距1m，如图12.1和图12.2所示。测线一共有32条，其中GSR－3D和地质雷达测线均为16条。

选取第一测点：桩号0＋258（右岸非溢流坝段）和第二测点：0＋132（近溢流坝段）作为典型检测断面。

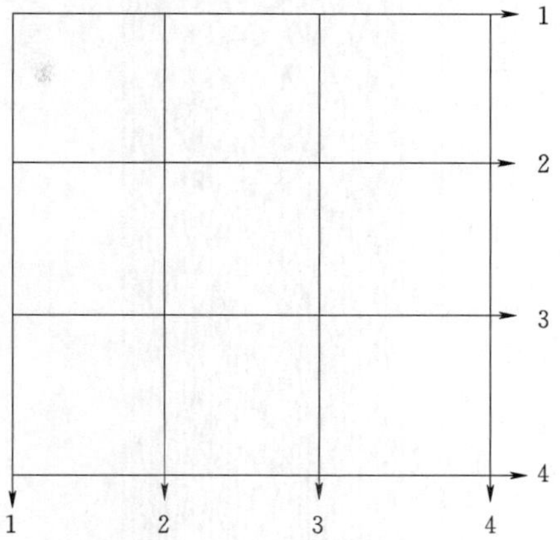


图12.2 测线布置示意图

3. 物探资料的解释与处理

地震波获得记录后，要利用专用软件采用相应的处理流程进行资料处理，得到映像剖面。探地雷达采用专用软件处理，获取高信噪比雷达数据剖面。对处理后的资料，进行综合对比分析，判断引起低速度、波形同相轴错断及低阻异常的地质因素，圈定出裂隙发育带、脱空及充填所在位置等。

坝体无裂缝时，坝体结构层是稳定密实的，坝体筑料层的介质分布均匀，在检测剖面图像上显示为反射波同相轴连续性好，振幅和波向一致性良好，地震波或电磁波能量衰减均匀，没有明显的畸变反射波同相轴存在；坝体存在裂缝时，在裂缝处地震波或雷达波同相轴明显错断、扭折、振幅加强，外在表现为坝体表面出现明显的裂痕。

本次项目确定为裂隙发育（裂缝）的地震及雷达资料异常依据是：①同相轴错断或相位增加，波形振幅变化较大；②同相轴反射零乱；③反射频率较低；④反射波的速度是低速度异常，引起反射同相轴下拉现象；⑤短弧形同相轴。

4. 探测结果

这里介绍右岸非溢流坝段第一测点（桩号0＋258）的探测结果。

（1）GSR－3D检测成果。如图12.3所示，检测结果显示，GSR－3D所采用的地震映像探测深度大，对比较大的裂缝有较好的反映，表现为裂缝发育位置地震子波振幅相对周围介质显示为弱振幅，对较小裂缝的分辨率能力相对较差。

通过GSR－3D对坝体裂缝的试验检测，检测结果显示该断面大坝混凝土下方的裂缝基本上垂直向下发展的，检测点①的水平和竖直测线均检测到裂缝存在，检测点①裂缝发育的三维显示特征如图12.4所示。

（2）地质雷达。图12.5为地质雷达检测剖面图，检测结果显示1、2、3、4水平测线上坝体表面下均发育2组裂缝，1、2、3竖直测线也同样发育2组裂缝，4竖直测线发育1组裂缝，裂缝位置的大坝表面混凝土下方介质局部不密实，推测与大坝内的裂缝发育有关。

通过对大坝裂缝位置的试验探测并与地质雷达进行对比分析，表明GSR－3D系统对检测混凝土大坝裂缝发育状况是行之有效的，能够有效检测坝体裂缝发育的位置、裂缝形态、发育深度以及裂缝周围介质的密实性，裂缝三维显示图能直观地展示裂缝发育的立体特征，可为裂缝处理方案优化提供依据。

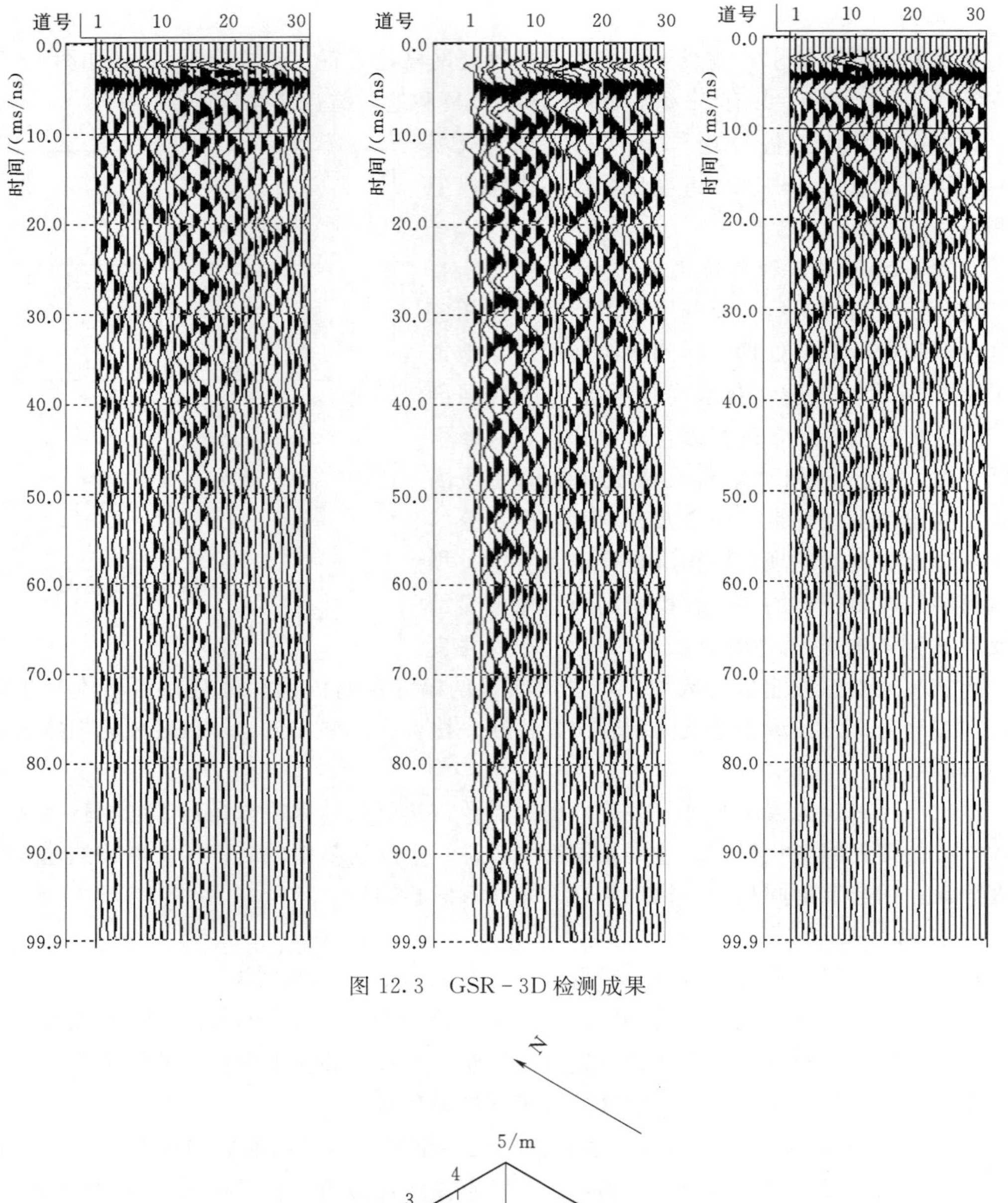


图 12.3　GSR-3D 检测成果

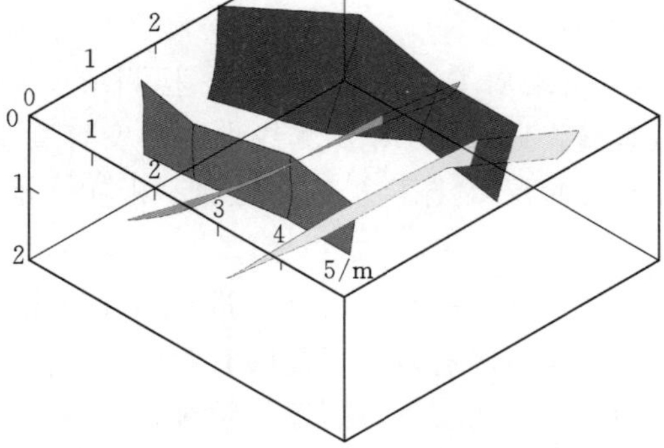


图 12.4　裂缝三维显示图像

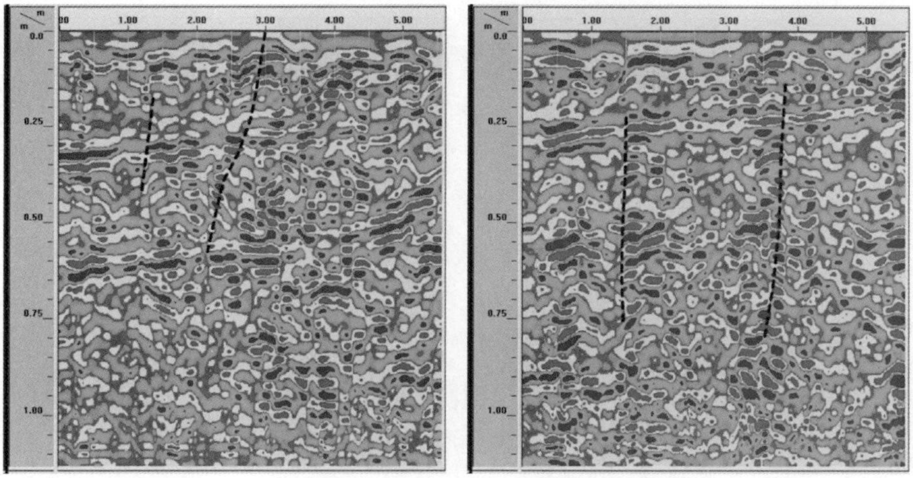

(a) 1、2 水平测线检测成果

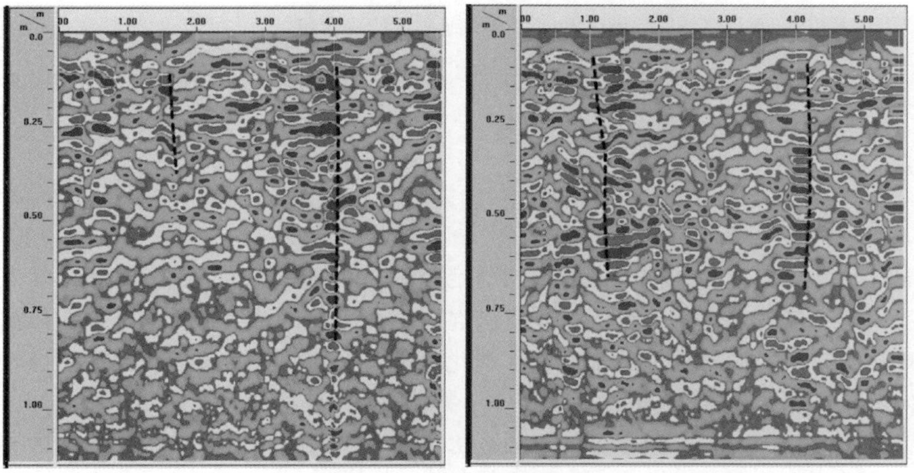

(b) 3、4 水平测线检测成果

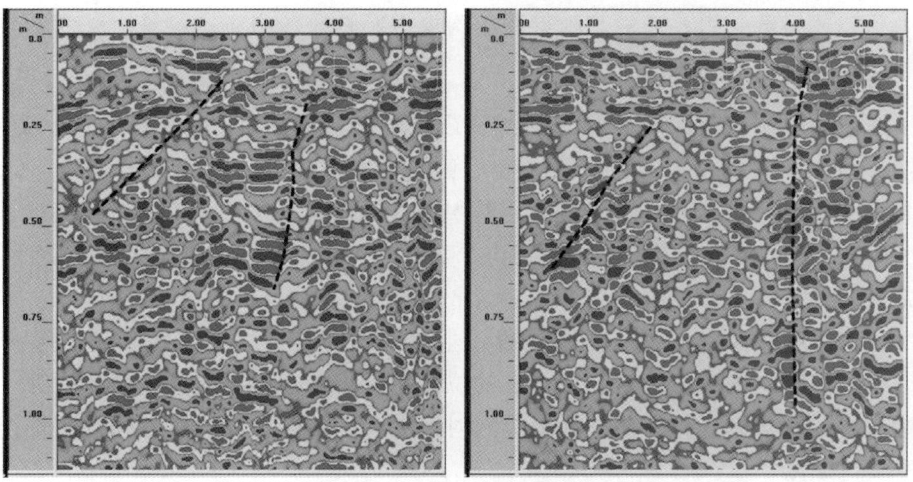

(c) 1、2 竖直测线检测成果

图 12.5（一） 地质雷达探测图

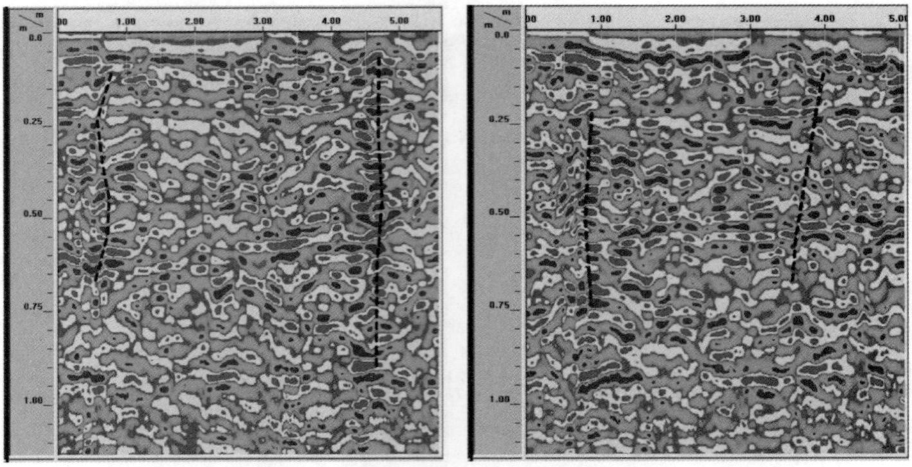


（d）3、4竖直测线检测成果

图 12.5（二） 地质雷达探测图

## 12.4 输水隧洞衬砌探测

### 12.4.1 输水隧洞衬砌病害

隧洞衬砌是指支持和维护隧道的长期稳定和耐久性的永久结构物。其作用是支持和维护隧洞的稳定。随着工程的运行，隧洞衬砌混凝土会出现许多病害。为了掌握隧洞衬砌混凝土质量状况，从隧洞衬砌混凝土质量、碳化深度、钢筋保护层厚度、钢筋锈蚀状态等方面展开检测。

由于衬砌背后空腔、不密实是常见的病害，改变了隧洞混凝土衬砌结构与围岩相互作用，同时也改变了外水压力对混凝土衬砌结构作用效应和受力环境。使得隧洞衬砌由均匀受力变为单点或局部受力，而对其附近的结构应力影响比较明显，容易出现变形与裂缝。

### 12.4.2 输水隧洞衬砌探测案例

这里介绍一隧洞衬砌探测案例。某水库工程属于中型水库工程，其工程等级为三等，主要建筑拦河坝，输水隧洞定为3级。输水隧洞由进水段，廊道检修闸室段，低压隧洞段，压力钢管段，工作闸及尾水段组成，其中低压隧洞长711m，底坡为0.05m，采用钢筋混凝土管，内径1.8m，管壁厚度分别为0.3m、0.4m、0.5m，洞内全部做回填灌浆和固结灌浆处理。

本次检测段为水库钢筋混凝土隧洞段，主要工作内容：①对钢筋混凝土隧洞进行调查，调查混凝土隧洞内壁的外观、漏水点的位置、是否存在破损或其他的缺陷等；②采用地质雷达法对隧洞衬砌进行检测，检测隧洞衬砌混凝土的质量，查明衬砌背后是否存在脱空、不密实等缺陷。

1. 探测技术参数

根据本次检测工作的目的任务，经过现场试验，地质雷达设备探测采用的技术参数：

①天线频率：900MHz；②发射率：100kHz；③采样点数：512；④采集数：16；⑤记录长度：30ns；⑥扫描速率：16 扫/s；⑦增益：Y－5；⑧低通-无限响应滤波器：3000；⑨高通-无限响应滤波器：250；⑩叠加次数（扫描）：3。

隧洞衬砌混凝土、水、空气的介电常数存在差异，具有开展地质雷达检测的物性差异基础，各介质的介电常数见表 12.1。

**表 12.1　隧洞衬砌主要介质介电常数表**

| 介质 | 相对介电常数 $\varepsilon_r$ | 电导率 $\sigma$ /(mS/m) | 波速 $v$ /(m/ns) | 衰减系数 $\alpha$ /(dB/m) |
|---|---|---|---|---|
| 空气 | 1.0 | 0 | 0.3 | 0 |
| 水 | 81 | 0.5 | 0.033 | 0.1 |
| 混凝土 | 6.4 |  | 0.12 |  |

2. 测线布置

根据本次隧洞衬砌检测的要求，布置了 5 条测线，拱顶、左右拱肩、左右侧墙，共计 5 条测线，测线起点为桩号 0＋000 隧洞 1.8m 直径圆形管道起始端，如图 12.6 所示。

图 12.6　隧洞衬砌检测雷达测线布置图

3. 现场检测情况

现场检测时雷达天线紧贴墙面，沿着测线匀速前进，如图 12.7 所示。测线长度和定位用皮尺刻度定位，沿测线每隔 10m 的固定距离做标记点，以便控制剖面的桩号位置。

地质雷达数据处理一般流程如下：原始数据编辑→水平均衡→零漂校正→反褶积或带通滤波，消除背景干扰信号→频率、振幅分析，偏移绕

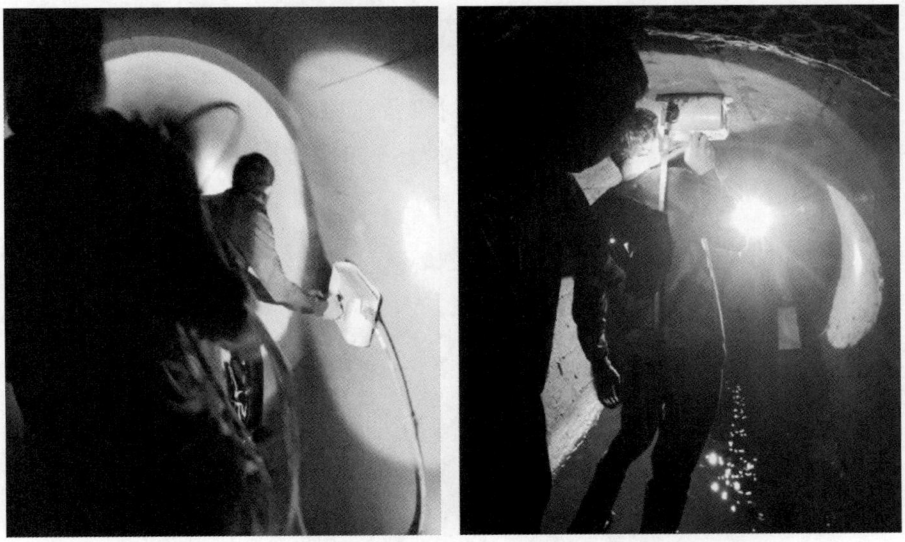

图 12.7　地质雷达检测现场工作照片

射处理→增益处理→标定剖面坐标桩号→编辑、打印输出地质雷达检测图像剖面图。

4. 衬砌检测结果

地质雷达检测资料的解释主要是利用雷达剖面图像，通过对反射波进行波相特征的识别，赋予有效反射波组信号所具有地质属性的内涵，本次主要检测隧洞衬砌混凝土是否存在不密实、离析现象，衬砌背后是否存在脱空、不密实区，检测回填注浆的效果，基于地质雷达检测的原理，地质雷达资料的解释原则和缺陷判别依据如下：①雷达反射波形的相似性、连续性；②雷达反射波的同相性；③不同波组间的差异性；④波组特征与检测目标体介电性分布特征的对应性。

由此初步建立起隧洞衬砌混凝土所对应的雷达反射波组特征，根据各测线雷达反射波组的振幅、频率、连续性、波形特征及其相对变化，判别衬砌混凝土的均匀性及衬砌背后的脱空、不密实等缺陷。

图 12.8 为左侧墙 0＋054～0＋074 衬砌雷达检测剖面图像，0＋061～0＋063 区域雷达波同相轴错断，雷达异常区域波形紊乱，根据电磁波传播理论，推断异常区域的混凝土不密实，为混凝土接缝处；左侧墙 0＋064～0＋070 衬砌背后雷达波反射能量强，同相轴呈现水平多次反射特征，推测该异常区域为左侧墙衬砌背后脱空。

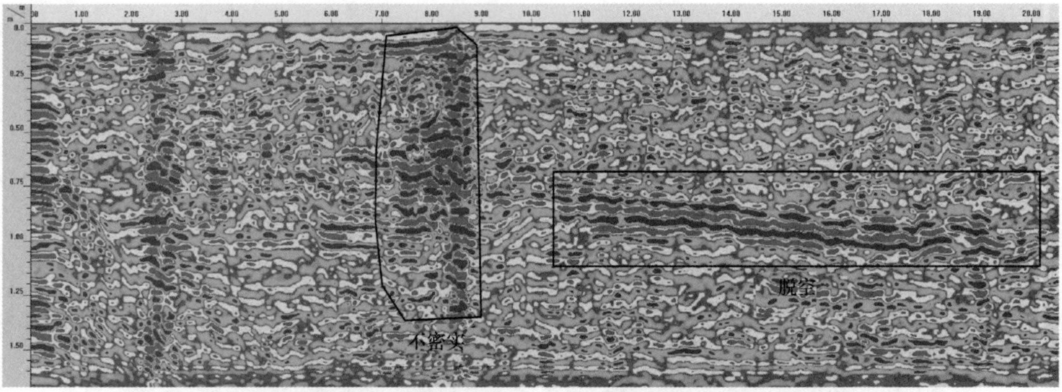


图 12.8　隧洞左侧墙 0＋054～0＋074 衬砌雷达检测剖面图

图 12.9 为隧洞左侧墙 0＋106～0＋138 衬砌雷达检测剖面图像，衬砌背后 0＋107～0＋137 区域雷达波反射能量强，同相轴呈现水平多次反射特征，推测该异常区衬砌混凝土与围岩之间存在薄层脱空，脱空区充水。

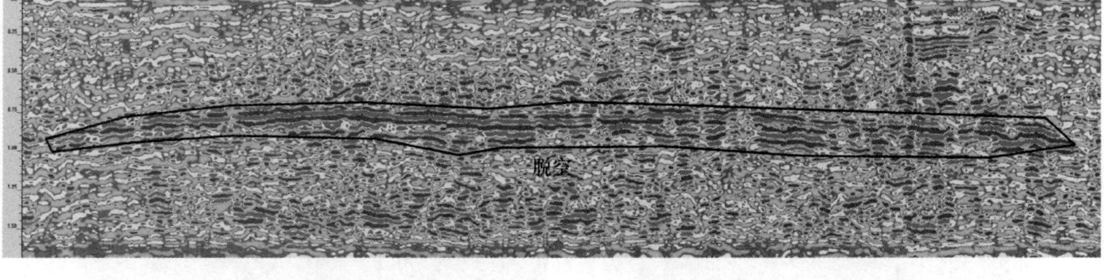


图 12.9　隧洞左侧墙 0＋106～0＋138 衬砌雷达检测剖面图

本次隧洞衬砌检测共计发现23处地质雷达异常，根据异常的显示特征，对这23处雷达异常特征进行了描述，并对这些异常特征所对应的地质属性进行了推断解释，表12.2是本次检测成果统计表。

**表 12.2　　地质雷达隧洞检测成果统计表**

| 序号 | 位置 | 桩　号 | 检　测　结　论 |
|---|---|---|---|
| 1 | 左侧墙 | 0+061～0+063 | 接缝处混凝土不密实 |
| 2 | 左侧墙 | 0+064～0+074 | 衬砌背后脱空 |
| 3 | 左侧墙 | 0+107～0+137 | 衬砌背后脱空 |
| 4 | 左侧墙 | 0+252～0+265 | 回填灌浆不密实 |
| 5 | 左侧墙 | 0+266～0+288 | 衬砌背后脱空 |
| 6 | 左侧墙 | 0+325～0+361 | 衬砌背后脱空 |
| 7 | 左侧墙 | 0+377～0+390 | 衬砌背后脱空 |
| 8 | 左侧墙 | 0+400～0+419 | 回填灌浆不密实、局部脱空 |
| 9 | 左侧墙 | 0+514～0+517 | 回填灌浆不密实 |
| 10 | 左侧墙 | 0+565～0+571 | 回填灌浆不密实 |
| 11 | 左拱肩 | 0+201～0+237 | 回填灌浆不密实、局部脱空 |
| 12 | 左拱肩 | 0+256～0+262 | 回填灌浆不密实 |
| 13 | 左拱肩 | 0+339～0+358 | 回填灌浆不密实 |
| 14 | 左拱肩 | 0+378～0+381 | 回填灌浆不密实 |
| 15 | 左拱肩 | 0+421～0+422 | 回填灌浆不密实 |
| 16 | 左拱肩 | 0+534～0+544 | 回填灌浆不密实 |
| 17 | 左拱肩 | 0+550～0+560 | 回填灌浆不密实 |
| 18 | 右侧墙 | 0+187～0+198 | 衬砌背后脱空 |
| 19 | 右侧墙 | 0+201～0+239 | 衬砌背后脱空 |
| 20 | 右侧墙 | 0+245～0+255 | 衬砌背后脱空 |
| 21 | 右侧墙 | 0+259～0+266 | 回填灌浆不密实 |
| 22 | 右侧墙 | 0+503～0+509 | 回填灌浆不密实 |
| 23 | 右侧墙 | 0+533～0+542 | 回填灌浆不密实 |

通过对隧洞内的调查，隧洞内地面存在大量的混凝土夹碎石垃圾，隧洞混凝土底板已经剥蚀，隧洞衬砌混凝土局部接缝存在漏水现象，回填注浆孔存在冒水现象，这是因为回填灌浆不密实，衬砌混凝土背后存在脱空或不密实区。地质雷达检测显示衬砌混凝土基本密实，个别段隧洞混凝土接缝不密实，因此存在漏水现象，局部地段的隧洞衬砌背后存在脱空现象，回填注浆不密实。

5. 衬砌保护层厚度和钢筋间距

根据电磁波传播原理，混凝土内部钢筋在地质雷达检测剖面图中显示为双曲线弧状，电磁波从衬砌表面传播到钢筋的距离即为保护层厚度，一定距离内钢筋的数量的均值，可计算出钢筋间距。本次钢筋保护层的拾取采用地质雷达专业交互解释软件（图 12.10）。图 12.10 中黄色点是一层钢筋，红色是二层钢筋，检测结果见表 12.3。

**表 12.3　　衬砌保护层厚度和钢筋间距统计表**

| 隧洞里程 | 保护层平均厚度/m | | | | | 平均钢筋间距/m |
|---|---|---|---|---|---|---|
| | 左侧墙 | 右侧墙 | 左拱肩 | 右拱肩 | 拱顶 | |
| 0+054～0+154 | 0.067 | 0.065 | 0.070 | 0.069 | 0.057 | 0.158 |
| 0+154～0+254 | 0.062 | 0.061 | 0.065 | 0.064 | 0.052 | 0.155 |
| 0+254～0+354 | 0.063 | 0.062 | 0.066 | 0.065 | 0.053 | 0.152 |
| 0+354～0+454 | 0.059 | 0.058 | 0.061 | 0.062 | 0.049 | 0.150 |
| 0+454～0+554 | 0.055 | 0.055 | 0.058 | 0.058 | 0.046 | 0.151 |
| 0+554～0+654 | 0.057 | 0.057 | 0.060 | 0.061 | 0.048 | 0.147 |
| 0+654～0+694 | 0.055 | 0.055 | 0.057 | 0.058 | 0.046 | 0.186 |

注　里程编号以隧洞顺水流进水口为零点。

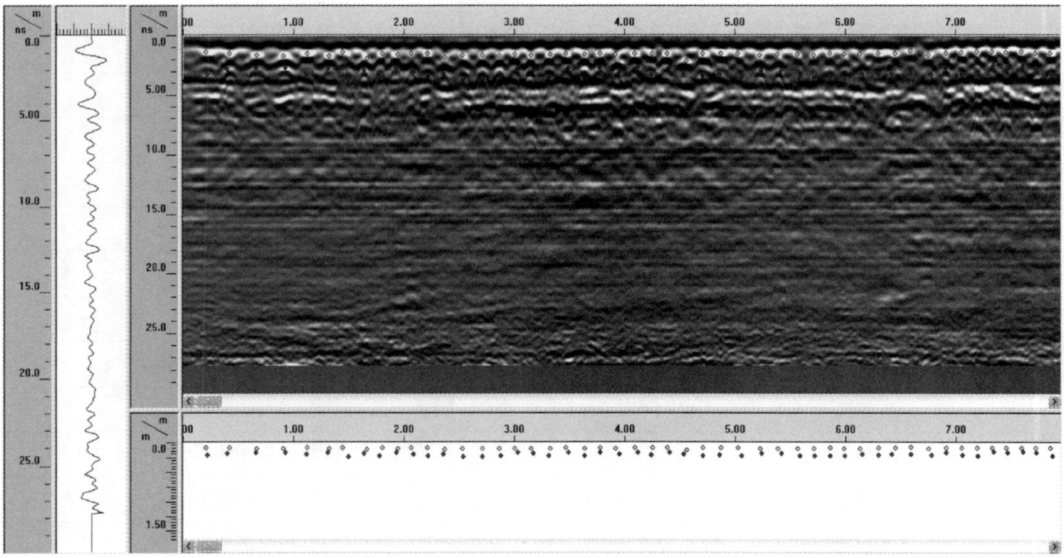

图 12.10　隧洞衬砌保护层厚度和钢筋拾取示意图

## 12.5　地下防渗墙质量检测

### 12.5.1　地下防渗墙及其检测方法

利用各种挖槽机械，在地下挖出窄而深的沟槽，并在其中浇注适当的材料而形成一道具有防渗、挡土和承重功能的地下墙体称为地下连续墙，水利行业经常需要对透水地基进行处理，如蓄水水库、堤防等，此时突出强调连续墙的防止渗漏作用，这些主要起防渗作用的地下墙体称为地下防渗墙。

地下连续墙用途非常广，主要有以下用途：①水利水电、露天矿山与尾矿坝（池）和环保工程的防渗墙；②建筑地下室（基坑）及各种深基础的桩基；③地下构筑物（如地下铁道等）；④市政管沟和涵洞；⑤矿山及盾构工程竖井。

地下连续墙原本是由桩柱式结构发展起来的，由于技术的不断进步，产生了许多施工方法，大多方法至今仍在水利水电工程中继续使用，主要方法有：抓斗法成墙、深层搅拌、液压开槽法、滚铣式成槽、锯齿掏槽、垂直铺塑等。

地下防渗墙的检测的目的可以分为以下几个方面：

（1）施工期质量检测。施工时，成槽是否规整，槽内底部淤积沉渣是否清理干净。

（2）防渗连续性检测。通过一定的技术方法检测墙的防渗效果，即检测防渗墙体的透水性，检测是否存在渗漏通道，以便及时处理，防止造成管涌及垮坝事故。最原始方法是压水试验，检测防渗墙两侧的水位差，但试验成本高、速度慢。

（3）墙体质量隐患检测。检测墙体的完整性及密实程度，检查有无空穴、夹泥、蜂窝等隐患，以评价施工质量及承受水平载荷、垂直载荷的能力，防止在一定的载荷作用下墙体产生破坏与渗漏。目前最原始的方法是抽样钻孔取芯，可直观评价混凝土质量，但效率低、代表性差且为有损检测。

电磁法主要用于防渗墙的连续性、隐患检测，主要方法有高密度电法、地质雷达、瞬变电磁、可控源音频电磁法等。在检测方法选择应综合考虑检测目的、深度等要求。对于防渗墙的内部的局部空穴、不密实，采用地质雷达进行探测，有一定的优势，但探测深度有限。大范围的地下防渗墙连续性，可以根据其视电阻率的情况作判断。

### 12.5.2 地下防渗墙连续性检测案例

西南某水库工程，坝基防渗采用双排水泥土深层搅拌桩工艺，水泥掺入比为12%，浆液水灰比为0.6∶1，每米额定喷浆量为78.6L（水泥灰量84.1kg）。深搅桩排距514mm，单排孔距630mm，孔径700mm，设计孔深13.5m，单层深搅桩防渗墙厚度不小于300mm，搅拌土层渗透系数小于$1\times10^{-5}$cm/s。工程验收时，需要对地下防渗墙连续性进行探测。受建设单位委托，南京水利科学研究院对水库坝基防渗帷幕连续性进行了纳米瞬变电磁法探测。

1. 现场探测

纳米瞬变电磁法是瞬变电磁法的一种，适用于小回线、浅部（百米以内）探测。探测采用美国Zonge公司生产的GDP-32II多功能电法系统（图12.11），发射采用5m×5m的2匝矩形线框（图12.12），发射电流3.5A，接收亦采用5m×5m的矩形线框，测点间距5m。

现场探测从左岸向右岸沿坝基防渗帷幕轴线进行，以左岸涵洞右侧为起点（第一测点），其里程号为229.657m。测点间距为5m，共测试了90个测点。其中第25点与第26点之间由于钻孔机械施工，两点相距26m。

2. 探测结果

由于测点25与测点26相距26m，数据按两段分别进行处理，即第一段（编号：1号

图 12.11 发射机、接收机等仪器

图 12.12 发射（接收）线框

剖面)：测点 1 至测点 25，里程号为 229.657～349.657m；第二段（编号：2 号剖面)：测点 26 至测点 90，里程号为 375.657～695.657m。数据反演采用 STEMNV 平滑变化模型程序，先逐个对每测点进行反演，得到测点深度方向的一条视电阻率分布线，再由线到面，最终得到一个剖面的视电阻率分布。

两段防渗帷幕数据反演视电阻率图如图 12.13 与图 12.14 所示。从反演视电阻率分布来看，防渗帷幕体的视电阻率相对较高，一般在 25Ω·m 以上，总体上较为均匀。但在里程号为 255～259m、395m、425～440m、487m、582m 处存在低阻区域，其视电阻率小于 3Ω·m，推测这些区域可能含水量较高，防渗墙施工质量可能存在问题。后来，从其他技术途径也验证这一推断。

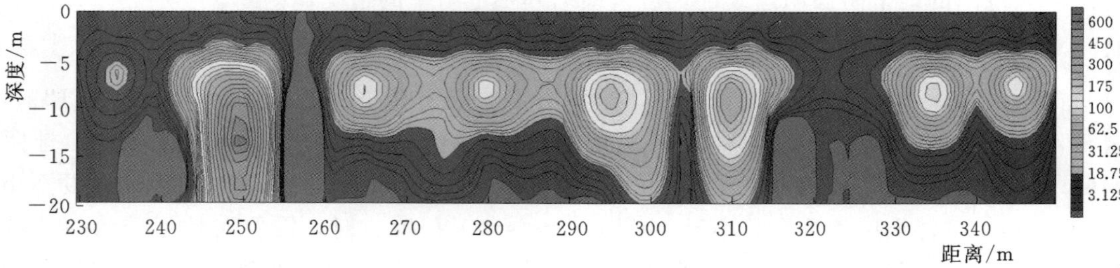


图 12.13 1 号剖面反演视电阻率分布图

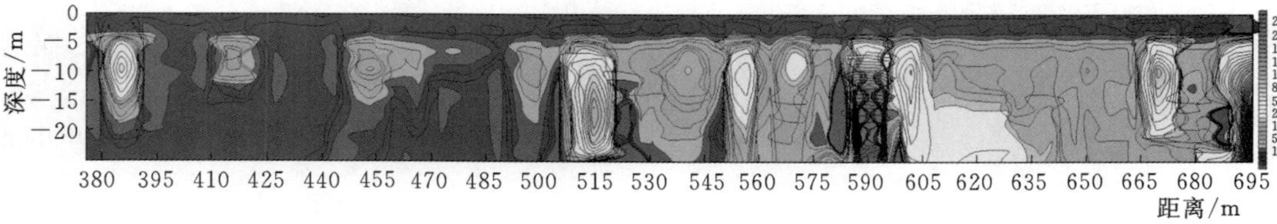


图 12.14 2 号剖面反演视电阻率分布图

数据解释：

墙体浇筑所用材质为水泥土，正常情况下，防渗墙结构完整，混凝土密实，电磁波能量呈现有规律的指数衰减，电阻率自上而下均匀递减离析、空洞发育较集中时，混凝土密实度减小，电磁波的能量衰减加大，干扰加强，水泥土的导电性明显减弱，电阻率增大，但是当裂隙区充满水后，导电性加强，电阻率减小，表现为局部的低电位高阻异常或高电位低阻异常，使得某些层位被错开、拉伸发生畸变，对应的拟断面图上出现条带状或椭圆形的高阻或低阻色块。

图像特征当防渗墙均匀密实，无离析、空洞缺陷时，图像呈层分布，视电阻率等级变化从地表向下呈均匀递减趋势，表明浅部干燥，下部含水量增加，防渗墙密实完整。当防渗墙局部位置存在离析、空洞缺陷时，图像中层状特征遭到破坏，出现条带状或椭圆形高阻色块，使得某些层位被错开、拉伸发生畸变。如果这些部位充水，将表现为低阻带。

# 参 考 文 献


[1] 中水东北勘测设计研究有限公司. 水工混凝土结构缺陷检测技术规程：SL 713—2015 [S]. 北京：中国水利水电出版社，2015.

[2] 中国电力企业联合会. 水工混凝土试验规程：DL/T 5150—2017 [S]. 北京：中国电力出版社，2018.

[3] 薛云峰. 混凝土防渗墙质量控制及检测技术研究 [D]. 长沙：中南大学，2007.

[4] 刘群. 纳米瞬变电磁法在鄱阳县军民水库大坝混凝土防渗墙质量检测中的应用 [J]. 江西水利科技，2015，41 (3)：223-227.

# 第 13 章　干旱缺水地区探寻地下水源

旱灾是指因气候严酷或不正常的干旱而形成的气象灾害。一般是指因土壤水分不足，农作物水分平衡遭到破坏而减产或歉收从而带来粮食问题，甚至引发饥荒。同时，旱灾亦可令人类及动物因缺乏足够的饮用水而致死。此外，旱灾后则容易发生蝗灾，进而引发更严重的饥荒，导致社会动荡。

干旱是全球普遍存在的自然灾害，干旱与半干旱区域约占陆地总面积的 35%，有 120 多个国家和地区每年不同程度地遭受干旱灾害的威胁。干旱灾害也是我国最严重的自然灾害之一，在我国，年降水量小于 400mm 的地区约占全国国土总面积的 45%，此外还经常性地出现大面积的气象性干旱。适当开发地下水，有利于改善旱区的生活、生产条件和生态环境。

造成旱灾的原因既与气象等自然因素有关，也与人类活动及应对干旱的能力有关。具体可分为以下几个方面：

（1）气象原因。某时段内，由于蒸发量和降水量的收支不平衡，水分支出大于水分收入而造成的水分短缺现象。一个区域产生降水（雨或雪）是冷、暖气团交汇结果。虽然气象因素造成干旱是一种自然现象，但近现代人类活动增加温室气体排放引起的全球变暖，也加大了极端干旱的出现频率和强度。

（2）地形地貌原因。地形地貌条件是造成区域旱灾的重要原因。地形起伏、高差变化大，对局地气候影响大，带来水资源时空分布不均、水土资源不匹配，也容易造成旱灾频发。

（3）水利工程缺乏或者水利基础设施脆弱，没有涵养水源。

（4）没有顺应洪涝和干旱汛期规律，做到洪涝时蓄水涵养，干旱期取水调水，遵循自然规律，促进水资源动态平衡。

（5）水土流失，植树被破坏，淤积河道、湖泊、水库。

因外，人口及社会经济发展超出当地水资源承载能力、水资源有效利用率低等非自然因素也是影响旱灾重要因素之一。

在我国，干旱程度级别分为：小旱：连续无降雨天数，春季达 16～30 天、夏季 16～25 天、秋、冬季 31～50 天。中旱：连续无降雨天数，春季达 31～45 天、夏季 26～35 天、秋冬季 51～70 天。大旱：连续无降雨天数，春季达 46～60 天、夏季 36～45 天、秋冬季 71～90 天。特大旱：连续无降雨天数，春季在 61 天以上、夏季在 46 天以上、秋冬季在 91 天以上。

## 13.1　地下水及其富集的地质环境

### 13.1.1　地下水的赋存状态分类

地下水赋存于各种自然条件下，其形成条件不同，在埋藏、分布、运动、物理性质及化学成分等诸方面也各异。目前地下水的分类原则和方法有许多种。考虑到地下水的埋藏条件和含水介质的类型对地下水水量、水质的时空分布有着决定意义，这里地下水分类主要是按埋藏条件和含水介质类型的不同而划分的。

地下水的埋藏条件，是指含水层在地质剖面中所处的部位及受隔水层（或弱透水层）限制的情况。据此可将地下水分为包气带水（包括土壤水和上层滞水）、潜水和承压水。按含水介质（空隙）的类型，可将地下水分为孔隙水、裂隙水及岩溶水，如图 13.1 所示。

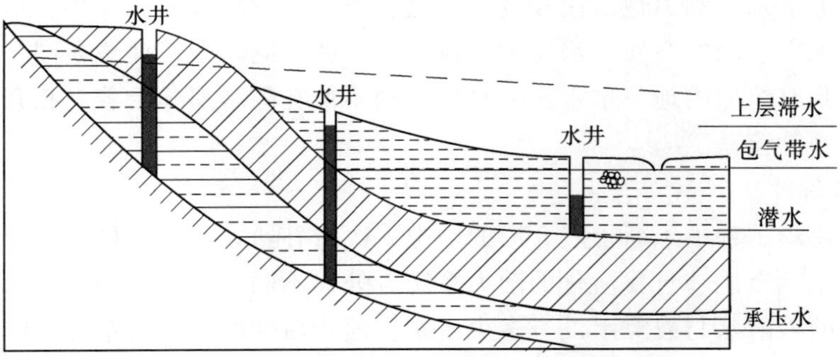


图 13.1　地下水埋藏条件与分类示意图

依据上述两种分类可组合成 9 种复合类型的地下水，见表 13.1。如孔隙潜水、裂隙承压水等。地表以下与地下水面以上，岩石孔隙没有充满水，包含有空气，该带称为包气带。潜水是埋藏于地表以下，第一个稳定（区域）隔水层以上，具有自由水面的含水层中的重力水。潜水一般埋藏于第四系松散沉积物的孔隙中，以及裸露基岩的裂隙、溶穴中。充满于两个稳定隔水层（弱透水层）之间的含水层中的水，称为承压水。

**表 13.1**　　**地下水分类表**

| 含水介质埋藏条件 | 孔隙水 | 裂隙水 | 岩溶水 |
|---|---|---|---|
| 包气带水 | 松散沉积物中的土壤水，存在局部隔水层上季节性重力水、过路重水及悬挂毛细水 | 裸露裂隙岩层中存在的季节性重力水及毛细水 | 裸露裂岩溶化层上部岩溶通道中存在的季节性重力水 |
| 潜水 | 各种松散沉积物浅部的水 | 裸露于地表的各类裂隙岩层中水 | 裸露于地表的岩溶化岩层中水 |
| 承压水 | 松散沉积物构成的山间盆地、自流斜地及堆积平原深部的水 | 构造盆地、向斜、单斜或断裂隙岩层的水 | 构造盆地、向斜、单斜或断裂带岩溶化岩层中的水 |

1. 孔隙水的特征

(1) 孔隙水多呈层状均匀分布，孔隙之间互相连通，水力联系密切，同一含水层具有统一的地下水面。

(2) 孔隙水一般呈层流运动，很少见到像裂隙水和岩溶水那样，呈现透水性突变和相应的紊流运动状态。

(3) 孔隙水的埋藏分布和运动规律主要受地貌及第四纪沉积规律的控制，在不同的地貌单元和不同成因类型的第四系沉积物中，地下水具有不同的分布规律。

2. 裂隙水的特征

(1) 裂隙水埋藏、分布不均匀。这种不均匀是由于储水裂隙在岩石中分布不均匀所致。裂隙不发育的地方含水就少。

（2）裂隙含水形态多种多样。除与地层层位一致的层状或似层状含水层的裂隙水外，还有不受层位限制的带状或脉状裂隙含水带，或呈网脉系统含水空间等多种裂隙水分布形态。

（3）地质构造对裂隙水的控制作用非常明显。岩石中各种裂隙的形成和分布。一般来说，均与地质构造有关。即使是外力作用下产下的风化裂隙，也多是沿着已有的构造裂隙发展起来的。

（4）基岩地下水的动力性质比较复杂。基岩裂隙的发育程度、大小、形态和充填情况不同，水在裂隙中运动的性质（水压力、流速等）就不同，即使埋藏在同一基岩中的地下水，也不一定具有统一的地下水水面。水的运动不像孔隙水那样沿着多孔介质渗透，而是沿裂隙渗流及网脉流动。

3. 岩溶水的特征

岩溶水在运动过程中不断扩展介质的空隙，改造补给、径流、排泄与动态特征，与介质相互作用，是一个能够自我演化的动力系统。处在不同演化阶段的岩溶水具有不同的特征。演化初期的岩溶水与裂隙水没有多少区别；演化后期的岩溶水系统：管道发育、形成完整的地下河系、空间分布极不均一、动态变化强烈。

### 13.1.2 地下水富集的地质环境

地下水的地质环境主要有山前洪积扇环境、河谷冲积层环境、湖泊湖积层环境、基岩裂隙环境、碳酸盐类岩溶环境等。

#### 13.1.2.1 松散沉积物地质环境中的地下水富集

1. 洪积扇环境

洪积扇是由于洪水作用，在山前地区、山间盆地边缘堆积成扇形的洪积物组成。洪积扇面积从几平方公里到上千平方公里不等。

洪流自山口向平原散流堆积过程中，随着水流流速变缓，流量变小，堆积物质的能量越来越小，形成了扇体纵向上的岩相变化的分带性。

在水平方向，具有从粗大砾石、卵石和夹杂一些砂或黏土成分的山口带向中间的砂、砾、黏土交替带，再向黏性细土边缘带过渡的特征。在垂直方向上，洪积扇具有在剖面上相互叠置的倾斜沉积层。洪积扇上游纵向地质剖面是粗碎屑为主的厚层组合，其下游组合为粗粒与细粒相互的间层。

上游砂砾石带，岩性粒度粗，富水性好，但潜水埋藏较深，开采不方便。洪积扇边缘属黏性细土带，含水层薄，粒度细，水量小且水质差，实际开采意义不大。在中、下游砂砾、黏土交错带，潜水埋藏浅，承压水溢出地表可以自流，水量丰富，水质良好，是开采地下水较为有利的富水部位。

洪积扇地下水一般水质较好，大多属于矿化度小于 0.5～1g/L 的重碳酸钙型水，动、静储量较大，水位埋藏深，抽水相对困难。洪积扇中下游粗细沉积物交错过渡带，富水性能低，径流变弱，可产生上部潜水层和下部承压水层。上部潜水由于受到蒸发作用而使水的矿化度增高，一般为 1～2g/L 的硫酸、重碳酸型或重碳酸、硫酸型水。下部承压水仍保持<1g/L 低矿化淡水，水质好，水量较大，又可以自流，它往往是工农业生产主要开采的地下水。

洪积扇边缘黏性细土带，含有水量不大的潜水带，由于蒸发作用强烈，潜水矿化度很高，一般>3g/L的中等矿化的硫酸、氯化物型或氯化物-硫酸型水。洪积扇地质环境中的水文地质规律，一般为地下水埋藏由深变浅、出水量由大变小；矿化度由低变高，水化学类型由 $HCO_3^- \rightarrow SO_4^{2-} \rightarrow Cl^-$ 型水，地下水开采条件由难而易，再转化为不能利用。

2. 平原冲积层环境

冲积层一般为处于较低的位置沉积物，组分上普遍有砂砾或砂层，有很好的地下水补给条件，也有较好的储存地下水的空间，一般认为只要找到了冲积层也就找到了地下水，尤其是厚度大、分布广、粒度较粗的砂砾层。

河流上游山区河谷冲积层大多为砂砾漫滩型的单层构造，透水性强，水质好，地下水储量随河水变化而变化，呈现不稳定性。富水部位在山区干流与支流交汇的地点，这里冲积层分布宽，砂砾易于堆积，另外山区河流的开阔地段与河流急转弯处也是比较有希望的富水部位。

河流中游丘陵半山区河谷冲积层具有双层结构特点，上层细粒沉积物含水少且形成相对的隔水层，使下层地下水具有微承压性。在垂直河谷的横剖面上，阶地前缘的地下水量通常比后缘大。另外，河床改道后形成的古河床砂砾带，不同时期与成因的砂砾夹黏土沉积，常连接成一个巨大的砂夹黏土-砂砾含水层，形成水量丰富的水质较好且可供大量开采的地下水盆地。

河流下游平原冲积层的富水部位在宽广的河漫滩和阶地。平原区的河漫滩开阔平缓，地下水的动、静储存量较大。水位稳定，埋藏浅，地下水质好，大多是良好的供水源地。当漫滩与阶地的接触突变后，也出现富水性的突变，在阶地中，河床相沉积相对富水，而河间洼地沼泽相沉积部位水量与水质都较差。分布宽广的一级阶地常常是富水部位。低阶地富水性是不均匀的，其相对富水部位是常在支流与干流交汇地段、河流拐弯地段、河谷变宽地段以及古河床的分布地段和阶地前缘。河流入海口在冲积平原，一般不缺地下水，而是缺地下淡水。

3. 盆地湖积层环境

湖泊岸边波浪冲刷作用地带，常形成狭带状的砂或砂砾沉积，称为滨岸砂-砂砾沉积。地下水埋藏深度1～10m，其中可具有无压潜水。地下水量一般不大，矿化度不高，小于0.5～1.0g/L。湖心沉积带以细粘淤泥质黏土为主，夹有少数薄层细、中砂透镜体。地下水水量小且有淤泥味，含 $Fe^{3+}$ 高，使用价值不大。滨湖三角洲带通常是砂砾与黏土互层沉积，砂或砾层中常含有较丰富的地下水，含承压水层，有时承压地下水水量较大。

#### 13.1.2.2 基岩山区裂隙-断裂构造环境

基岩山区的地下水类型复杂，包括了所有地下水类型即孔隙水、裂隙水和溶隙水，由赋存地下水-裂隙与断裂构造发育的不均匀性所造成的。基岩中的裂隙都是在一定的构造应力场作用下产生的，是有其内部分布规律性。

1. 成岩裂隙的地下水富集部位

成岩裂隙为张力所致，生成与发育主要受其岩性控制，都沿一定方向呈层状发育。常组成单一岩性的含水层富水带，在不同方向的富水性也不同，沿裂隙走向强，其他方向则弱。

2. 节理裂隙的地下水富集部位

节理裂隙的发育与岩性有关，脆性岩石中裂隙稀少，一旦有就会延伸大、张开程度好；柔性岩石中裂隙较密，细而短且都闭合。最主要的是它常常受构造控制。节理裂隙的富水部位往往在褶皱构造应力集中部位的节理裂隙密集带。具体的部位是向斜和背斜的轴部、褶皱翼部岩层产状由陡向正常部位的转折端、褶皱枢纽的起伏部位和倾伏端、背斜、向斜错列的交替部位等都是地下水的有利富集部位。另外，褶皱构造两翼的区域性节理裂隙带中，岩层倾角很小或近于水平岩层中，陡倾斜岩层分布地区的横截岩层走向的泄水沟谷和横向断裂带中，地下径流方向有隔水地质体出现时，也常常形成地下水的富集。

3. 断裂的地下水富集部位

地下水在断裂中的富集规律主要受以下因素影响：①断裂本身破碎带的结构构造和成分；②断裂两侧、次生带内裂隙的发育和次级构造的性质和规模；③断裂的组合关系和其活动性；④岩性组合特征和主要补给区的相对位置。

断裂分为压性断裂、张性断裂和扭性断裂。压性断裂是岩层经强烈挤压而破裂形成的，一般常起隔水作用，其含水性差。但是在压性断裂两侧次生裂隙发育带、压性断裂的尖末端、压性断裂的舒缓波状部位、相近的小型压性断裂之间力偶作用带都有实例说明是很好的富集地下水的地方。张性断裂是岩层受到拉伸应力作用而破裂形成的，因此张性断裂带组分松散、断层、角砾岩呈棱角状且无定向，是较好的地下水富集部位。但是，当张性断裂规模小、延深浅时，含水性较差。扭性断裂多数情况下为隔水或弱含水部位。但是在弧形构造旁边的张扭性断裂中，往往富集地下水。在断裂的组合中，也就是在各种不同方向、不同时序、不同级别、不同类型的断裂交汇处，是地下水的最有利富集部位。在时间上，晚期的断裂比早期断裂富水性强。在空间上，地下水往往与矿产相伴而生，一般是有地下水的地方往往有矿，而有矿的地方常常有地下水。

4. 侵入体接触带地下水富集部位

由于侵入体对围岩产生挤压作用，使围岩产生一种肿胀的张性裂隙带，也可能由于侵入作用而使围岩产生热动力变质，冷却后使岩石脆性增加，在以后构造运动中容易破裂，还可能由于侵入体与围岩在固体物理力学性质上的差异，在后期构造中易产生相对运动，形成裂隙密集带，而这些都是十分有利于地下水的富集。如果侵入体正好处于地下径流的流域中，则由于侵入体透水性能弱，对地下水径流起到拦截聚集作用，造成地下径流在侵入体接触带有大量富集，这时会形成规模巨大的地下水富集区。

5. 岩脉的地下水富集部位

在大面积侵入体、变质岩、碎屑岩分布的缺水地区，岩浆岩脉周围就是较好的富水部位。岩脉也可以对围岩中的地下径流起拦截作用，在岩脉迎水一侧的围岩裂隙密集带中，可以形成较好的富水地段。

6. 风化裂隙的地下水富集部位

风化裂隙一般发育在裸露基岩的表层，地下水的富集取决于风化裂隙的发育强度、张开与充填程度、风化壳厚度、分布面积、补给条件等综合因素。风化裂隙水一般储量不大，其中以半风化带的储水量为最多，是地下水的最有利富集部位。

### 13.1.2.3 碳酸盐类岩层地下水富集的环境

是指地下水对碳酸盐类以溶蚀为主的地质环境，赋存于溶蚀后产物中的地下水叫岩溶水或喀斯特水。碳酸盐类岩层一般富水性较好。从整体上看，地下水分布极不均匀，在水平距离几米以外，其富水性可能有巨大的差异。但在局部上，富水性又具有相对均匀性和有规律可循。例如质纯且巨厚的碳酸盐类岩层富水性强。反之，杂质成分多且层薄的碳酸盐类岩层富水性较差，构造破坏越剧烈的地段或部位富水性越强，反之，构造破坏越弱的地段或部位富水性越差。从补给区到排泄区富水性增强，从地表向地下深处不断减弱。

具体的地下水富集部位有褶皱轴部，包括背斜与向斜轴部，但也有例外。例如在掩盖岩溶区，向斜两翼陡而轴部深埋时，向斜轴部产生漏水作用而无地下水，而且当背斜轴部为分水岭时，也不会富集地下水。断裂破碎带是岩溶水富集的部位，尤其是大型张性断裂或者是各种断裂的复合部位更是富水区。岩脉和岩浆岩接触带都可形成地下水径流的暗坝，起到隔水与储水作用，但一定要有碳酸盐类岩层中的地下径流才行，否则无地下水。各种沉积接触界面，尤其是那种间断时间长、构造运动强烈、上下呈不整合的界面，常形成富水部位，另外，硫化矿床氧化带附近的碳酸盐类岩石，如果岩溶发育，则往往是地下水富集地带。

## 13.2 不同电磁找水探测方法及其适用条件

电法物探有很多种方法，它们各自有不同的特点，在地下水源的探测过程中，可以根据不同目的、不同条件进行选择，其优势见表13.2。

(1) 直流电阻率。直流电测深法是一种传统的地球物理方法，理论完善，方法技术成熟，相对交流电法其抗电磁干扰能力较强，资料可靠性强，可根据工作需要，加大供电极距，达到预期的探查深度。但是，该方法的劳动强度大，特别在大极距时，工作效率较低。此外，在沙漠地区，电极接地困难。

**表13.2** 地下水物探方法比较

| 物探方法 | | 利用参数 | 特 点 | 应用条件 | 主要用途 |
|---|---|---|---|---|---|
| 直流电法 | 电测深法 | 电阻率 | 抗干扰能力强；方法简便、资料直观、成本低；高密度电法还具有分辨率高、信息量丰富，效率较高 | 受地形限制较大，要求场地相对平缓。目的层上方无极低、极高的电阻率屏蔽层。高密度电法深度<60m | 探测地层沿深度方向的变化 |
| | 电剖面法 | | | | 探测地层横向的变化 |
| | 高密度电法 | | | | 划分岩层，探测岩溶发育带与断裂构造 |
| | 自然电场法 | 自然电位差 | 定性分析，方法简便、资料直观、成本低。受地电干扰大 | 地下水位埋藏不深，地形起伏不大 | 探测渗漏地带，确定地下水方向 |
| | 充电法 | 电位 | 方法简便、资料直观、成本低 | | 探测地下水流向、流速 |
| | 激发极化法 | 极化率、衰减时、衰减度 | 导出参数多，信息量丰富，成本适中 | 工业游散电流及地下管线干扰小、河网不发育地区。要求供电电流较大、接地条件良好 | 区分岩性变化与水引起的异常，寻找与圈定含水层，确定富水地段。圈定岩溶、断层破碎带的分布 |

续表

| 物探方法 | | 利用参数 | 特　点 | 应用条件 | 主要用途 |
|---|---|---|---|---|---|
| 电磁波法 | EH－4 | 导电性、导磁性 | 地形影响较小，且探测深度 1km | 探测深度不及 CSAMT；抗干扰弱 | 可作大面积长距离普查。纳米瞬变可用于浅层精查 |
| | CSAMT | | 地形影响较小，且探测深度 2～3km | 设备笨重 | |
| | 瞬变电磁法 | | 地形影响较小，且探测深度几百米 | 探测深度不及 CSAMT | |
| | 甚低频率法 | | 查找高极化体，无源，便捷 | 定性，受地电干扰大 | |
| | 地质雷达 | 介电常数 | 分辨率高 | 一般探测深度较小，一般小于 30m，低频略大 | 探测隐伏断层、岩溶破碎带位置；探测地下洞穴位置、埋深、空间形态 |
| | 核磁共振 | 原子核弛豫性质差异 | 直接找水方法，可识别非水引起的低阻异常；信息丰富，包括含水量、深度和厚度，孔隙度等 | 工作区应尽量避开电力线、电机及火成岩分布区，探测目标埋深应小于 150m | 探查含水层岩石结构与分布；定量评价含水层的参量，判断充填物性质 |

（2）地质雷达。雷达波遇含水层有明显的强反射波异常，地质雷达在探测深度 0～30m 范围内，分辨率较高，误差均小于 1m。推断的岩溶发育异常带，准确度较高，是表层岩溶找水的有效方法之一。

（3）瞬变电磁法。为时间域的人工源主动探测法，对含水的高导地层灵敏，并且有较强的抗干扰能力。该方法的探测深度与所使用的磁矩（即发射框面积乘以发射电流大小）大小成正比，一般有效分辨区间为 400m 以内。突出优点是观测纯二次场，且不受静态、近场效应、地形、接地条件影响。

瞬变电磁法不足之处是数据量大、解释较为复杂，不便于野外工作的快速分析和现场决策。

（4）地面核磁共振找水方法。核磁共振是目前较为直接找水的方法，在其探查深度范围内，可对地下含水层的赋存状态和水文地质参数进行定量解释。还可以用来区分电阻率法的异常性质，即区分岩性变化引起的视电阻率假异常。

（5）可控源音频大地电磁法（CSAMT）。勘探深度大（几十米到几千米），工作效率高，成本低；水平方向分辨能力高，垂向分辨能力好，地形影响较小，高阻层的屏蔽作用小。

根据不同的勘探目的与要求，选择合适的探测方法。

（1）大范围地下水资源调查评价。由于地下水资源调查评价的探测区域较大，考虑工作效率和仪器设备配置问题，应先对整个工区进行瞬变电磁、可控源音频大地电磁等方法探测，以便快速确定储水构造。

（2）在有限区域找水。当可供探测区域较小时，例如新建工厂、小型新开发区等，可以直接先进行核磁共振、地质雷达、纳米瞬变方法探测，探测工区的地下水含量，如果地下水的含量前景可观，在固定含水异常区后再布置直流电法，结合视电阻率异常的特征选定出水井位。

（3）孔隙水。浅层一般情况下采用直流电测深法或激电测深法较为适宜，成本低、方法简单。视电阻率参数可确定含水层结构和地下水矿化度，激电参数用于了解富水性。沙漠区地表极为干燥，电极接地电阻较大，供电困难；对于浅部高矿化度地区，电阻率偏低，导致供电电流过大，需大功率供电设备，此时可选择频率域电磁测深法观测系统，易于开展工作，效率高。

(4) 岩溶水。由于地表水与地下水转化频繁，地下水空间分布极不均匀。浅层可选择探地雷达技术，中深层可选择 EH-4 电导率成像系统、瞬变电磁法。

(5) 构造裂隙水。物探勘查首先要快速、准确地查明构造裂隙带的平面分布特征，可选择的方法有可控音频大地电场法、甚低频法等。在此基础上，选择有利地段了解构造带的地下空间展布情况及其富水性。一般情况下，在地质背景清楚、条件简单的地区，激电测深法较为简单、实用、有效，视电阻率参数可了解构造带岩性结构变化，激化参数可确定富水部位；而在条件复杂的地区，可利用频率域电磁测深法了解构造产状及裂隙发育情况，进而采用核磁共振技术确定含水层段和富水性。

(6) 咸淡水的划分，浅层可采用电阻率测深，深层可采用音频大地电磁测深法，根据含水层电阻率值分析判断地下水矿化度，划分咸淡水界面、埋深等。

(7) 用核磁共振方法区分低阻异常的性质，可以判别低阻异常是否含水。

## 13.3 瞬变电磁法在勘查地下水工程中的应用

为调查地下水资源，采用瞬变电磁法对四川南部与云贵两省接壤山区地下水分布情况的调查。

### 13.3.1 瞬变电磁法探测工作

1. 工程条件

某地区出露地层为第四系全新统及三叠系上统须家河组，最老地层为志留系中统韩家店组，其中缺失志留系上统、泥盆系和石炭系地层。主要地质特征如下：

(1) 第四系（Q）。由坡积、残积和冲、洪积物等组成，常分布在坡麓、低洼地、沟谷及河床边滩部位，其成分为杂色黏土、砂粒、碎石等。厚度为 2～5m。

(2) 三叠系。上统须家河组（$T_3xj$）。灰、黄色中至厚层状细至粗粒石英砂岩，夹灰、深灰、黄灰色薄层状粉砂岩、泥质粉砂岩和砂质泥岩、泥岩。中统雷口坡组（$T_2l$）为一套浅水碳酸盐及陆源碎屑沉积，平均厚度约 230m 左右。下统：嘉陵江组（$T_1j$）属一套潮间坪、潮上坪的碳酸盐沉积，总厚度约 400m 左右。飞仙关组（$T_1f$）属一套潮间、潮上坪沉积。层状泥岩、砂质泥岩、泥质粉砂岩、粉砂岩，泥灰岩、钙质泥岩，平均 272m。

(3) 二叠系（P）。上统长兴组（$P_3c$）。深灰色中—厚层状含生物碎屑泥晶、粉晶灰岩，含少量燧石结核，底部夹薄层状泥灰岩，平均 47m。上统龙潭组（$P_3l$）为海陆交互相沉积的含煤岩系。岩性主要由灰及黑色泥岩、黏土岩、砂质泥岩、粉砂岩、砂岩，夹炭质泥岩和煤层组成，平均 89.78m。中统茅口组（$P_2m$）碎屑灰岩，厚层状灰岩，黑色泥灰岩，层状微晶灰岩夹薄层砂屑灰岩，平均 239m。中统栖霞组（$P_2q$）。层状砂屑灰岩、微晶灰岩；层状灰岩夹砂屑灰岩条带。中、下部为深灰、浅黑色中厚层状微晶灰岩，平均

124m。下统梁山组（$P_1l$）。灰、深灰色薄层状粉砂岩、泥质粉砂岩、砂质泥岩，夹黏土岩、炭质泥岩及煤线。厚0～12m，平均6m。

2. 瞬变电磁法设备与技术参数的选择

此次瞬变电磁法设备采用美国ZONGE公司的GDP－32Ⅱ电法仪器和随机配套解释工作站，信号发射采用中功率发射机ZT－30，发射频率与接收机实现同步。GDP－32Ⅱ多功能电法工作站为宽频带、多通道、多功能的数字式接收机，通过软件实时采样，自动剔除天然电磁场干扰。

先对区域的正常场进行探测，并选择合适的探测技术参数。根据现场试验方案的试验结果对比，确定瞬变电磁法生产参数如下：①发射极距边长：800m×800m；②接收线圈面积：10000$m^2$；③发送基频：4Hz；④采样延时：240μs；⑤发送电流：10A；⑥叠加次数：大于128次；⑦从电压衰减曲线特征上看，晚期道由于受地区干扰电平和仪器噪声的影响，在高干扰地段调整叠加次数，提高深部信息的信噪比；⑧使用了较大的发射线框（800m×800m），根据本区浅部的地电特征，无法获取浅部信号。

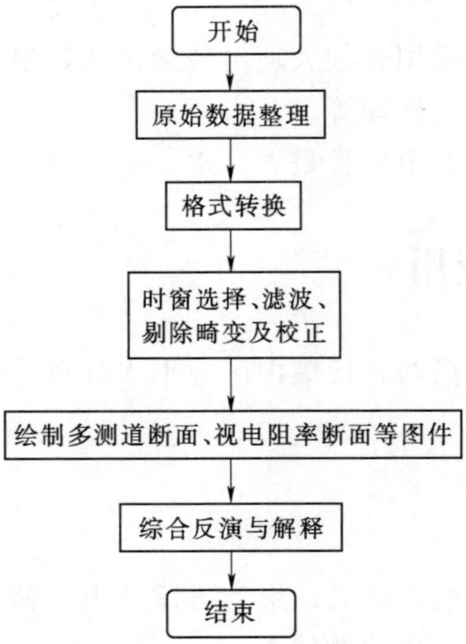

图13.2　瞬变电磁法资料处理流程

3. 数据的采集与处理

在野外观测时，按照有关规范作业，及时对野外观测数据进行处理。数据处理是资料解释的重要环节，通过数据处理，消减外部电磁场干扰，改正装置及仪器产生的响应幅值变化，恢复地下导电地质体瞬变响应的衰变特征和规律。

数据处理主要包括：①数据的预处理；②强干扰剔除；③数据滤波；④装置自耦合效应与固有过渡过程的校正；⑤斜阶跃波后沿影响的改正；⑥瞬变电磁法资料的反演。

其主要流程如图13.2所示。

### 13.3.2　物探结果的解释与主要成果

物探反演结果解释，既要依据地球物理规律，又要与已知水文地质资料相吻合。根据本区地层岩性情况和勘探资料，综合分析认为，该地区各地层之间均有较明显的电性差异，规律大致如下：垂直方向上，正常情况下，纵向上三叠系上段主要岩性为砂泥岩，地层电阻率为中低阻表现；三叠系下段和二叠系龙潭组上部中灰岩、泥灰岩所占比例较大，地层电阻率为中高阻表现；二叠系龙潭组煤系地层以粉砂岩和泥岩为主，电性为中低阻表现；二叠系下部茅口组以灰岩为主，厚度较大，地层的电阻率较高。在纵向上，整套地层电性呈现为中低—中高—低—高的特征反映，呈为KHA型。

在横向上，沉积地层的电性正常情况下是均一或变化不大的。当存在富水性的良导电地质体时（如断层破碎带富水，充水溶洞、裂隙、暗河等）都将打破横向电性的均一性，具有一定规模时可改变纵向电性的变化规律，表现为局部的电性异常。

1. 裂隙水

根据以上述分析，在断层附近，视电阻率值发生急剧降低往往与富含水裂隙相关。如图 13.3 所示，图中标示断层为三维地震推断断层，三条断层 DF16、F418 与 F16 均处在低阻异常区附近，图中标注的蓝色椭圆区域，低阻异常区存在低阻闭合圈，推断在图中 DF16、F418 及 F16 为富含水裂隙。

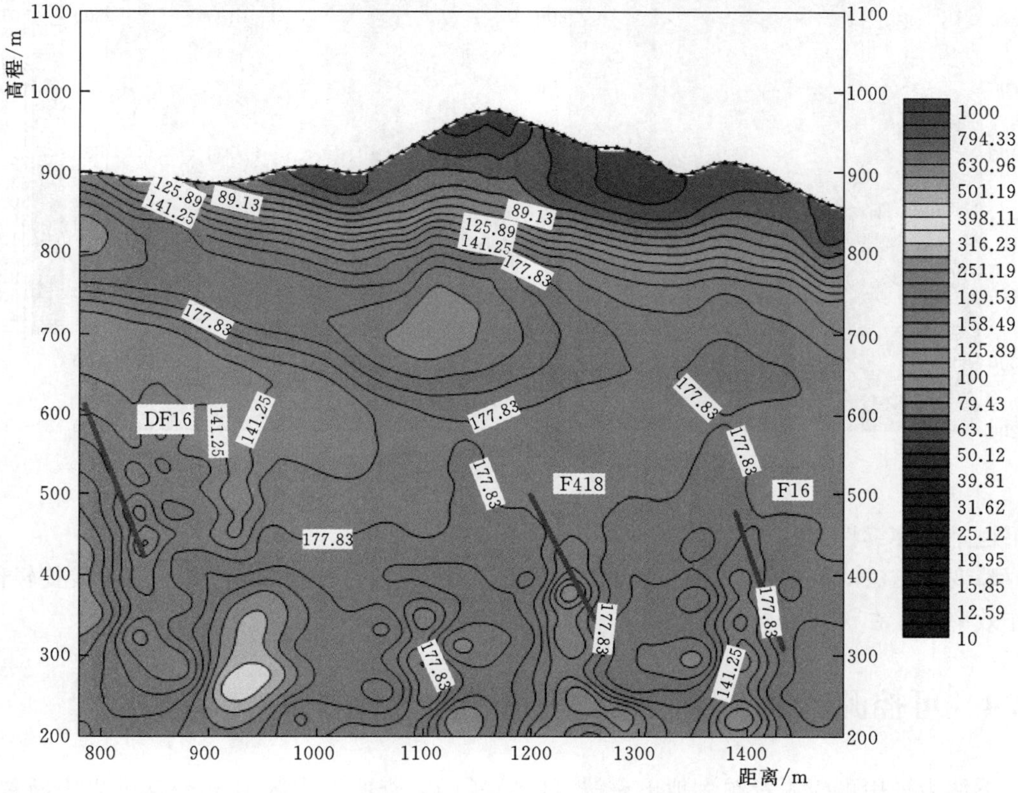


图 13.3　含水断层在电性剖面

2. 岩溶水

暗河或岩溶通道同裂隙水一样，打破横向电性均一性、呈现低阻异常。此外，在空间中表现为通畅的水力连续性。图 13.4 为相邻测线的视电阻率断面图，标注的蓝色椭圆区域，表现的低阻条带。可以看出，电阻率有一定横纵向变化，呈空间上连续，说明岩体中含水性存在相通或延续，推断为暗河或岩溶通道。

绘出岩溶通道空间轨迹，可以看出它与已经发现的溶斗、溶洞相连。此外，其流向变化，受各断层裂隙控制，地下暗河的转折与断层走向转折吻合较好。

通过勘查可以看出，虽然裂隙水与岩溶水的探寻有相当难度，但由于充水裂隙与溶洞、暗河都将打破横向电性均一性，采用瞬变电磁法可以进行有效的探测。

在瞬变电磁法资料的反演分析时，应根据断层、裂隙、暗河相互联系规律，结合已知地质、水文、勘探资料综合分析。在断层附近，视电阻率值发生急剧降低往往与富含水裂隙相关。由于暗河或岩溶通道，在空间中表现为通畅的水力连续性，对应的瞬变电磁探测

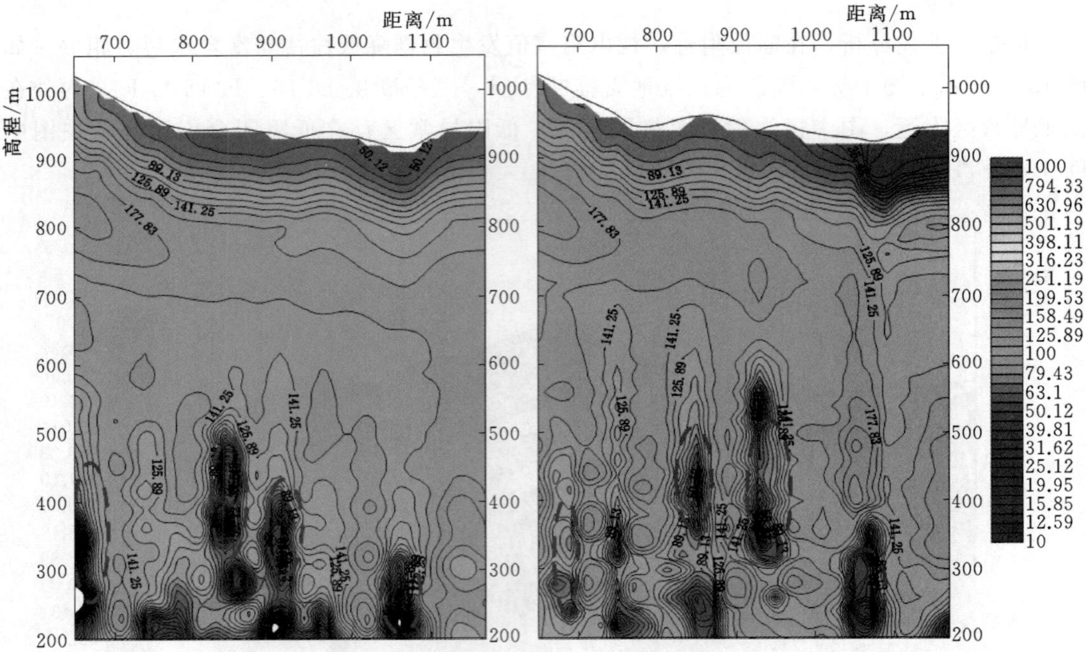


图 13.4 暗河（岩溶通道）在相邻视电阻率断面图上的反映

结果也呈现连续性。

瞬变电磁法对高阻层的穿透能力强，对低阻导电层的反映相当灵敏，同时装置轻便、工作效率高，在深层探寻地下水源具有明显的优势。

## 13.4 可控源音频大地电磁法应用于地热

下例为采用可控源音频大地电磁法（CSAMT），查明工作区 1500m 深度以内断裂构造、地层等的空间分布情况。探测目的为圈定地热储远景区，为深部地热钻探提供设计依据。

### 13.4.1 工程地质概况

工作区位于湘、鄂、赣边界，湖南平江县大坪乡辖区，总面积约 5.3km$^2$。平江石牛寨测区内缺失整个古生代、早中生代地层。出露的主要为中元古代的浅变质岩系，晚中生代及古近纪的陆源碎屑岩，第四纪的残坡积松散堆积物和小河冲积砂砾及黏土。

1. 地层情况

（1）中元古界冷家溪群（$Pt_2ln$）。在工作区中部；岩性特征：浅灰、浅绿色、浅灰黄色、条带状粉砂质板岩夹大量板岩、少量浅变质细砂岩、粉砂岩；深度大于 24431m。

（2）上白垩统戴家坪组（$K_2d$）及其上覆古近系古新统（$E_1$）。工作区的主要地层，在东部、南部、东南部大面积出露；岩性特征：绛紫色巨厚层长石石英细砂岩、淡黄色细砂岩、含砾砂岩、偶夹砾岩透镜体；上白垩统戴家坪组（$K_2d$）深度大于 2165m，古近系古新统（$E_1$）深度约 2050m。

(3) 第四系 ($Q_4$)。出露于工作区中南部、东北部，在孚西与孚东村山间凹陷，汨罗江支流，汨水河沿岸沉积，具河漫滩二元结构的松散堆积物；深度为 14～21m。

2. 地质构造

区域大地构造上，平江石牛寨测区位于新华夏系第二复式沉降地带（Ⅰ）-湘东早-晚期新华夏系褶断带（Ⅱ）中幕阜山铜盆寺新华夏系隆起带（Ⅲ）与平（江)-衡（阳）早-晚期新华夏系拗陷带（Ⅲ）的构造耦合位置。地壳升降运动、断裂构造活动频繁。

3. 岩浆岩

燕山早期是湘东北新华夏构造体系强烈活动的时期，岩体中也有多次侵入活动，工作区北西部出露燕山早期的幕阜山岩体，侵入上限不明，沉积下限为上白垩纪，岩性主要为中粒、中粗粒-斑状黑云母二长花岗岩。

同时，在幕阜山燕山早期花岗岩体中，分布着平行密集的断裂群且具有一定规模。另外，在幕阜山岩体南侧还分布有北东东向断裂，并被北北东向主干断裂所截切。具有多次活动的特点，硅化强烈，断裂破碎带宽一般十几米到几十米。

### 13.4.2 工作方法及工程布置

1. 工程测线布置

测量工作主要是物探测网布设、测深剖面布设和异常点、电测深点测量。本次工作部署共计 7 条测线，测线长总计 7.65km，点距为 50m/40m（测点共计 169 个，含 6 个检查点)。

2. CSAMT 参数与地层物理参数特征

CSAMT 法由发射极 *AB* 至接收机间的距离为 6～8km，电偶极子 AB 间距为 1.2km，电流为 9A～13A，最小有效勘探深度 1500m，测点偏离发射偶极子中垂线最大角度 3°，符合理论上小于 30°的要求，测量频率范围为 0.125～8192Hz。

通过地质资料与 CSAMT 测深数据对比，总结本区各地质体地球物理参数特征，见表 13.3。

**表 13.3　　地层地球物理参数特征表**

| 地层 | 均值/(Ω·m) | 范围/(Ω·m) | 地层 | 均值/(Ω·m) | 范围/(Ω·m) |
|---|---|---|---|---|---|
| 第四系 | 100 | 20～300 | 白垩系 | 350 | 50～600 |
| 冷家溪群 | 1500 | 600～3000 | 花岗岩 | 5000 | 3000～10000 |
| 断裂 | 500 | 20～600 | | | |

### 13.4.3 探测成果解释推断

1. 典型剖面解释推断

测区共布设 7 条测线，其中 A、C、F 线为设计工作量，点距 50m，为了进一步确定断裂的空间位置，后又补做 B、D、E、G 线，其中 E、G 线点距 40m。测区内干扰较小，数据质量较高。本次数据处理的流程是先对各条剖面原始数据进行预处理，再在其基础上进行二维反演及成图。

如图 13.5 所示，为 D 线反演图，由图可见：该剖面分界面明显，点 0～50m 段为全频段高阻，电阻率值大于 3000Ω·m；点 250～1250m 段高频电阻率较小，约为 400Ω·m，

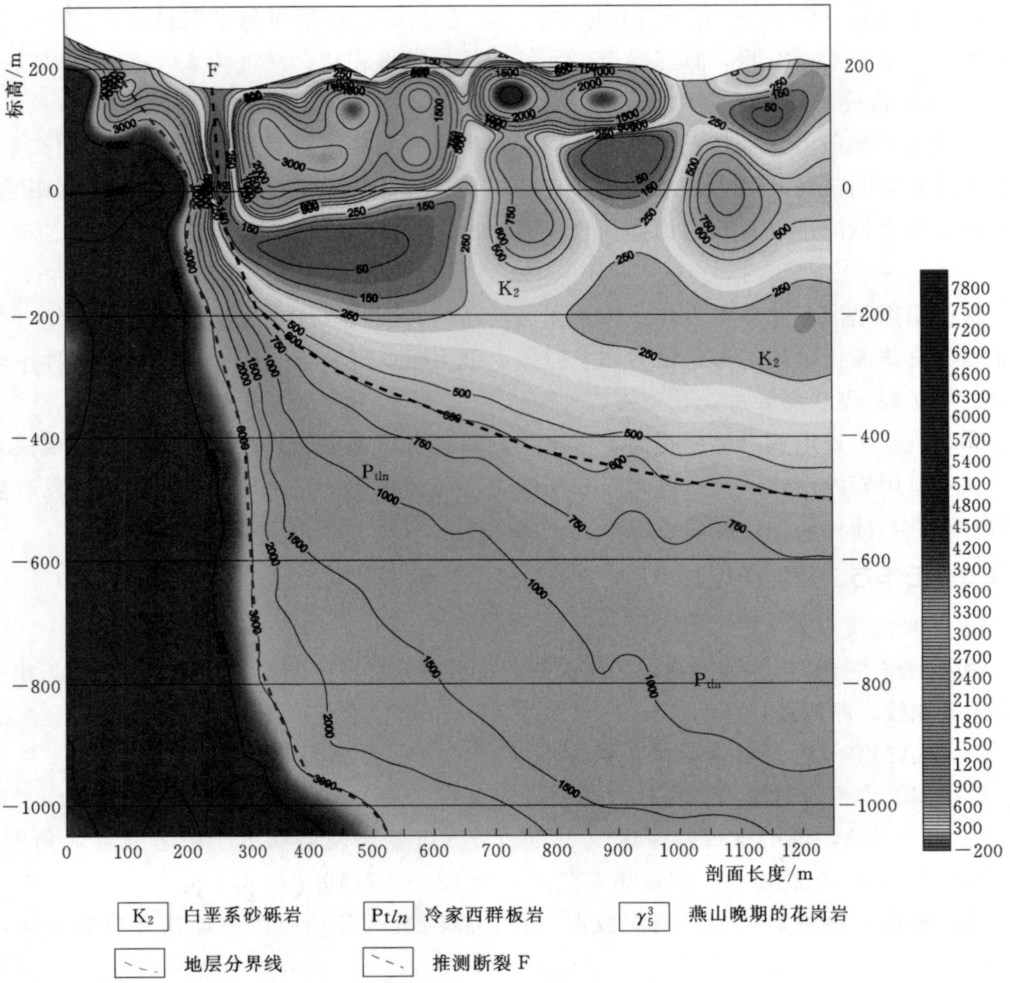


图 13.5 断面 CSAMT 测探反演图

中、低频为中高值，电阻率值约为 1500；同时在点 250m 处有一明显电性分界面，倾向南东，倾角上陡下缓，约为 70°，控制深度约为 700m。

推断：①在点 250m 处存在一断裂 F，该断裂倾向南东，倾角上陡下缓，约为 70°，控制深度约为 700m，为白垩系砂砾岩和冷家西群板岩的分界面；②在点 250～1250m 段高程－500～200m 段推测为白垩系砂砾岩，在点 50～1250m 段高程－1100～00m 段推测为冷家西群板岩，在点 0～50m 段高程－1100～200m 段推测为燕山早期花岗岩体。

2. 测区地层岩性解释

根据各测深剖面以及钻孔资料相对应的地层岩性及其电阻率特征，概略的圈定了不同时代地层。

(1) 白垩系（K）地层。该地层岩性主要为砂砾岩，物性特征表现为低阻，电阻率值约为 250Ω·m，主要分布在测区的东面。在各线上均有反映，主要分布在 F 断裂（即 A 线的 450m、B 线的 150m、C 线的 570m、D 线的 50m、E 线的 80m、F 线的 250m 和 G 线的 80m 的点）的东面，该地层厚度较大，深度大于 1km。

(2) 冷家溪群($Pt_2ln$)地层。该地层岩性主要为板岩，电阻率表现为中高阻，电阻率值约为 1500Ω·m，主要分布在测区的北西面成带状分布。在各线上均有反映，与白垩系(K)地层呈不整合接触，被断裂 F 错开，该地层厚度较大，延伸深度大于 1km。

(3) 花岗岩($\gamma_5^3$)。该岩体为燕山早期的幕阜山岩体，岩性主要为中粒、中粗粒-斑状黑云母二长花岗岩，物性特征表现为高阻，电阻率值约为 5000Ω·m，主要分布在测区的西面，在各线深部均有反映。

3. 断裂构造带

综合各测深剖面的地质解译，区内共圈定 1 条断裂构造(F)，该断裂带为白垩系(K)和冷家溪群($Pt_2ln$)地层的不整合接触面，现说明如下(图 13.6)：

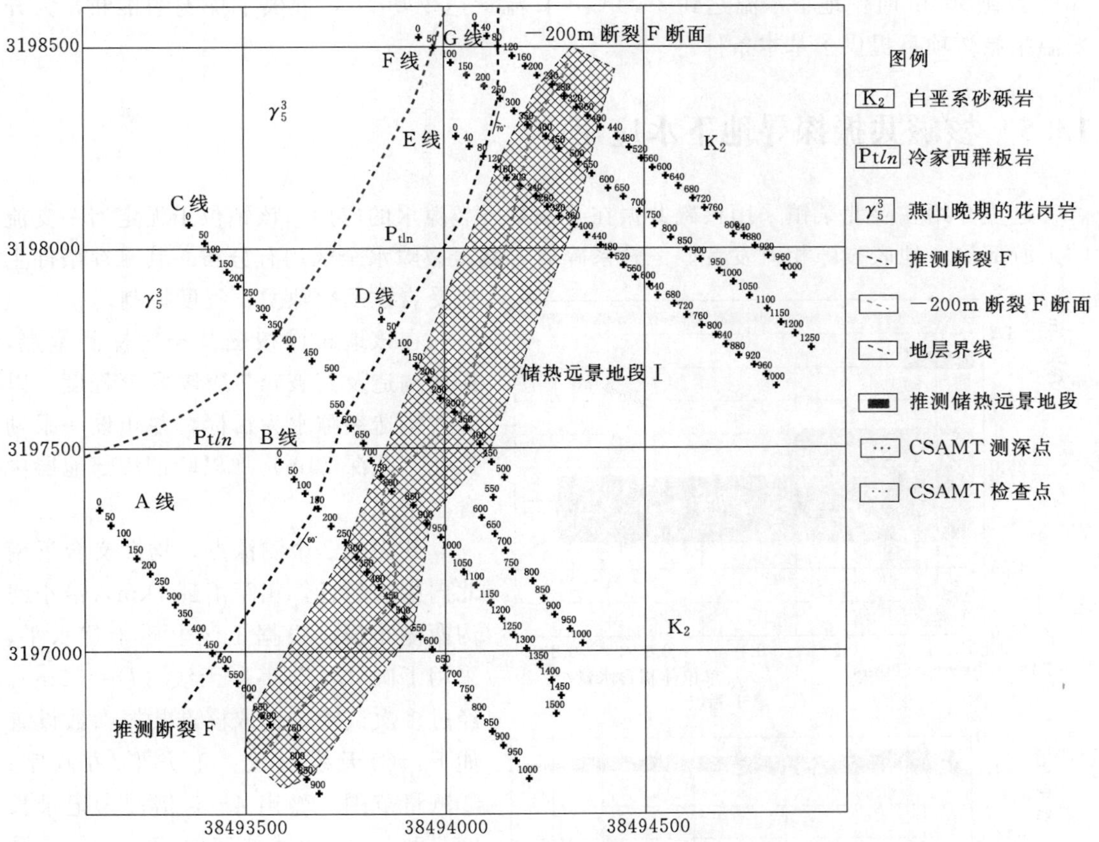


图 13.6　CSAMT 测探综合成果图

断裂 F：由 A 线的 450m、B 线的 150m、C 线的 570m、D 线的 50m、E 线的 80m、F 线的 250m 和 G 线的 80m 的点控制，控制长度约 2km。该断裂走向呈北东向∠30°分布，倾向南东，倾角 60°～80°，呈上陡下缓的趋势，延伸深度大于 1000m。该断裂为白垩系(K)和冷家溪群($Pt_2ln$)地层的不整合接触面，断裂宽度大，含水性好。

4. 富水远景区

本次工作首先采用大点距测量，多条测线控制，大致圈定出测区内构造的分布特征，其次对储热有利地段进行加密观测，确定储热体的具体位置，通过本次测量共圈定一处储热远景地段（图 13.6）。

储热远景地段Ⅰ：经分析该区构造简单，储热地段主要分布在断裂 F 的东侧（即 −200m 断裂 F 断面线附近），分别由 A 线的 600～850m、B 线的 300～550m、C 线的 750～900m、D 线的 150～450m、E 线的 120～360m、F 线的 350～550m 和 G 线的 240～400m 控制，控制长度约 2km，控制面积约 0.6km$^2$。该区靠近幕阜山岩体，且 F 断裂切割深度大、范围广，为深部的热传导、沟通深部热源的热对流提供了良好通道，且地表出露白垩系（K）的砂砾岩，厚度大，其透水、通气、导热性均较差，为下伏热储提供很好的隔热保温层，值得重视。

2012 年 6 月中旬，湖南石牛寨地质公园地热勘探工地经过近 8 个月的紧张钻探，在深度达到 305m 时，地下水温达到 35.4℃，日流量达 1500m$^3$，证实了探测的推断，为开发温泉旅游项目提供了基本条件。

## 13.5 核磁共振探寻地下水应用

这里介绍在陕北某镇采用核磁共振在寻找基岩裂隙水的应用，该镇位于无定河一支流的上游部位，地表裂隙相对发育。三叠系碎屑岩基岩裂隙水全区均有分布。其赋存条件主要受岩性及裂隙发育程度控制。

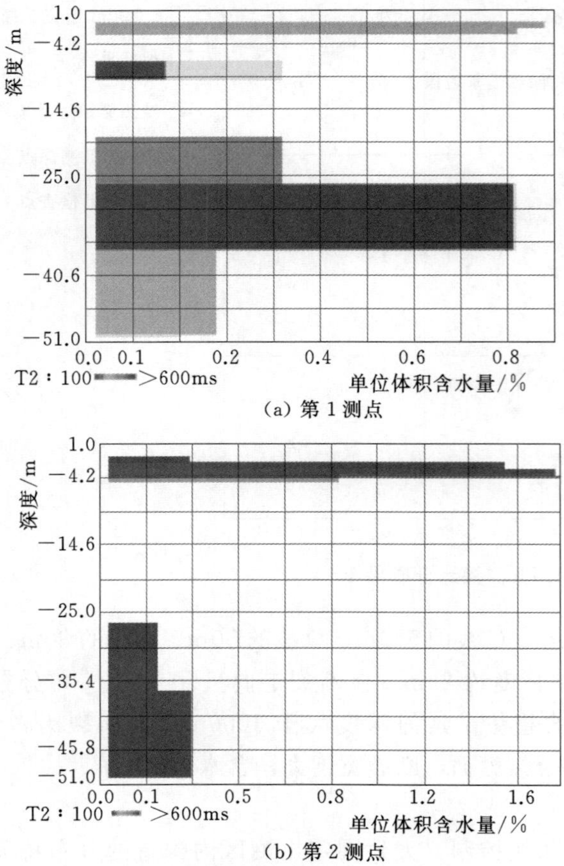

图 13.7 核磁共振探测结果

在该地布设核磁共振物探测量点，探测构造及其破碎带裂隙发育程度，以寻找构造裂隙水为目标，并布设一眼勘探孔（孔深 70m）加以验证浅部地层中含水情况。

共完成 2 个测深点，均在义合近南北向褶皱附近，相距不到 1km，沿小河沟西侧布设。根据工区电磁干扰水平，采用了圆“∞”字形天线（$D=50$m）。经过多次试验，选取核磁共振参数设置如下：①天线形状：正方形/方八字；②测量范围：噪声 4～5 倍；③记录长度：240；④脉冲持续时间：40；⑤脉冲矩的个数：16；⑥叠加次数：128。

核磁共振测深点含水量直方图，横坐标为单位体积含水量，%；纵坐标为深度，m；如图 13.7 所示的第 1 测深点含水量直方图可知，工区有 2 个主要含水层，第 1 个含水层位于 6～10m 深处，含水层的 MRS 信号平均衰减时间常数 $T_2^*=550$ms；第 2 个含水层位于

19～27m，其 $T_2^*$ =370ms。越向下，衰减时间 $T_2^*$ 值越小，说明下部地层越来越完整。第 2 测点反映探测结果不如第 1 测点好。

为了验证测试结果，在测量范围内，选择其中的核磁共振第 1 测深点验证，进行钻孔（编号为 J-1）施工。施工结果，钻探岩芯 6.60～10.20m 可见基岩裂隙发育，其下为完整的砂岩与泥岩互层，风化微弱。通过抽水试验验证，水位降深 52.98m，水量 20.74$m^3$/d，说明上部基岩裂隙充水，下部裂隙不发育，处于无水状态，与地面核磁共振解释吻合得很好。从另一侧面说明，核磁共振在绥德地区层状基岩找水也是成功的。

## 13.6 航空电磁方法及其在找水中的应用

下例为 1996 年为迅速缓解区内水资源严重匮乏的局面，国土资源部航空物探遥感中心利用高效的航空电磁法，在山东黄河口地区寻找浅层淡水。以 1∶5 万航空物探测量资料为基础，结合水文地质资料，对本区航空电磁异常特征与海侵程度、浅层淡水的关系进行了分析，总结出本区浅层淡水的分布规律。

测区位于华北平原东南部，鲁北平原东部，由于多次海侵，致使海积层和冲海积层广泛分布，地下呈水平分带。总体上看，可分为全淡水区，全咸水区和咸淡水重叠区。

由于其含水量、补给量和挥发量的差别，使浅层水水质发生变化。常见的水质有淡水、过渡类型水（半咸水）和咸水，各类不同水质地下水的视电阻率一般为：淡水大于 30Ω·m，过渡类型水 15～30Ω·m，咸水小于 15Ω·m。从视电阻率可知，航电发现咸水容易，但要把淡水和过渡类型水区分开来比较困难。除了不同水质地下水存在电性差异，关键是它们都呈大面积宽带状展布，而且分带明显。其分布规律为：中间是淡水，两侧是过渡类型水，最外侧是咸水。全区共圈定了 29 处异常，编号为鲁 D-96-1～D-96-29。

鲁 D-96-1 位于宁海盐窝一带（图 13.8），电磁场强度明显降低，呈北向条带分布，520Hz 电磁场强度为（−100～500）×$10^{-6}$，异常范围相对较大，2020Hz、8020Hz 电磁场也具有类似的特点，推测该异常从浅部到深部均赋存地下淡水。异常区西部有一水文钻孔 HJ11，深 12.4m，矿化度 1.55g/L，水质较好。遥感解译认为该异常位于古河道的交汇部位，这说明淡水体补给时间长，水量相对较大。

鲁 D-96-3 位于鲁 D-96-1 的东北部（图 13.8），520Hz 低值条带状异常较明显，推测淡水体主要分布于中深部，浅部水矿化度升高，为黄河古河道赋存地下淡水引起。

航电找裂隙水必须具有下面三个条件：裂隙水埋深浅；裂隙水与围岩电性差异明显，且本身的视电阻率较低（几欧姆米至几十欧姆米）；裂隙水沿裂隙走向长度相当大（至少应大于 2 倍测线距）。满足埋深浅和带状展布的裂隙水，大多分布在温湿丘陵地区。从上面论述可知，航电找裂隙水的地质效果是十分有限的。

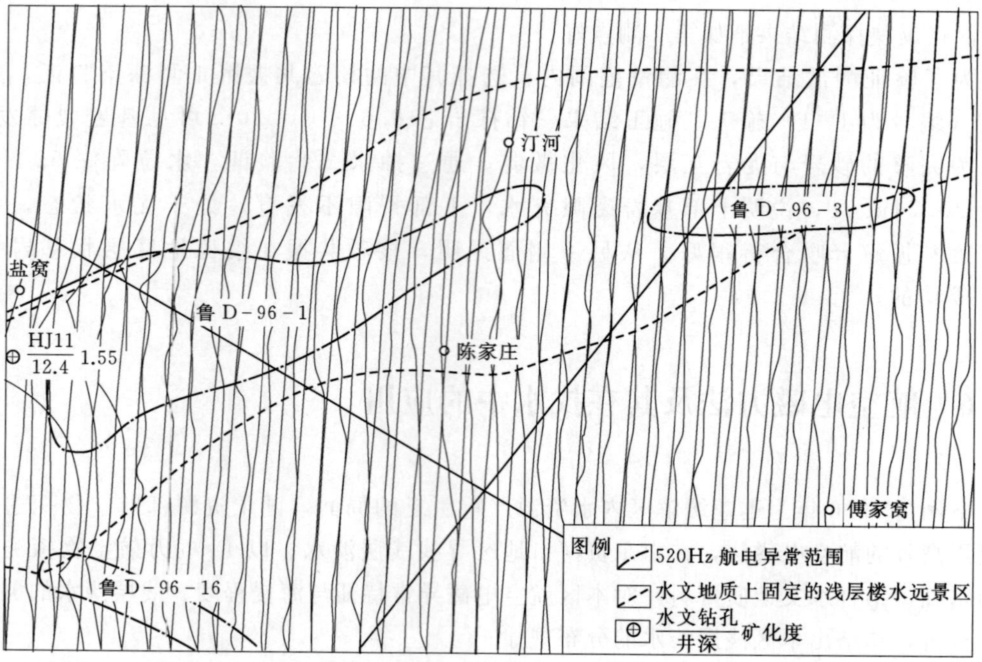


图13.8 航电异常520Hz标差异常剖面图（鲁D-96-1和鲁D-96-3）

# 参考文献


[1] 雷栋，胡祥云，张素芳. 航空电磁法的发展现状［J］. 地质找矿论丛，2006，21（1）：40-44.

[2] 满延龙. 国外航空电磁法现状和我国现阶段航电的发展［J］. 物探与化探，1994，18（3）：174-178.

[3] 王越胜，王卫平. 航空电磁法在黄河口地区寻找浅层淡水的地质效果［J］. 物探与化探，1999，23（2）：115-121.

[4] 廖桂香，吴珊，西永在，等. 沙地区航空电磁法找浅层水和土壤盐渍化普查效果［J］. 物探与化探，2013，37（5）：899-903.

[5] 胡平，李文志，李军峰，等. 固定翼时间域航空电磁勘查系统研发进展［J］. 地球学报，2012，33（1）：7-12.

[6] 帅恩华. 陈烜. 瞬变电磁法在抗旱找水中的应用［J］. 工程地球物理学报，2011，8（4）：408-411.

[7] 姜军，马媛. 地面核磁共振在陕北基岩裂隙水地区找水的应用［J］. 地下水，2011，33（5）：91-93.

[8] 王宇. 岩溶找水与开发技术研究［M］. 北京：地质出版社，2007.

[9] 肖宏跃，雷宛. 地电学教程［M］. 北京：地质出版社，2008.

[10] 李振宇，唐辉明，潘玉玲. 地面核磁共振方法在地质工程中的应用［M］. 武汉：中国地质大学出版社，2006.

[11] 李振宇，李俊丽，潘玉玲. 地面核磁共振找水方法综述 [J]. 勘探地球物理进展，2002，25 (6)：55-58.

[12] 帅恩华，陈烜. 瞬变电磁法在抗旱找水中的应用 [J]. 工程地球物理学报，2011，8 (4)：408-411.

[13] 唐新功，胡文宝，严良俊. 瞬变电磁法找水研究 [J]. 工程地球物理学报，2005，2 (3)：181-184.

# 第 14 章　矿山及隧洞水害探测

## 14.1　常见矿山及隧洞水害的形成

### 14.1.1　矿山与隧洞水害形成机理

矿山与隧道施工中，突水是指大量地下水突然集中涌入井巷的现象。矿井突水水源按其来源可以分为大气降水、地表水体、地下水体等。主要有溶洞-溶蚀裂隙水、含水层水、断层水、封闭不良的钻孔水、采空区形成的水体等。超前地质预报主要是查清前方的工程地质、水文地质条件，降低灾害发生的概率与危害程度。

导水通道可分为地层的空隙、断裂带等自然形成的通道和由于采掘活动等引起的扰动涌水通道两类。

1. 自然形成的导水通道

自然形成导水通道包括以下几种：

（1）地层的裂隙与断裂带。坚硬岩层中的矿床，其中的节理型裂隙较发育部位彼此连通时可构成裂隙涌水通道。依据勘探及开采资料，我们把断裂带分为两类，即隔水断裂带和透水断裂带。

（2）岩溶通道。岩溶空间极不均一，可以从细小的溶孔直到巨大的溶洞。它们可彼此连通，成为沟通各种水源的通道，也可形成孤立的充水管道。

（3）孔隙通道。孔隙通道主要是指松散层粒间的孔隙输水。

2. 由于采掘活动引起的扰动涌水通道

开采与掘进作业打破原有的地下应力、地下水的平衡状态，产生扰动、形成松动圈。这种扰动产生以下问题：

（1）采场断层会发生重新活动，使断层两盘由黏结状态变为断开状态；断层端部及断层派生节理发生扩展，从而使断层带及其附近岩体的渗透性大大增强。原来的非导水断层可能转变为导水断层而引发突水。在隔水层上部原有裂隙发生贯通性破坏，同时产生新裂隙，形成矿山压力破坏带。

（2）采动扰动后应力状态的变化，隔水层下部岩体受矿山压力扰动影响，裂隙发生扩展，承压水随之渗入，由于承压水的劈裂作用和软化作用，使裂隙更易于发生扩展。

开采与掘进作业产生新的导水通道：

（1）顶板冒落裂隙通道。采用崩落法采矿造成的透水裂隙，如抵达上覆水源时，则可导致该水源涌入井巷，造成突水。

（2）底板突破通道。当巷道底板下有间接充水层时，便会在地下水压力和矿山压力作用下，破坏底板隔水层，形成人工裂隙通道，导致下部高压地下水涌入井巷造成突水。

(3) 钻孔通道。在各种勘探钻孔施工时均可沟通矿床上、下各含水层或地表水，如在勘探结束后对钻孔封闭不良或未封闭，开采中揭露钻孔时就会造成突水事故。

3. 孕灾模式类型

孕灾模式是隧道突水突泥灾害的孕育过程，即在开挖扰动作用下，掌子面逐渐靠近致灾系统，抗突体由稳定—劣化—破坏直至发生突水突泥的灾变动态演化过程。通过对大量隧道突水突泥灾害案例的总结和分析，依据灾害孕育发展过程与破坏特征的不同，将隧道突水突泥孕灾模式划分为：

(1) 直接揭露型。隧道开挖过程中逐渐靠近致灾系统并最终直接将其揭露，致灾系统内水体和充填介质在重力和水压力作用下喷射而出，涌入隧道发生突水突泥灾害。

(2) 渐进破坏型。指隧道开挖接近致灾系统过程中，抗突体结构内部产生裂隙，并逐渐发展、贯通最终导致抗突体弱化、失效，地下水和充填介质涌入隧道内部而发生突水突泥灾害。

(3) 渗透失稳型。隧道掘进过程中，致灾系统内部充填介质在高压水作用下产生渗流，充填介质中细颗粒被逐渐带出充填介质以外，形成贯通的渗流通道，导致抗突体破坏，从而诱发突水突泥灾害。

(4) 间歇破坏型。已发生突水突泥灾害的致灾系统，由于突水通道堵塞，涌突水现象减弱，地下水在致灾系统内部重新汇集，当积蓄到一定程度时灾害水源突破隧道抗突体再次发生突水突泥灾害。

### 14.1.2 常见水害类型

1. 煤矿水害类型

(1) 喀斯特充水煤矿床。我国作为世界上第一采煤大国，煤矿床水文地质条件复杂，是世界上矿山水害最严重的国家之一。而我国煤矿水害又以喀斯特型矿山水害为最主要类型，这主要是因为北方广泛分布的石炭二叠纪煤田以太原群和奥陶系石灰岩作为直接或间接底板，南方大部分乐平煤系也以灰岩水为主要充水水源的特点所决定的。但是从矿床水文地质角度来分析，不管是北方煤田还是南方煤田，严重威胁矿井安全的矿井充水水源主要是喀斯特类型的含水层。

(2) 岩裂隙充水煤矿床。砂岩裂隙水在我们煤矿床中分布也十分普遍，其充水含水层主要为煤系的直接或间接底板。砂岩裂隙水对矿井的充水性强弱主要取决于含水层的构造开启性程度和含水层的厚度。构造开启性好，纯砂岩厚度大的含水层对矿井的威胁更大一些；反之，对矿井的威胁则较小。由于在我国南方和北方的主要煤矿床沉积序列中，砂岩和泥岩往往交互出现，这大大限制了砂岩含水层中构造裂隙的延展性和不同砂岩含水层段之间的水力联系，使得砂岩裂隙含水层水害相对于喀斯特充水矿床，其对矿井安全的威胁程序要弱得多。砂岩裂隙含水层水害的主要特点是，断层、构造裂隙、采矿扰动裂隙或工作面顶板垮落带直接沟通含水层和矿井，从而导致砂岩水突入矿井。

(3) 第四系水及地表水充水煤矿床。第四系水及地表水充水型煤矿床是指煤层埋藏较浅，煤层开采后顶板垮落断裂带可直接引起浅部冲积层水与地表水涌入矿井的水害类型。该类型矿井水害主要分布于我国东北、内蒙古东北部、鄂尔多斯盆地。

2. 金属、非金属类矿床水害类型

在西北，大部分金属、非金属矿床形成和赋存于变质岩系或火成岩地层中。由于西北气候干旱，年降水量少、蒸发量大、基岩裂隙水的补给量和静储量都十分有限，所以基本上不存在水害问题；相反，矿区供水水源短缺成为矿产资源开发的制约因素。

在北方，广泛分布的山西式铁矿类似于该区二叠系煤矿，严重受太原群薄层灰岩的奥陶系灰岩的水害威胁（如河北邯郸、山东莱芜等）。由于山西式铁矿距奥陶系灰岩的距离很近，矿区附近的断裂与岩体构造直接控制着奥陶系、石岩二叠系喀斯特水的补给、径流和排泄条件，断裂破碎带和发育于岩体周边的张开性裂隙往往将灰岩水直接导入矿坑，给该区矽卡岩型矿床的开发带来严重的水害威胁。

在南方和西南，大部分金属矿床属于火成岩体与寒武奥陶系石灰岩接触带的热液变质型矿床。由于矿体与灰岩含水层直接接触，使得该区金属矿床的水文地质条件十分复杂，矿井涌水量很大，喀斯特水一旦被揭露后直接溃入或通过地下暗河溶洞导入，成为矿井突水的一大特点，矿井涌水往往突发性强，水量大。

3. 地下工程施工常见的水害类型

地下工程水害类型是指为了某种目的而实施地表以下某种建设工程时遇到的地下水害问题。实际上矿山水害应该属于地下工程水害的一种特例，只是矿山建设的规模和其地下开挖的广度和深度都远大于人们习惯概念上的地下工程，本节所指的地下工程系指除矿山以外的其他人类地下活动。

（1）隧道及地下硐室水害类型。隧道及地下储放硐室是最常见的地下工程活动，特别是一些大长隧道，由于其往往穿过不同类型的地层、构造，甚至直接穿过含水层，且这类工程一旦开始施工，其位置和延伸方向都无法改变，所以遇到涌水、溃沙、塌方等灾害事故是不可避免的。隧道及地下硐室施工中常见的水害类型有以下几种：

1）切穿导水断层时，通过断层带直接将其上部或下部含水层水导入隧道造成突水。

2）切穿富水（含水）断裂破碎带时，破碎带中的地下水直接涌入隧道。

3）切穿或通过不同类型的含水层时，造成含水层中的水直接涌入隧道。

（2）深大基坑开挖地下水害类型。随着我们国民经济的迅速发展，大型高层建筑数量越来越多，规模越来越大，随之而来的就是深大基坑问题。深基坑开挖一般都活动于第四纪松散沉积含水层中，所以该类工程在施工过程中遇到的水害一般都源于浅部第四系潜水含水层。其水害类型以基坑周壁渗水，基坑底部涌水为主，其带来的灾害除基坑积水影响工程施工外，还往往因地下水渗透压力，地下水渗流潜蚀作用等影响基坑边坡的稳定性。

## 14.2 井巷与隧洞内探测

用于探测物探法可以分为地面物探与地（井）下物探。地（井）下物探对于地下隐伏目标体具有探测精准、快速经济特点。常用的地（井）下物探方法包括：电阻率、瞬变电磁法、地质雷达及其地震波等，近几年来，核磁共振技术在井下探测方面也开展了一些探索工作。在煤矿中用于探测矿井涌水补给源、隐伏导水通道、裂隙带、隔水层厚度和巷道迎头前方含水构造等水文地质问题。在隧洞中用于探测断层、破碎带、软弱夹层、地下洞穴（含溶洞）等。

### 14.2.1 矿井电阻率法

矿井电阻率法可分为：矿井电剖面法、矿井电测深法、巷道直流电透视法、集测深和剖面法于一体的矿井高密度电阻率法、直流层测深法和直流电法超前探等。矿井电剖面法可分为偶极剖面法、对称四极剖面法、三极剖面法、微分剖面法。矿井电测深法可分为对称四极电测深法和三极电测深法。巷道电透视法又分为三极电透视法、赤道偶极电透视法、音频电透视法等。

根据测点和电极在巷道中的位置，又可分为巷道顶板、底板和侧帮电阻率法等。目前，矿井水文物探中常用的矿井电阻率法见表 14.1。

表 14.1　　常用矿井电阻率法及应用范围

| 方　法 | 主要应用范围 |
| --- | --- |
| 巷道底板电测深法 | 探测煤层底板隐伏的导水裂隙带、富水异常区、含水层厚度、隔水层厚度等 |
| 矿井电剖面法 | 探测煤层底板隐伏的断层破碎带、导水通道 |
| 直流电透视法 | 探测采煤工作面底板岩层内富水区、含水裂隙带、陷落柱范围等 |
| 三极超前探 | 探测掘进巷道迎头前方的含水异常区 |

矿井电阻率法的特殊性是由电流场的分布特征决定的。与地面电阻率法不同，矿井电阻率法的供电、测量电极都布置在地下巷道边界上，电流场在巷道周围呈全空间分布状态，即为矿井电阻率法的全空间效应。

研究表明，全空间效应和巷道空间影响的大小及特征与多种因素有关，这些因素包括观测接收装置的形式和大小、巷道长度和横截面的尺寸、巷道围岩的电性特征以及测点位置等。

正演模拟和实验结果都证明了两个基本事实：

（1）布置在巷道顶、底板或其侧帮的供电电源，其电流场在巷道四周分布，因而矿井电法测量结果不单是布极一侧岩层电性的某种反映，而是整个地电断面电性变化的综合反映。

（2）巷道空间对全空间电流场的分布产生较大影响，这种影响与测点、布极点位置、装置形式、巷道所在岩层电阻率等多种因素有关，使全空间电流场的分布更趋复杂化。

### 14.2.2 矿井瞬变电磁法

*1. 矿井瞬变电磁法测点布置及施工方法*

矿井瞬变电磁法工作装置主要有重叠回线和偶极装置两种。应用重叠回线装置或中心回线测量，其优点是地质异常响应大、施工方便；缺点是线圈互感、自感效应强，一次场影响严重。采用偶极装置优点是收发线圈互感影响小，消除了一次场影响；缺点是二次场信号弱。

图 14.1 为矿井瞬变电磁法井下测量方法示意图。矿井瞬变电磁法在煤矿井下巷道内进行，测点间距 2～20m。根据多匝小线框发射电磁场的方向性，可认为线框平面法线方

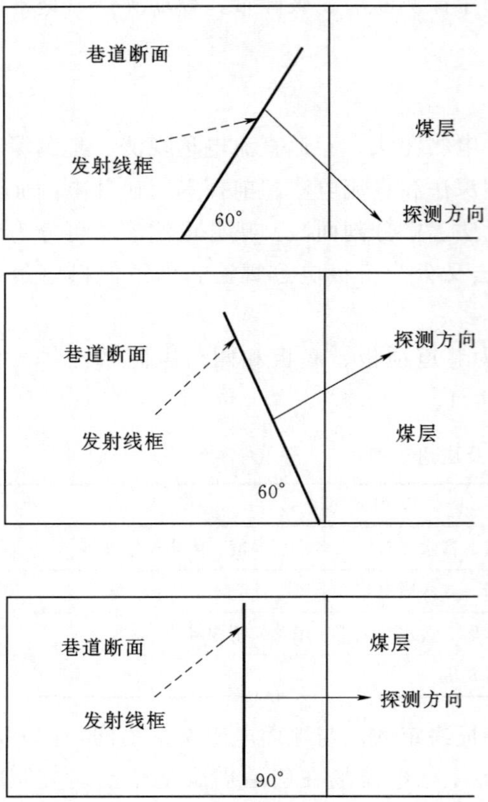

图 14.1 瞬变电磁法探测方向示意图

向即为瞬变探测方向。因此，将发射接收线框平面分别对准煤层顶板、底板或平行煤层方向进行探测，就可反映煤层顶、底板岩层或平行煤层内部的地质异常。

矿井瞬变电磁法对充水构造或充水岩溶等反应灵敏，加之巷道施工空间的选择余地较直流电法大。另外，矿井瞬变电磁法无高阻屏蔽影响，在直流电法因高阻无法接地测量的地方，矿井瞬变电磁法会取得良好探测效果。

2. 矿井瞬变电磁法的资料解释

瞬变电磁法的资料解释步骤是首先对采集到的数据进行去噪处理，根据晚期场或全期场公式计算视电阻率曲线，然后进行时深转换处理，得到各测线视电阻率断面图。最后，根据探测区的地球物理特征、TEM 响应的时间特性和空间分布特征并结合矿井地质资料进行综合解释，划分地层富水区分布范围。

矿井瞬变电磁法由于发射线圈和接收线圈都布置在井下巷道中，全空间效应和巷道影响是巷道围岩介质中瞬变电磁场的两个基本特征，因此理论分析时应注意这两个基本特征。

此外，应注意：①在巷道有限断面内，发射和接收线圈的尺寸受到限制，为提高瞬变电磁场的强度，采用增加线圈匝数的方法，该方法提高探测信号信噪比，但因线圈自感和互感增大致使视电阻率计算值偏低的问题（在 $10^{-2}\sim10^{-4}$ 数量级），需要进行校正；②巷道金属支护材料，铁轨电缆和采掘机电设备等对观测结果产生较大影响，应合理选择测点位置，采用多次叠加技术，保证井下观测质量。

### 14.2.3 矿用地质雷达

地质雷达是井巷与隧洞超前探测常用方法之一，其主要的技术和方法与地面地质雷达类似。值得注意的是，井巷与隧洞地质雷达超前探测中，巷道与隧洞对直达波影响较大，巷道附近各道上直达波能量减弱，波列可能产生明显畸变。此外，在煤矿中探测，应选择矿井防爆地质雷达，目前有 KDL 系列、KJH－D、ZTR12 等型号。

现场探测时，可在掌子面布设“井”字形

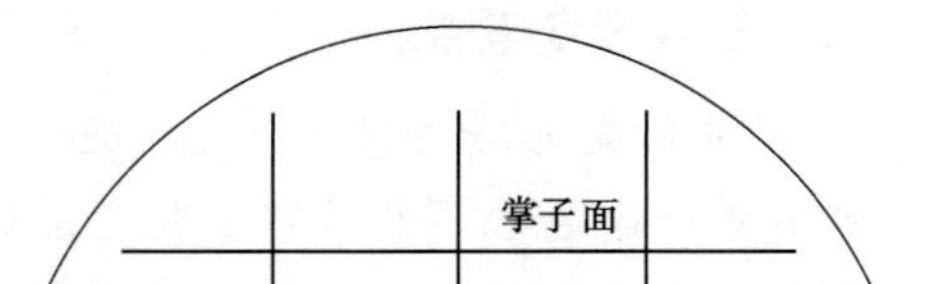

图 14.2 地质超前预报测线示意图

测网。除了探测正前方的岩性外，还应向外偏斜，而测点除水平探测处还应上仰、下俯、向左偏斜和向右偏斜，以便准确测定隧道前方及周边10m范围内的地质情况。

当区域构造走向与隧道轴线大致平行时，应在隧道侧壁布置一些测线。当隧道开挖断面高度较大，可在隧道断面内分设几层探测线，借助高空作业台车，搭设作业平台，根据现场实际情况，可分层布点与作业。每次超前预报测试前均应该将掌子面修正调平。

根据探测介质的性质和目的层深度选择合适频率的天线；对于深部界面的反射波会由于信噪比过小而不易识别，应用不同天线距在同一测线上进行重复测量，将测量记录中相同位置的记录进行叠加，增强对深部介质的分辨能力。

完整岩体一般介质相对均匀，电性差异很小，没有明显的反射界面，雷达图像和波形特征通常表现为：能量团分布均匀或仅在局部存在强反射细亮条纹；电磁波能量衰减缓慢，探测距离远且规律性较强；一般形成低幅反射波组，波形均匀，无杂乱反射，自动增益梯度相对较小。

在断层或裂隙带，其地质雷达图像和波形特征较为相似，通常表现为断层和裂隙界面反射强烈，反射面附近振幅显著增强且变化大；能量团分布不均匀，破碎带和裂隙带内常产生绕射、散射，波形杂乱，同相轴错断，在深部甚至模糊不清；电磁波能量衰减快且规律性差，特别是高频部分衰减较快；一般反射波同相轴的连线为破碎带或裂隙带的位置。

富水带地质雷达图像和波形特征一般表现为：地质雷达波在含水层表面发生强振幅反射；电磁波穿透含水层时将产生一定规律的多次强反射，在富水带内产生绕射、散射现象，并掩盖对富水带内及更深范围岩体的探测；电磁波频率由高频向低频剧烈变化，脉冲周期明显增大，电磁波能量快速衰减，能量团分布不均匀，自动增益梯度很大；因含水面通常分布连续，反射波同相轴连续性较好，波形相对较均一；从基岩到含水层是高阻抗到低阻抗介质的变化，因而反射电磁波与入射电磁波相位相反。

## 14.3 电磁法在矿山水害探测中的应用

### 14.3.1 电阻率法在矿山水害探测案例

1. 测区地质概况和任务

安徽省WG矿区位于淮北煤田中西部，属于华北全隐伏煤田，煤系地层上部为第四系冲、洪积平原覆盖。区内所发育地层由老到新，层序为奥陶、石炭、二叠、第三和第四系。本煤矿含煤地层主要为二叠系的上石盒子组（$P_{21}$）、下石盒子组（$P_{12}$）、山西组（$P_{11}$），地层总厚为700～1170m，平均为970m，含10个煤组，计18～27层煤，其中$3_1$、$5_1$、$7_1$、$7_2$、$8_1$，$8_2$、10等7层可采，可采总厚为13.64m，而$8_2$、10两层煤为主要可采煤层，可采总厚为8.77m。其中$8_2$层煤的埋深约为250m，10层煤的埋深约为340m。

本次电阻率法勘探的地质任务为：查清勘探范围内主采煤层8层煤组、10层煤组和奥陶系灰岩顶界面地层的富含水性、分析地下水导、连通性，查明区内有无陷落柱，并对其富导水性进行分析。

2. 地球物理特征

整个新生界除上新第三系含有泥灰岩、砂岩外，多由黏土、砂质黏土、富水砂砾层组成，厚度大，导电性能强，电阻率只有十几欧姆米；二叠系由泥岩、粉砂岩、砂岩及煤层组成。其中泥岩、粉砂岩电阻率略高于新生界，一般在12～50Ω·m；砂岩质地坚硬，导电性能差，电阻率和灰岩相当，单层电阻率可达数百欧姆米；石炭系主要由厚度不大的灰岩和碎屑岩相间组成。单层分析，厚度不大的灰岩及砂岩层属导电较差的高阻层，电阻率达200～350Ω·m；粉砂岩、黏土岩、泥岩又为低阻层位，这一特定的地电条件，使石炭系宏观上为中高阻反映；奥陶系以厚层灰岩为主，为本测区最高电性层。当灰岩岩溶不发育时，电阻率高达300～600Ω·m，真值接近无限大。当灰岩岩溶发育，富水性强，或富水性虽不强，但发育规模较大，岩溶裂隙体内充填有泥质物时，电阻率明显下降，此时绝对值与岩溶发育程度及富水性有关。

从以上电性特征可以看出，各地层之间电性上存在一定的差异，具备进行地面电法勘探的条件。

3. 工作方法及装置选择

依据本测区总体地形平坦，通视条件较好的特点，决定采用电测深法来完成本次勘探工作。但由于村庄、公路、河流及当地镇政府所在地等的影响，只好在本测区大致以镇政府门口街为界，在该街以北采用垂向四极电测深法进行野外施工。10层煤组标高在600以深，最大供电电极距$AB/2$为1300m；10层煤组标高在600以浅，最大供电电极距$AB/2$为1000m。测量电极距$MN/2$为$(AB/2)/10$活动电极系列。在该街以南采用垂向三极电测深法进行野外施工。由于五沟镇以南测区10层煤组标高均在600以浅，所以最大供电电极距$AO$为1000m，无穷远极$CO$垂直于$AO$为3000m。选用的极距序列为：$AB/2=$ 10m、13m、18m、24m、32m、42m、56m、75m、100m、130m、180m、240m、320m、420m、560m、750m、1000m、1300m，活动$MN$，且$MN=AB/10$。

4. 方法有效性分析

本次电法勘探剖面图以平均电阻率参数$\rho_m$编制，图14.3为J2-4钻孔柱状与38～352电测深点解释结果对比图。38～352电测深点位于J2-4钻孔东南约8m。J2-4钻孔结果为：第四系厚度268.7m，8层煤组：396.2～402.97m，10层煤组：469.35～474.35m，石炭系顶界深度：527.7m；电测深法解释38～352电测深点结果为：第四系厚度：275m，8层煤组顶界深度：387m，10层煤组顶界深度：448m，石炭系顶界深度：507m。两者解释结果对比，相对误差最大仅为2.32%。完全满足相关规程规范要求。

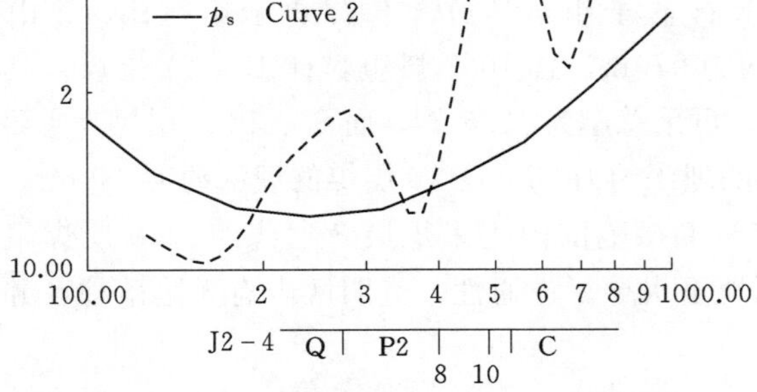


图14.3 J2-4钻孔柱状与38～352电测深点解释结果对比图

5. 断层导水性分析

测区内的断层是由三维地震勘探推断的，其可靠性较高，电测深法主要是对其导水性进行分析。且主要通过剖面图分析。下面以 $ZF_3$ 断层为例进行说明，该断层位于测区西北部，为正断层，走向北东—南西向，倾向 SE，倾角约 70°，落差 0～50m。该断层由 36～68 剖面线控制。图 14.4 为电测深法 54 线剖面图，在 54～318 号点下方标高－700～－500m 段，沿地层走向同一地质层位在横向上发生错动，沿断裂方向等值线发生扭曲变化，沿断层带岩层表现为相对低阻反映，说明沿断层带在构造力作用下，岩层较破碎，而且在断层破碎带有封闭的富水岩溶裂隙发育体，该岩溶裂隙体沿断层带具联通关系，即该断层具有导水性。综合分析各剖面，推断该断层导水性较强。

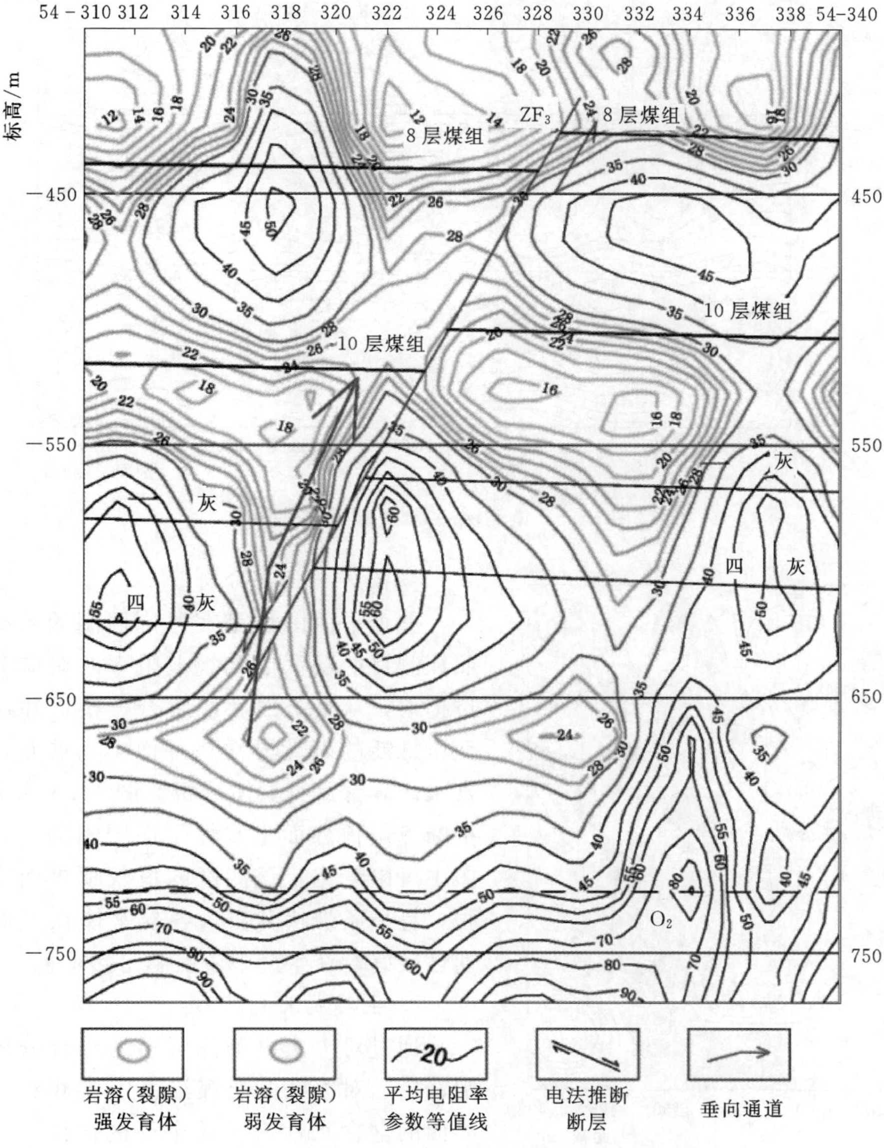


图 14.4　电测深法 54 线电阻率剖面图

6. 剖面图分析

图 14.5 为本测区电测深法 20 线综合剖面图，图中的等值线为电阻率等值线，黑色虚

线为奥陶系灰岩顶界面，从图中可以看出在奥灰顶界面上，从剖面 800～940m 以及 1080～1140m 处均有低电阻率封闭圈，推断为岩溶发育异常体。

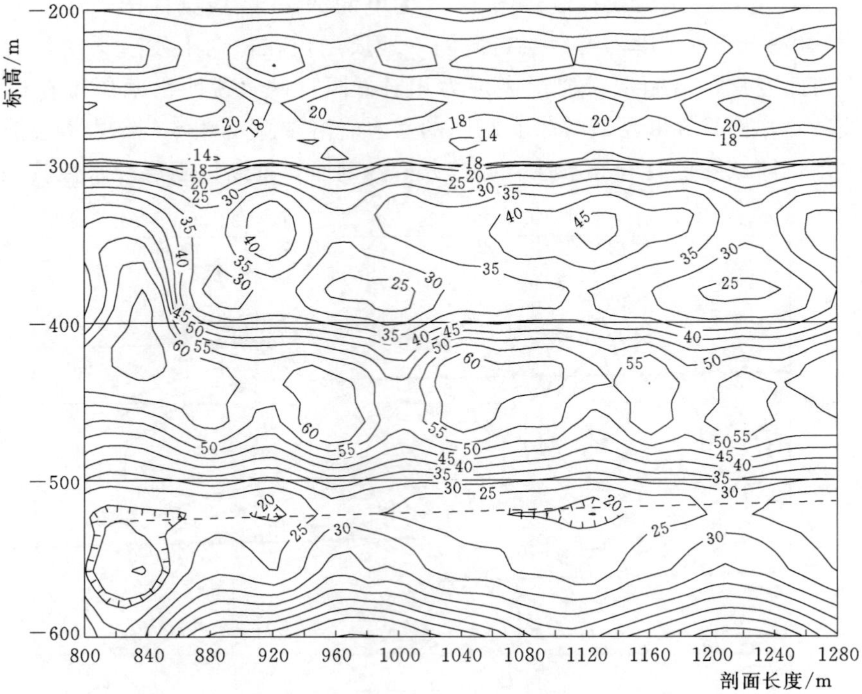


图 14.5 电测深法 20 线综合剖面图

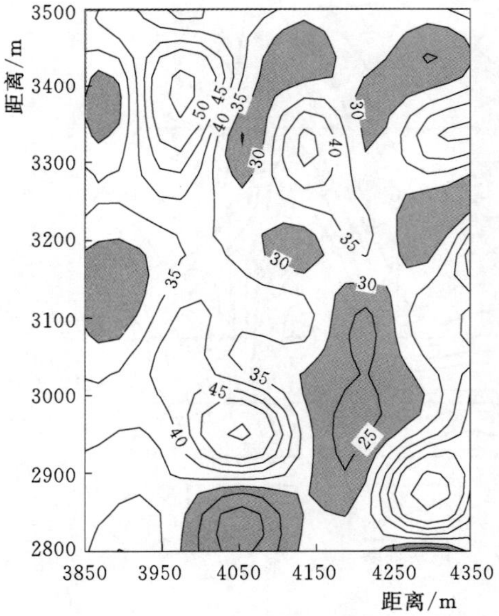


图 14.6 电测深法推断奥灰顶界面富水性平面图

7. 对应平面图分析

整个平面图件是在各剖面图的基础上，按照探测目的层深度和视电阻率的对应关系顺层位提取，从整个剖面图综合分析，并根据各剖面所推断的电性异常在平面上的展布位置，对富水区异常进行具体分析。图 14.6 为电测深法推断奥灰顶界面富水性平面图中的一部分，从图中可以看出：该测区的奥灰顶界面富水性较强，且呈条带状分布，各异常体在平面上的联通性较好，在生产中应引起足够重视。

8. 主要成果

通过对本次电测深资料的综合分析和资料解释后，对本区 8 层煤组、10 层煤组、奥灰顶界面的富含水性有了较全面的认识，得出以下地质结论：

(1) 本测区岩溶裂隙总体上比较发育，且岩溶裂隙发育与断层存在一定内在关系，也就是说采区断层在一定条件下具有导水性。

(2) 比较而言，本测区各目的层岩溶裂隙发育程度，由强到弱的顺序为：奥灰顶界面、10层煤组、太四灰、太一灰、8层煤组、8层煤组下30m、奥灰顶界面下50m切面。

(3) 综合分析本测区各剖面与平面图，在本测区没有发现比较醒目的导水陷落柱电性异常。

### 14.3.2 瞬变电磁法在矿山水害探测中的应用

#### 14.3.2.1 山西省YM五矿四采区南部瞬变电磁法勘探

1. 测区地质概况和任务

井田位于沁水盆地东北边缘，据以往地质工作，区内地层主要为奥陶系、石炭系、二叠系含煤地层，部分地段被第四系所覆盖。井田内主要的含煤地层为下二叠统山西组及上石炭统太原组。主要可采煤层有8号、15号二层。15号煤层位于太原组底部，平均厚度6.6m，是本区唯一稳定可采的煤层，埋深约400m，下距奥陶系灰岩65m左右。

本次瞬变电磁勘探的地质任务为：查明主采15号煤层、奥陶系灰岩顶界面的富含水性；查明勘探区内三维地震推断的断层和陷落柱的富水性及导水状况。

2. 地球物理特征

本采区地层由第四系、二叠系、石炭系及奥陶系组成。

第四系松散层及地表强风化岩层从全区资料对比来看均呈相对中低阻反映；二叠系地层整体上呈相对中等电阻反映；石炭系宏观上为相对中高阻反映；奥陶系中统以厚层灰岩为主，当岩溶不发育时，电阻率真值接近无限大，当灰岩岩溶发育，富水性强，或富水性虽不强，但发育规模较大，岩溶裂隙体内充填有泥质物时，电阻率明显下降，此时绝对值与岩溶发育程度及富水性有关。

由以上分析可知，测区内各地层存在明显的电性差异，横向上区内地层沉积相对较为稳定，在正常情况下，其横向上电性差异应较小。但同一地层随富水程度的不同，其电阻率差异明显，变化范围较大，这一电性差异是我们利用电法寻找同一地层中异常地质体的基础。

3. 野外数据采集工作

由于测区内地形复杂，落差大，经过多次试验，确定采用如下参数进行：装置采用中心回线装置；发射线圈采用960m×700m；频率采用4Hz；关断延时：0.05ms；发射电流：15A。

野外工作布置采用基本线距40m，基本点距20m的网度进行，并在此基础上进行了加密工作。控制面积5.54km$^2$。

4. 断层的导水性分析

图14.7为本测区55线剖面图，图中纵横方向分别代表高程和测点，图中的黑色实线为15号煤层的底板，下边的虚线为奥灰顶界面。斜实线为断层。从图14.7中可以看出在剖面160m处标高400～500m之间、720m处标高300～450m之间分别有一个低阻反映。160m处异常主要分布在奥灰界面以上，富水性不强，720m处富水性相对较强，且已延伸到奥灰顶界面以下。推断DF1断层导水性相对较弱，而DF2断层的导水性相对较强。

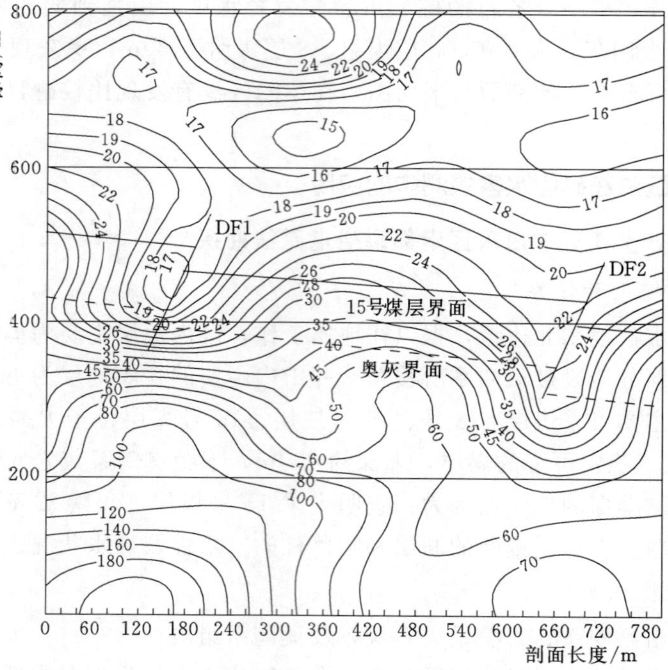


图 14.7　瞬变电磁法 55 线综合剖面图

5. 陷落柱的富导水性分析

图 14.8 是 62 线综合剖面图。图 14.8 中纵横方向分别代表高程和测点，图中的虚线

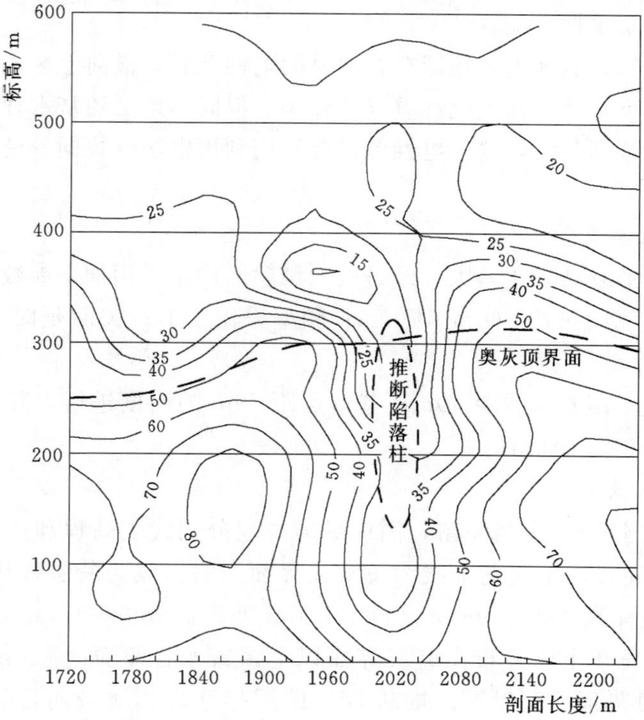


图 14.8　瞬变电磁法 62 线综合剖面图

为奥灰顶界面，虚线椭圆为推断的陷落柱。从剖面图上可以看出：在剖面上2000～2040号点下方标高200～400m之间均为低电阻反映，与围岩相比电性差异较大，且有低电阻封闭圈，属典型的两高夹一低电性特征反映，推断为陷落柱的反映。从电性上分析，该陷落柱富水性较强，在一定条件下可与15号煤层联通，形成导水通道，在生产中应引起重视。

6. 15号煤层底界面等视电阻率平面图分析

图14.9为本次瞬变电磁法勘探一部分区域的15号煤层底界面等视电阻率平面图。从图中可以看出，15号煤层界面裂隙相对发育，且主要发育在测区的西部，主要由240～480线的0～600号点控制，发育形状呈长条状，发育方向东西向。

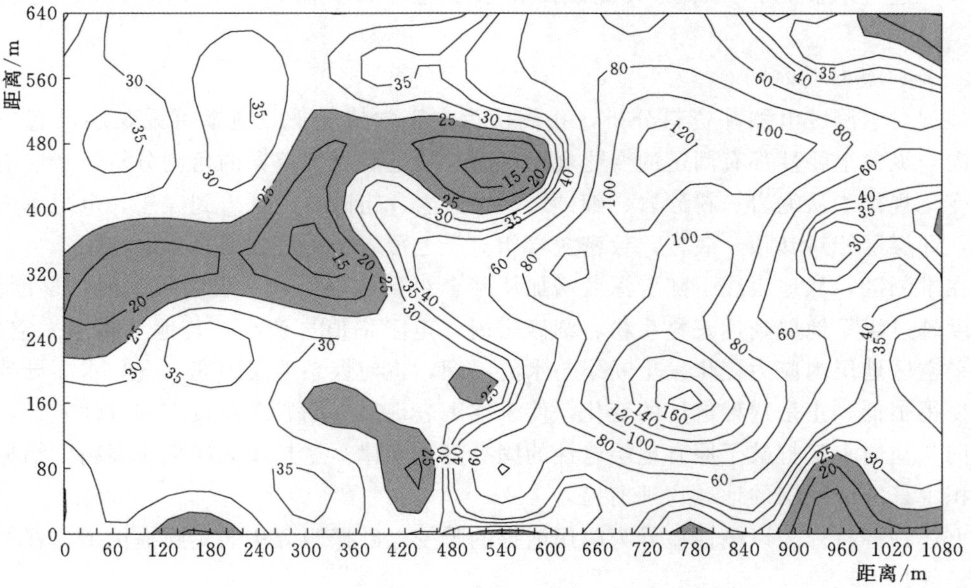


图14.9 瞬变电磁法15号煤层底界面等视电阻率综合平面图

7. 主要成果与结论

通过对本测区资料的数据处理和解释，完成了以下地质任务：

（1）查明了勘探区内主采15号煤层与奥陶系灰岩顶界面的富含水性。

（2）分析了勘探区内已有的可采煤层与奥陶系灰岩顶界面之间地层中断层和陷落柱的富水性以及导水状况。

得出了以下结论：

（1）岩溶裂隙较相对发育，分布范围较广。

（2）从各界面岩溶裂隙发育体分布位置来看，主要发育在测区的北部和东南部边缘。

（3）结合地质情况分析，15号煤层以上的裂隙水相对较发育，富水性相对较强；而奥灰顶界面的富水性相对较差。

（4）测区内的断层及陷落柱总体上富水及导水性相对较弱，只有位于测区东部边缘的SX12陷落柱富水性相对较强。

#### 14.3.2.2 新疆EHBLK煤矿探水巷及火烧区水文物探

1. 测区地质概况和地质任务

测区东部地形平坦，西部为丘陵。全区地表为第四系覆盖层，主要为冲积、洪积层和山麓堆积的砂砾石及砂土，厚度为1～10m。其下部为强含水层。下伏地层依次为新近系、古近系、白垩系、侏罗系、三叠系，其中侏罗系为主要含煤地层，煤层深度为20～200m。

本次水文物探工作的地质任务是探测俄霍布拉克煤矿探水巷及火烧区的富含水区状况。具体任务为。

(1) 基本探明探水巷是否存在导水通道，并对导水通道的位置进行初步确定。

(2) 基本探明东部火烧区的积水状况，并绘制火烧区积水分布图。

(3) 通过水文物探成果对火烧区的积水量进行简单估算，并推断火烧区的底界面标高。

2. 地球物理特征

根据对本测区电测井资料分析，我们认为在正常情况下（地下可采煤层没有采空），在横向与纵向上物性都有固定的变化规律可循。从地层物性差异的角度分析，岩层电性的一般变化规律为从泥岩、粉砂岩、细砂岩、中砂岩、粗砂岩、砾岩到煤层，电阻率值逐渐增高，即煤层相对其顶、底板，致密灰岩相对于上覆岩层为一相对高阻电性层。

在本测区，从地表往下随着深度增加从阿合组到达煤层，地层电阻率值将逐渐变大。当深度越过煤系地层到达三叠系粉、细砂岩时，电阻率值再变小。若地下煤层采空含水，加上采空区地层因应力变化发生断裂与水的浸润，将使煤系地层因充（含）水而导致其电阻率变得很低。正是这种电性的变化，使采空区表现出与围岩存在较大的电性差异，从而在纵向与横向上都打破了原有地层电性的固有变化规律。这是我们能采用高精度物探仪器探测积水采空区范围的地球物理前提。

上述物性特征为以电性差异为应用前提的瞬变电磁探测方法的实施提供了良好的地球物理条件。

3. 野外数据采集工作

经过多次试验，确定采用如下参数进行：装置采用中心回线装置；发射线圈采用120m×120m；频率采用32Hz；关断延时：0.1ms，发射电流5A。

在探水巷部位按基本线距20m，基本点距10m（加密区域10m×10m）进行；在东部火烧区按基本线距40m，基本点距20m（加密区域20m×20m）进行。

4. 探水巷导水通道探测

(1) 剖面图分析。图14.10为L1线的视电阻率断面等值线图，剖面图反映了标高1650～1950m地层电性的分布情况。从横向上来看，在测线方向1000～1400m，标高1800～1900m处有一明显的高阻异常（图中阴影部分），推测为第四系砾石层及基岩风化带，并且从形态上看可推测该处为古冲沟或是古河道，砾石层发育较厚，并且空隙十分发育，基岩风化带的裂缝也发育，为第四系的潜水通道。

(2) 平面图分析。图14.11为物探推断导水通道示意平面位置图，该区域的测线由L1～L5线组成。从图14.11中可以明显看出，在测线方向1000～1400m范围内（图中阴影部分），视电阻率值明显比其他区域大，为150～350Ω·m，其他区域的视电阻率值在

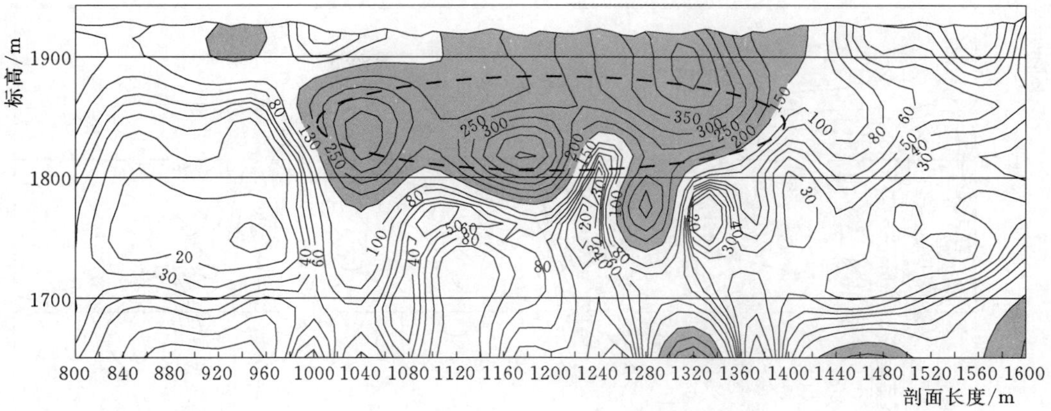


图 14.10 瞬变电磁法 L1 线视电阻率剖面图

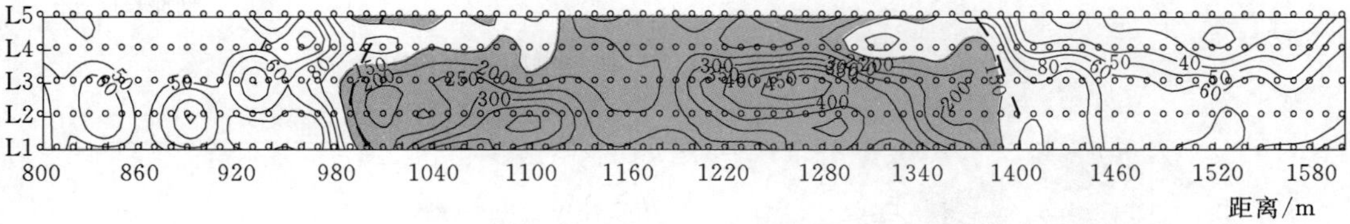


图 14.11 瞬变电磁法 L1 线视电阻率剖面图

80Ω·m 以下，结合剖面图，综合分析认为该区域为古冲沟或是古河道，砾石层发育厚度大，基岩裂缝也比较发育，为第四系潜水的导水通道。

本次导水通道探测是在探水巷掘进了一部分开始的，如图 14.11 所示的前面还有 700m 长度，提交探测结果时掘进到 950m，当掘进到 1000m 时，发现有水涌出，在 1100m 处涌水量非常大，然后涌水量又变小，到 1250m 处涌水量又变大，到 1400m 处涌水量变小直到消失。与本次物探推断的结果基本吻合。

5. 充水火烧区探测

（1）剖面图分析。图 14.12 为 100 线的视电阻率断面等值线图，剖面图反映了标高 1650～1950m 地层电性的分布情况。图中上面直线为下$_1$ 煤层界面，下面直线为下$_5$ 煤层界面，虚线框圈定的高阻异常区为未充水火烧区的反映，标高 1750～1850m 剖面 1020～1040m 范围椭圆圈定的低阻异常区域为充水火烧区反映。

（2）平面图分析。图 14.13 为瞬变电磁法下$_1$ 煤层视电阻率及推断成果平面图。从图中可以看出，区内的火烧区大部分充水。从已有资料和地质调查后分析，该积水有部分为附近河流的补给，整个积水异常带面积 389855m$^2$，估算积水量 397652.1m$^3$。

6. 主要成果与结论

（1）探明了探水巷的第四系潜水的导水通道；

（2）分析了区内主采煤层下$_1$ 煤层、下$_5$ 煤层、下$_{7-2}$煤层、下$_8$煤层的火烧区的充水状况，并对各煤层的积水量进行了估算。

（3）结合地质采矿资料与本次物探成果，经综合分析，推断解释了火烧区的底界面

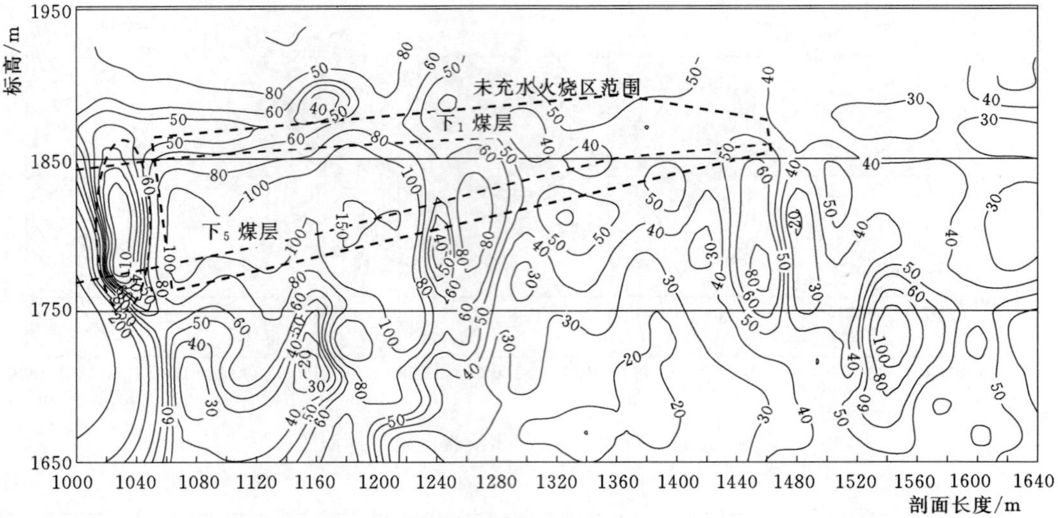


图 14.12　瞬变电磁法 100 线视电阻率剖面图

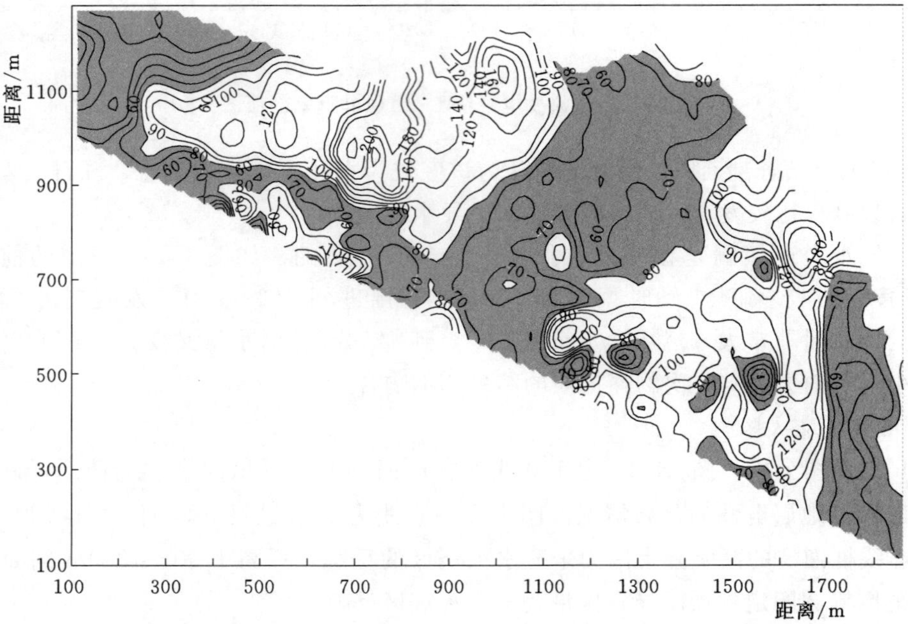


图 14.13　瞬变电磁法下$_1$煤层视电阻率及推断成果图

标高。

### 14.3.3　其他电磁法在矿山水害探测中的应用

#### 14.3.3.1　高密度电法在张家口蔚县某矿水害探测中的应用

1. 测区地质概况和任务

勘查区内地层由老至新分别为古生界奥陶系下统治理组、中生界侏罗系中-下统下花园组、新生界第四系上更新统和全新统。井田内中下侏罗统下花园组煤系地层中赋存有 4

层煤，其中1号煤全部可采，埋深60～80m，为本次勘查的目的层，本次工作的地质任务是基本查清采空区的积水范围。

2. 地球物理特征

煤层被开采后，随着时间的推移，采空区上方岩层在重力作用下发生塌陷，造成煤层上覆岩体失去原有的平衡状态，破坏了岩石的完整性和连续性，致使岩层破碎和出现大量的空隙和裂隙，故该处电阻率会偏高于完整岩石处的电阻率；如果采空区内的积水，则该处的电阻率将明显低于周围完整岩石的电阻率，表现出一定的低电阻率特征。这是能利用高密度电法进行本次采空区探测的地球物理条件。

3. 野外数据采集工作

测区内地形平坦，接地条件良好，适合高密度电法数据采集工作。采用骄鹏公司生产的E60－DN型高密度电法仪，采用温纳装置。

野外工作布置采用基本线距100m，基本点距10m的网度进行。

4. 采空积水区探测分析

图14.14为高密度电法G20测线的推断采空积水区成果图。图中的横坐标为剖面长度，纵坐标为深度，从图中可以看出，在剖面170～280m深度45～85m以及剖面360～440m深度30～105m范围表现为低电阻率异常反映。通过在剖面390m部位钻探验证，与推断的采空积水区相吻合。

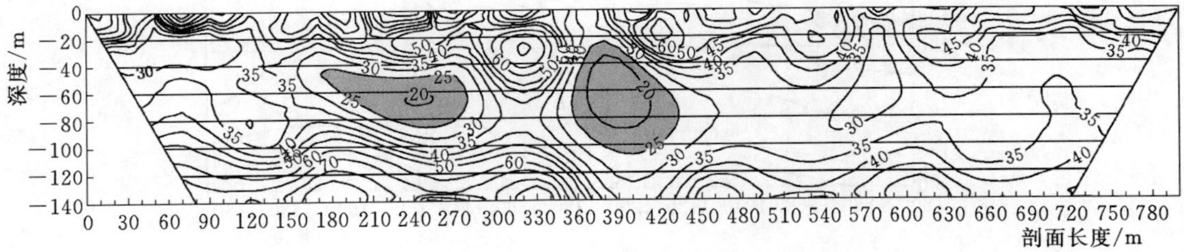


图14.14 高密度电法推断采空积水区成果图

#### 14.3.3.2 EH－4在河南某矿水害探测中的应用

1. 测区地质概况和任务

测区地层有寒武系中统徐庄组、张夏组和上统崮山组，石炭系上统本溪组、太原组，二叠系下统山西组、下石盒子组，白垩系九店组，古近系陈宅沟组和第四系。地质任务是基本查明主采煤层顶底板的富水性以及断层的富、导水性。

2. 地球物理特征

正常情况下，寒武系以灰岩、铝土岩、白云岩为主，视电阻率呈较高阻反映；石炭系以泥岩、砂岩以及煤层组成，二叠系、白垩系主要以砂岩和泥岩为主，视电阻率呈中偏高阻反映，古近系、第四系视电阻率则反映为相对低阻。当煤层的顶底板存在富水区，电阻率会明显下降，表现为低电阻率异常反映。具备良好的地球物理特征。

3. 野外数据采集工作

测区内地形平坦，地电干扰较少。数据采集时，采用的频率为10Hz～100kHz，叠加次数10次。

野外工作布置采用基本线距100m，基本点距20m的网度进行。

4. 采空积水区探测分析

图14.15为EH-4推断富水异常成果图，这是其中比较典型的一条剖面。图中的横坐标为剖面长度，纵坐标为高程，横向的曲线为煤层界面线，纵向的斜线为推断的断层。从图中可以看出，在剖面800～960m标高－60～0m、剖面1160～1400m标高－70～160m范围表现为低电阻率异常反映，推断这些部位为富水区域；同时，在剖面1380m标高160m处，视电阻率等值线发生错动、扭曲变形，且等值线变得密集，陡升，推断为断层反映。为下一步煤矿的开采设计及防治水工作提供了良好的地质地球物理依据。

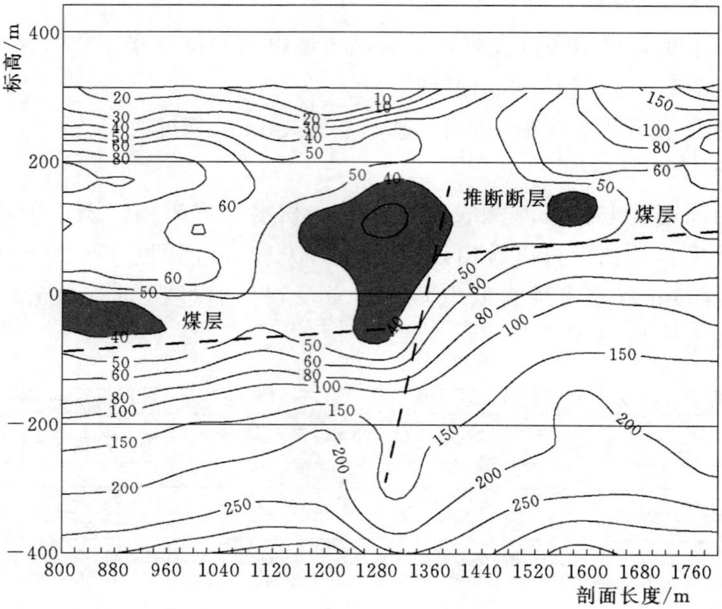


图14.15 EH-4推断富水异常成果图

# 参 考 文 献

[1] 陈仲候，王兴泰，杜世汉．工程与环境物探教程［M］．北京：地质出版社，1993.
[2] 李金铭．地电场与电法勘探［M］．北京：地质出版社，2005.
[3] 长春地质学院水文物探编写组．水文地质工程地质物探教程［M］．北京：地质出版社，1980.
[4] 牛之琏．时间域电磁法原理［M］．长沙：中南大学出版社，2007.
[5] 程志平．电法勘探教程［M］．北京：冶金工业出版社，2007.
[6] 刘国兴．电法勘探原理与方法［M］．北京：地质出版社，2005.
[7] 刘树才，岳建华，刘志新．煤矿水文物探技术与应用［M］．徐州：中国矿业大学出版社，2005.
[8] 于景邨．矿井瞬变电磁法勘探［M］．徐州：中国矿业大学出版社，2007.
[9] 李金铭．激发极化法找水基础理论研究［M］．北京：地质出版社，1994.
[10] 汤井田，何继善．可控源音频大地电磁法及其应用［M］．长沙：中南大学出版社，2005.
[11] 张胜业，潘玉玲．应用地球物理学原理［M］．武汉：中国地质大学出版社，2004.
[12] 李大心．地球物理方法综合应用与解释［M］．武汉：中国地质大学出版社，2003.

［13］ 蒋邦远. 实用近区磁源瞬变电磁法勘探［M］. 北京：地质出版社，1998.
［14］ 周荣官，晏琮良. 物探在地质灾害勘查中的应用与研究［M］. 南京：河海大学出版社，2013.
［15］ 雷卓翰，潘玉玲，杨熹云. 地球物理勘探及地球化学勘探方法在城市建设中的应用［M］. 北京：地质出版社，2006.
［16］ 郭建强. 地质灾害勘查地球物理技术手册［M］. 北京：地质出版社，2003.
［17］ 李金铭. 激发极化法方法技术指南［M］. 北京：地质出版社，2004.
［18］ 虎维岳. 矿山水害防治理论与方法［M］. 北京：煤炭工业出版社，2005.
［19］ 刘树才. 煤矿底板突水机理及破坏裂隙带演化动态探测技术［D］. 徐州：中国矿业大学，2008.
［20］ 中华人民共和国水利部. 水利水电工程地质勘察规范：GB 50487—2008［S］. 北京：中国计划出版社，2009.
［21］ 中铁隧道集团有限公司. 铁路隧道超前地质预报技术规程：Q/CR 9217—2015［S］. 北京：中国铁道出版社，2015.

# 第 15 章　地下水污染探测

## 15.1　地下水污染及其电磁法探测基础

### 15.1.1　环境地球物理的发展概况

环境污染问题越来越受到人们的重视，世界卫生组织的调查显示：全世界 80% 的疾病是由于饮用被污染的水造成的；全世界 12 亿人因饮用被污染的水而患上多种疾病。水污染既可引发霍乱、痢疾和疟疾等传染病，又与心血管、癌症等疾病有关，严重受害区甚至出现癌症村的现象。因此，可以认为污水已成为人类健康的隐形杀手。

为调查探测地下污染源及其污染介质分布范围，环境地球物理的这门新学科逐渐形成。该学科是根据污染物与其周围介质在物理性质上的差异，利用一定的仪器装备测量其污染物物理场的分布状态。通过分析其物理场的变化规律，结合地质、水文等有关资料，推断解释地下一定深度范围内污染物的分布特征，以达到检测的目的。同其他地质勘探方法相比，地球物理方法具有成本低、速度快、原位无损测试等特点。

目前环境地球物理方法主要用于地下水与地表水的无机污染、有机液污染、地下水辐射性调查等，而电磁法是其中的主要检测手段之一。

地下水污染主要指人类活动引起地下水化学成分、物理性质和生物学特性发生改变而使质量下降的现象。我国水资源总量的 1/3 是地下水，而全国 90% 的地下水遭受了不同程度的污染。据报道，有关部门对 118 个城市连续监测数据显示，约有 64% 的城市地下水遭受严重污染，33% 的地下水受到轻度污染，基本清洁的城市地下水只有 3%。

水污染的主要来源包括：

（1）沿海地区海水入侵和倒灌。海水倒灌是指海水打破与淡水界面之间平衡状态，入侵淡水含水层的现象。造成海水入侵的原因往往是地下水淡水的过量开采。

（2）工业污染。工业废水如工业电镀废水、工业酸洗污水、冶炼工业废水、轻工业废水和石油化工有机废水不经过处理而排出，导致地下水化学污染。

（3）农业污染。由于农业活动而造成的地下水污染源主要包括土壤中剩余农药、化肥、动植物遗体的分解以及不合理的污水灌溉等。

（4）生活污染。生活中大量塑料、金属、电池等不可消化的新垃圾出现，生活垃圾随着日晒雨淋及地表径流的冲洗，其溶出物会慢慢渗入地下、污染地下水。

早在 20 世纪 70 年代初，西方水文地质学家开始注意地下水污染有关问题。物探技术以其良好的勘查成果，及速度快、成本低、不破坏地质环境等优点，得到了水文地质和环保学家的认可。美国环保局于 1978 年公布的题为“固体废物处置场地的电阻率方法评价”报告，以官方的名义向社会推荐了地下水污染物探技术。进入 20 世纪 80 年代后，随着一些国家防治地下污染法规的进一步完善和实施，物探技术得到了更广泛的应用。1985 年，美国勘探地球物理学家协会（SEC）首次将环境地球物理作为独立的年度工作量统计科目。1988 年，美国犹他大学教授 S H Ward 首开环境地球物理课程，并于 1990 年出版了他主编的著作《土工和环境地球物理》。同一时期，一批学术机构陆续成立并开展一系列学术活动。我国于 20 世纪 80 年代中期开始环境地球物理工作。1992 年，中国地球物理学会成立“环境地球物理专业委员会”。

在国外，对于物探方法在环境工程中的应用主要集中体现在以下几个方面：

（1）地下废弃物调查。在德国，探地雷达技术常用于与垃圾场有关的各种地质调查，圈定垃圾掩埋场的分布范围，确定垃圾的掩埋深度及厚度。

（2）地下水污染调查研究。美国、荷兰科研人员的地质雷达水文地质调查表明，获得的雷达图像其分辨率满足地下水流量模拟及浅层区域生态调查的要求，可圈出烃类污染的范围。

目前，我国国内对于物探方法在地下水污染监测的研究还处于起步阶段。近年来，随着电子技术和科学技术的发展，以及越来越先进的物探仪器的引进和研发，我国许多学者在借鉴国外先进技术和总结国外研究经验的基础上，也开始在环境方面展开了大量的探索与研究工作。

### 15.1.2 地下水污染的种类

造成地下水水质恶化的各种物质，都称为地下水污染物。地下水污染的种类，按理化性质可分为物理污染物、化学污染物、生物污染物、综合污染物；按形态可分为离子态污染物、分子态污染物、简单有机污染物、复杂有机污染物、颗粒状污染物；按污染物对地下水的影响特征可分为感官污染物、卫生污染物、毒理学污染物、综合污染物。

按其在水中的溶解性，可分为水溶态和非水相流态两种形态，两者性质的根本不同，影响它们迁移的一系列因素也不尽相同。水溶性有机污染物的主要迁移转化过程有对流、扩散、吸收、持留以及化学、生物转化等；而非水相流态迁移的影响因素主要为污染物的密度、黏滞性和表面湿润等。非水相流有机污染物简写 NAPLs。绝大部分有机污染物在水中的溶解度很小，在研究中通称这类污染物为非水相液体，即 NAPLs，其中密度大的称为 DNAPLs。常见有机溶剂电性参数见表 15.1。

**表 15.1　　常见有机溶剂电性参数**

| 名称 | 电阻率 | 介电常数 | 名称 | 电阻率 | 介电常数 |
|---|---|---|---|---|---|
| 三氯乙烯 | $6.1\times10^{11}$ | 3.2 | 四氯乙烯 | $5\times10^{12}$ | 2.5 |
| 苯 | $1.6\times10^{13}$ | 2.3 | 甲苯 | $2.5\times10^{13}$ | 2.4 |
| 二甲苯 | $2.8\times10^{13}$ | 2.3 | 四氯化碳 | $10^{14}$ | 2.3 |
| 酚 | $4\times10^{6}$ | 8 | 二氯甲烷 | $1.5\times10^{12}$ | 9.1 |
| 氯仿 | $\sim10^{12}$ | 4.8 | 戊烷 | $10^{12}\sim10^{13}$ | 1.8 |
| 汽油 | $10^{12}\sim10^{13}$ | ≈2 | 柴油 | $10^{12}\sim10^{13}$ | ≈2.8 |

### 15.1.3 地下水污染电磁法理论基础

1. 混合物的电导率

1942 年，Archie 提出了一个反映土体电阻率的典型公式：

$$\rho_0 = K\varphi^{-m} S_r^{-n} \rho_w \tag{15.1}$$

式中：$\varphi$ 为土的孔隙率；$S_r$ 为孔液饱和度；$\rho_w$ 为孔液电阻率；$K$、$m$ 和 $n$ 为相关参数。

这个结合土体结构、孔液性质及赋存状态的电性公式被认为是分析土体电性的基本式。在分析污染土体电性特征的一些研究中也引用和发展了这个公式，这些研究试图从通过污染土电性变化机理分析来建立、污染物含量和土样电阻率的量化关系，使得研究结论具有清晰的物理意义，其研究意义远大于经验公式。

虽然阿尔奇公式是电法探测研究中突破性的成果，但是它没有考虑固体颗粒影响。土壤和岩石实际的导电机制非常复杂，除由孔隙水引起的体积导电机制外，还有沿连通的黏土矿物表面的面导电效应。

2. 土壤二元和三元导电模型

考虑到土壤颗粒的导电性，Waxman 等提出了土壤二元导电模型：土壤导电是通过土壤颗粒与土壤孔隙水并联形成的导电路径来完成。实际上，对于非饱和土壤来说，电流在土壤中除了可以沿着孔隙水和土壤颗粒这两条途径传播之外，还存在着一条沿着土壤颗粒-孔隙水串联而成的传播路径，如图 15.1 所示。因此 Rhoadels 和 Mitchell 分别提出了土壤三元导电模型，即自由水导电、可移动的胶体颗粒导电、胶体颗粒表面导电。根据导电路径最终可以分为：自由孔隙水的导电、胶体颗粒导电和颗粒-孔隙水串联导电。根据土壤三元导电理论，当铬等重金属污染土壤时，其导电能力发生变化，导电路径也发生相应的改变。

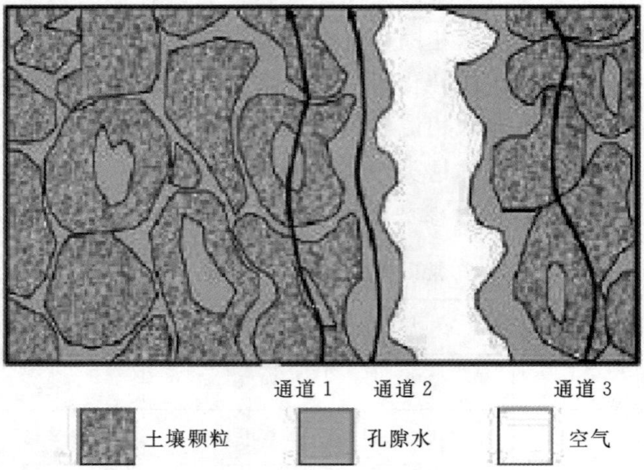


图 15.1 土壤中电流的三条通道

在二元和三元导电理论基础上，国内外针对土壤中孔隙水电导和胶体颗粒电导进行了相关研究。Waxman 和 Smits 根据二元并联导电理论，在试验研究的基础上提出了适用于非饱和黏性土的电阻率模型：

$$\rho=\frac{A\rho_w\phi^{-m}S_w^{1-n}}{S_w+\rho_w BQ} \tag{15.2}$$

式中：$BQ$ 为土粒表面电导率；$Q$ 为单位土的中阳离子交换容量；$B$ 为单位土体交换阳离子引起的土粒导电性的变化量。

Waxman 和 Thomas 通过试验得出它的一经验公式：

$$B=3.83[1-0.83\exp(-0.5/\rho_w)]$$

表明它与孔隙水的电阻率密切相关。

3. 混合物的介电系数

混合介质模型一般都是考虑介质的不同组分，包括空气、水、黏土和骨架物质等对体积介电常数的贡献，不同组分对介电常数的贡献通常是与其所占的体积百分比密切相关的。

(1) 经验模型。经验模型最经典也是被广泛应用的就是 Topp 公式（1980），它是目前最为常用的根据介电常数确定介质含水量的经验公式，其中式中仅用体积含水量 $\theta$ 来表示介电常数：

$$\varepsilon_r=3.03+9.30\theta+146.00\theta^2+76.60\theta^3 \tag{15.3}$$

Topp 公式另一种多项式表达形式为

$$\theta=-5.3\times10^{-2}+2.29\times10^{-2}\varepsilon_r-5.5\times10^{-4}\varepsilon_r^2+4.3\times10^{-6}\varepsilon_r^3$$

式中：$\varepsilon_r$ 为视介电常数；$\theta$ 为体积含水量。

通过比较可以知道，当 $\theta=0.02\sim0.4$ 时，两者符合很好，当 $\theta=0.0$ 时，两者相差一个介电常数单位。之所以称为视介电常数，是因为 Topp 公式是一个由试验得出的经验公式。

该公式是通过对 4 种黏土含量不同的矿质土壤试验得到的，其最大的优点就是除了体积含水量之外不需要任何土壤的相关参数，但并不适用于所有类型的土壤。

(2) 体积混合模型。此类模型将多组分混合物整体的介电常数用各个组分的介电常数及所占体积百分比的组合形式表示出来，并假设各组分之间仅为几何组合排列。其一般表达形式为

$$\varepsilon_m^c=\sum_{i=1}^{k}f_i\varepsilon_i^c \tag{15.4}$$

式中：$\varepsilon_m$、$\varepsilon_i$ 为混合物、第 $i$ 相介质的介电常数；$f_i$ 为第 $i$ 相介质体积比；$c$ 为介质的几何形状与介电常数关系的拟合参数。

因此，Lichtenecker 混合模型需通过调整 $c$ 参数值来使模型与试验结果很好地符合，从理论上分析，可以认为 $c$ 的取值实际上是与介质的吸收作用产生的能量衰减量占电磁波在介质中传播时的总能量衰减量的比例有关的。

除此之外，还有其他学者提出的扩散模型、唯像模型、有效介质理论模型等，这里不一一介绍。

## 15.2 海水入侵的监测

我国沿海地区海水入侵现象普遍存在，主要分布在环渤海地区、苏北近海、上海、杭州、温州、福州、海南等城市。

国家海洋局于2007年启动了海水入侵、盐渍化监测工作，几年来的监测结果表明，我国滨海地区海水入侵和土壤盐渍化呈加重趋势。渤海沿岸是海水入侵和土壤盐渍化的严重地区，辽宁盘锦、河北唐山和黄骅、山东滨州和潍坊滨海平原地区，海水入侵距离和土壤盐渍化范围一般距岸20～30km；近几年来，南海滨海地区海水入侵和土壤盐渍化也呈加重趋势，广东茂名、揭阳、阳江、湛江，以及广西北海监测区海水入侵程度和范围有所增加。海水入侵导致地下淡水咸化，不能饮用，大批土地发生盐碱化，目前，我国的盐碱化土地已达1亿亩以上。

海水入侵是由于自然或人为原因，滨海地区地下水水动力条件发生变化，使滨海地区含水层中的淡水和海水之间的平衡状态遭到破坏，导致海水或与海水有关联的高矿化地下咸水沿含水层向陆地方向扩侵。超量开采地下水，致使沿海城市地下水位不断下降，是引起海水向内陆入侵的主要原因之一。

海水入侵的探测目的是确定海水入侵的位置，以及淡水的分界面、过渡带，以及入侵的速度，还要查明入侵的渠道。

海水的含盐平均为32g/L，海水与淡水存在明显的物理性质差异。海水入侵地区充填于地层的孔隙之中，会引起地下介质电学性质发生变化。对于标准海水而言，电阻率$\rho$=0.22～0.21Ω·m；电导率$\sigma$=4.54～4.81S/m；介电常数$\varepsilon$=8.15(10MHz)。

探测海水入侵常用的有效方法是电阻率法、瞬变电磁法和探地雷达等。我国曾用航空电法和地面电阻率等对进行海水入侵调查。如对山东省东北部莱州湾沿岸地区由于地下水连年超采，引起的海水入侵的灾害，杨学明等开展电磁法的监测。监测采用EH-4电导率成像系统。根据数条剖面解释结果，绘出了浅层咸、淡水平向分界线。

由于地面电磁法探测前面多有介绍。这里一个航空电磁法应用的案例。航空电磁法与地面电法原理是一样的，但更适用于大面积快速探测。主要根据污染物质的电导率或磁导率的差异进行区分。

国家国土资源航空物探遥感中心在这方面开展了大量的工作，取得了丰硕的成果。以广东沿海为例：从表15.2中航空电磁测量对不同水体、土壤和岩石类的电磁响应范围分析，总体上各种水体的电磁响应高于土壤，土壤类高于岩石类，对各种水体电磁响应则随含盐度的增加而升高；岩石类的电磁响应普遍较低，其中花岗岩，火山岩最低。而海积层岩石的电磁响应则偏高些，这是由于海积层中含有一定的盐分所致。航空电磁测量在水资源环境调查中，除能了解上述问题外，还可以进一步计算近地表水体的埋藏深度，了解不同深度水体的范围，即水体的大致立体形态及不同深度的矿化度分布等。

虚实分量法是以定源场或偶极场为一次场源，观测垂直磁场（$H_Z$）和水平磁场（$H_Y$、$H_x$）的虚分量（$I_m$）和实分量（$R_e$）的一种电磁法。同一频率的实分量$R_e$大于虚分量$I_m$时，说明地下物体偏电感性；反之，若$I_m$大于$R_e$时，为偏电阻性导体。

表 15.2　　水、土壤和岩石的航空电磁响应特性

| 电磁参数 | | | 水体 | | | | 土壤及岩石类型 | | | | | |
|---|---|---|---|---|---|---|---|---|---|---|---|---|
| | | | 淡水 | 微咸水 | 咸水 | 海水或卤水 | 土壤 | 海积层 | 沉积岩 | 变质岩 | 火山岩 | 花岗岩 |
| 电阻率/(Ω·m) | | | 15～65 | 10～15 | 6～10 | ≤6 | 16～64 | 5～30 | $10～10^3$ | $10^2～10^4$ | $10^2～10^5$ | $10^2～10^5$ |
| 航空电磁响应 $10^{-6}$ | 520Hz | $R_e$ | 0～60 | 0～80 | 60～700 | 60～700 | 60～500 | 20～400 | 20～80 | 40～120 | 10～60 | 0～40 |
| | | $I_m$ | 0～40 | 0～40 | 40～200 | 40～200 | 40～160 | 20～40 | 20～100 | 20～100 | 20～60 | 0～80 |
| | 2020Hz | $R_e$ | 0～40 | 0～100 | 60～600 | 60～600 | 60～600 | 20～400 | 20～160 | 20～160 | 0～100 | 0～120 |
| | | $I_m$ | 0～30 | 0～40 | 40～200 | 40～200 | 40～200 | 20～80 | 20～150 | 20～150 | 0～60 | 0～100 |
| | 8020Hz | $R_e$ | 0～60 | 0～100 | 60～500 | 60～500 | 20～400 | 20～400 | 20～200 | 20～200 | 0～100 | 0～100 |
| | | $I_m$ | 0～40 | 0～60 | 40～200 | 40～200 | 20～150 | 20～100 | 20～200 | 20～200 | 0～150 | 0～100 |

**注**　以矿化度区别水体种类，此处按淡水≤2.0g/L；微咸水 2.0～3.0g/L；咸水 3.0～5.0g/L；海水或卤水≥5.0g/L。

据水文地质资料，珠海—开平地区自晚更新世以来，曾先后有四次规模较大的海侵活动，其中以全新世中期的海侵规模最大，海水几乎淹没整个珠江三角洲。根据航空电磁响应圈划该区遭受海侵的地区，除分布在沿海岸低洼地带外，主要分布在入海地段的江河两侧低地及河网、水渠密集地区（图 15.2）。

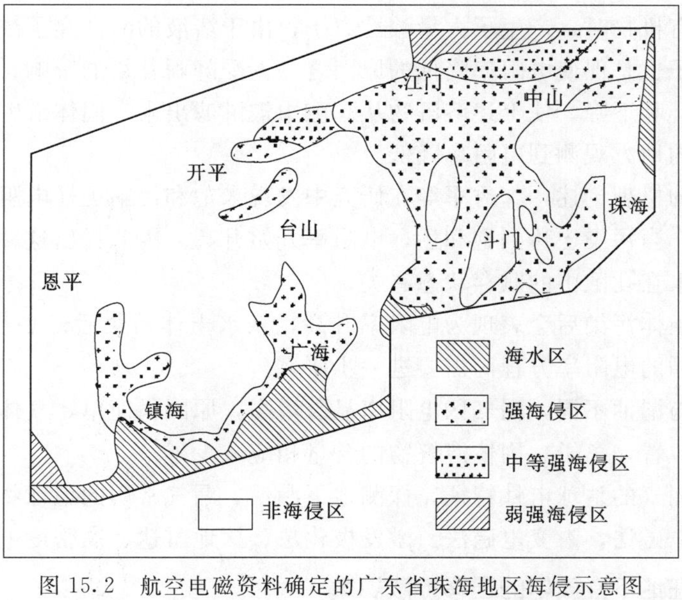


图 15.2　航空电磁资料确定的广东省珠海地区海侵示意图

在该地区的航空测量的电磁响应图上，凡显示出连续的高强度电磁响应异常的地区，就是历次海侵及潮水渗泡造成的含盐度高的地下水分布区，因此历次海侵的边界范围就能准确圈出。同时由于水的含盐浓度与电磁响应强弱呈正相关关系，所以根据航空电磁响应强度的大小，还可区分海侵程度和浅表地下水的含盐浓度。由于淡水体的电磁响应值很低，所以能很容易圈划出浅表淡水分布区。

根据电磁响应平均值，将海侵区划分为强海侵区（实分量$>1000\times10^{-6}$），中等海侵区［实分量$(600～1000)\times10^{-6}$］，弱海侵区［实分量$(200～600)\times10^{-6}$］。航空电磁平均值

$<200\times10^{-6}$的地区划为没有遭受过海侵的地区。遭受海侵的面积约占珠海-开平地区的40%。

## 15.3 油污染地下水探测

### 15.3.1 油污染区的电磁特性

油污染区的电性特征表现在以下几点：

（1）新油品污探是高阻体，单纯的油污染，应呈现高阻异常。由于油类物质的电阻率较高，通常认为碳氢化合物污染区的电性也显示为高阻，通过对高阻区的识别便可确定污染区分布范围。

（2）但由于复杂原因，老油污染往往呈现低阻异常，并且是一个不断变化的动态过程。更为长期的过程监测表明，石油污染区的电性特征主要取决于石油溢出时间，在污染区域中，石油刚泄漏的地区往往表现出高阻状态，3～4个月的时候，低阻区一般出现在污染区里，泄漏时间对探测结果有较大影响。

对于这种污染区低阻异常形成原因，Sauck（1998）认为由地下细菌对石油的强烈作用产生的，这一发现已经被证实。通过钻孔取地下水水样，化学分析发现被污染后经过较长时间细菌作用水的导电性是原来的至少3倍。在包气带和潜水面附近，微生物活动最频繁，细菌在分解有机物时，产生了大量酸性离子；由于溶液的酸性离子浓度增加，从土壤中萃取出部分离子也是促使电阻率降低的原因之一。受降雨补给的影响，地下水位会发生季节性的水位抬升和下降，使上述溶解物从孔隙中被淋滤出来，固体溶解物浓集在潜水面附近，受油污染的地方观测到电阻率降低。

但也有不同的机理论述，郭秀军等在研究中发现未饱和污染土样电阻率随含油污水浸入量增大而降低，当污染土达到饱和后，电阻率开始升高。因此提出这种电性变化主要与土饱和程度和油水在孔隙中的赋存状态有关。

此外，亲油土体污染后会表现为电阻率升高，亲水土体污染后却表现为电阻率降低。油类污染土所遵循的电阻率方程尚需要进一步研究。

（3）漏气区与漏油不同，漏气区电阻率显著增高，原因很简单，气体挤占了孔隙中原来由液体占据的位置，离子、固体溶解物的含量相应减少了。

根据漏油、漏气的地球电性特征，探测地下漏油、漏气常用的地球物理方法有直流电阻率法和甚低频电磁法，瞬变电磁法、激发极化法、探地雷达、高密度电阻率法。

### 15.3.2 污染物在地下介质中的迁移扩散规律

当液态石油经释放到地下环境中后，会在重力和毛细力的作用下向下渗透。重力对密度高的组分渗透起着主要的作用，而毛细管力的作用方式类似于海绵吸水的过程，污染物在这种力的作用下被吸至毛细带。如果污染源持续地释放石油烃类污染物，随着土壤中石油烃浓度逐渐趋于饱和，污染物会继续向深处迁移，在经过途径上留下残余相污染物。如果释放到土壤中的石油烃的量接近土壤的滞留容量，那么石油经将会被土壤颗粒所吸附，最终固定于土壤中。只有当渗漏的污染物量大于从泄漏点到潜水面之间的土壤的滞留容量时，自由相石油烃才会聚集到到潜水面。典型地下有机污染物渗漏和迁移模型如图15.3所示。

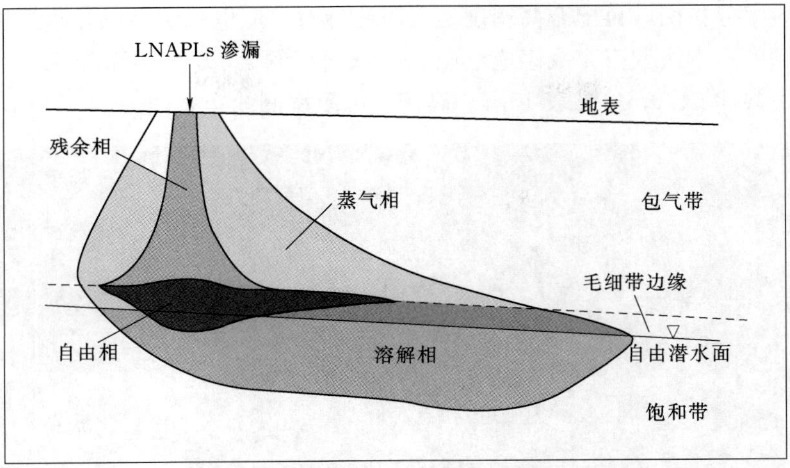


图 15.3 典型地下有机污染物渗漏和迁移模型

因此，油渗漏污染物的组分在地下的存在形式可以分为 4 种相态：

(1) 气相。挥发性有机物在迁移过程中不断挥发，进入土壤孔隙并沿土壤孔隙上升，成为土壤气的一部分。

(2) 残余相。受毛管力和重力的共同作用，以残余的形式保留在包气带中，可以挥发出蒸气相进入包气带，也可以分离出溶解相进入水中。

(3) 自由相（污染物核部）。一般会漂浮在潜水面形成油池，是污染物浓度最高的区域，自由相通常会沿水力坡度方向运动，但运动距离不大，所以聚集高浓度污染物的部分一般在地表的渗漏处附近。渗漏处附近的有机污染的浓度最高，沿水力坡度方向浓度逐渐降低。

(4) 溶解相。渗漏污染物中部分为可溶于水的有机物，随地下水流动而发生迁移，而污染物的溶解度越大，其溶入地下水的量就越多，溶解相一般会进入潜水含水层，从而导致地下水的严重污染。

### 15.3.3 污染地下水探测案例

深圳市赛盈地脉技术有限公司受委托，对原工业用地转化其他用地类型的土壤要进行环境污染调查和风险评估。

#### 15.3.3.1 探测方法与测线布置

具体方案为：同时施测高密度电阻率法和感应电磁法，以物探技术对大面积疑似 NAPL 土壤及地下水污染分布的区域进行探测。以物探成果具体影像描绘地下污染及地层现况。项目投入的主要检测设备：GD20 高密度电阻率仪，GEM-2 感应电磁仪、GPS 等。场区探测技术基本数据见表 15.3。

表 15.3 场区探测技术基本数据表

| 施测方法 | 条/面积 | 目标深度 | 电极排列/测点数 | 测点间距 | 备 注 |
|---|---|---|---|---|---|
| 感应电磁法 | 约 12 万 $m^2$ | 10m 内 | 20000 点以上 | 0.1～0.3m | 快速探明高潜势污染范围 |
| 高密度电阻率法 | 29 条测线 | 20m 内 | 四极法 | 2m | 探测土壤污染深度与范围 |

为查清调查区污染分布情况，本次针对场区规划先进行全面的感应电磁法调查绘制场

地范围内电导率分布图，再配合高密度地电阻法针对感应电磁法高电导率区块，来评估土壤污染垂向深度，本次调查完成感应电磁法测试面积约 12 万 $m^2$，高密度电法测线 29 条及背景测线，共计 6430m，见表 15.3。高密度电阻率测线布置图如图 15.4 所示。

图 15.4 高密度电阻率测线布置图

#### 15.3.3.2 探测成果说明及解释

感应电磁法（EM）采用 SURFER 软件进行数据处理反演；高密度视电阻率数据采用美国 AGI 所开发的 Earthimager 进行反演处理。

1. 场区感应电磁法调查成果

为更好地解译感应电磁法测试结果，在距离目标场地外 200m 处，选取已明确无污染的场地进行背景值测试，最终分析可知，该厂区背景值导电度均小于 50mS/m。

依据图 15.5，EM 探测结果在区域综合导电度分布中，可发现场区整体导电度大于 60mS/m，其中区块（1）、（2）、（3）、（5）导电度分布均值大于 150mS/m，甚至超过 250mS/m，对比背景值，划分为重污染潜势区；区块（4）、（6）导电度分布均值 80mS/m 左右，属轻污染潜势区。

2. 高密度电阻率法成果

（1）背景测线成果解释。为更直观的观测测区污染分布状态，将高密度电阻率法测线 1～29 的电阻率结果组成栅状图，由图 15.6 可知，测区整体地下水位较浅，平均深度约 1.6m，且地下水底板埋深未见。测区未见明显相对高阻异常特性，整体异常结果呈现低阻分布状态，可能在生产过程或者后期出现废水或酸液泄漏，导致无机盐内污染进入地下水，且随着地下水流迁移一直往更深层移动分布，造成 NAPLs 类污染物（如果也有泄漏）被高导电性的废水及无机盐物质特性隐蔽，从而显示低阻特性。

从整体上来看，低阻特性主要集中分布于测线 1～12，几乎涵盖整个测线长度及分布于测线 21～25 的后半段，其他测线为局部分布。且测线 1～12 异常均呈现极低阻特性（蓝

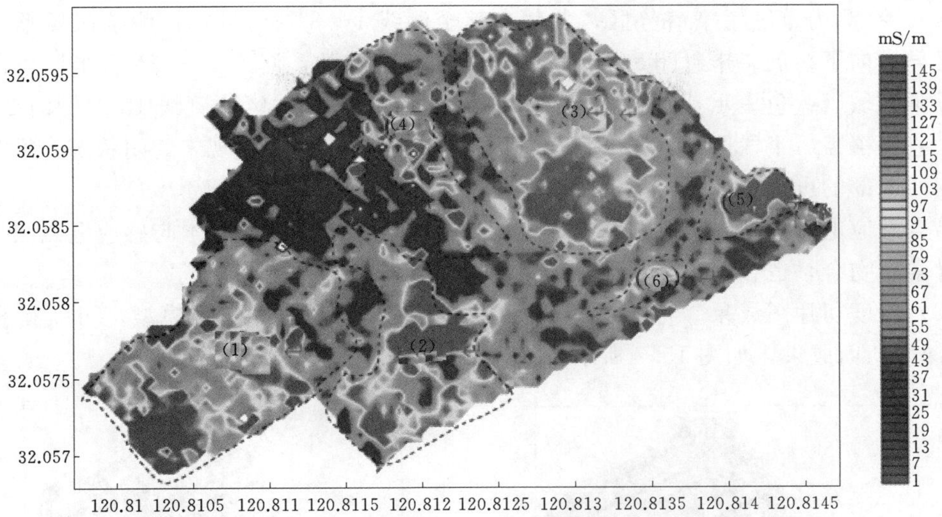


图 15.5　感应电磁法解译结果图

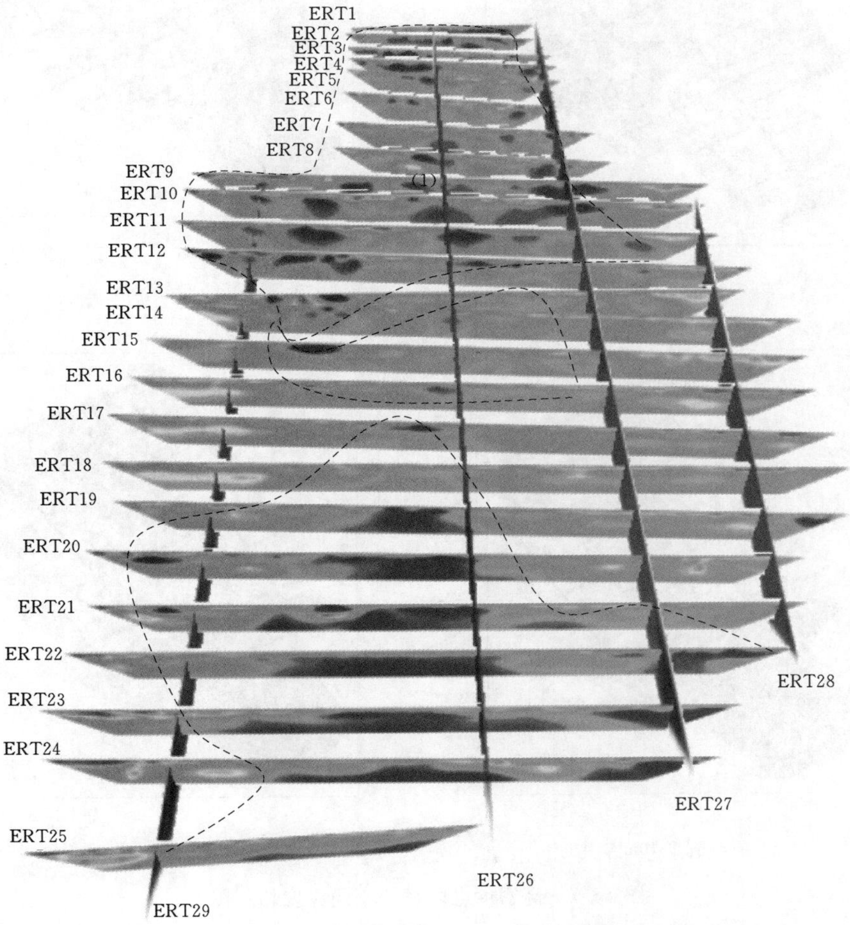


图 15.6　高密度电阻率法测线 1～29 栅状图

色表示），推测为重度污染潜势区，尤其在整个测线 1～8 的区域，推测该区域整体受污染。且异常向下扩展，未封闭，推测为地下水迁移导致的。测线 21～25 后半段也出现极低的异常区域（蓝色表示），推测为重度污染潜势区，且异常区从测线 18 向侧向 25 方向扩张，直至覆盖后半段区域，同时该异常区向深部扩展，剖面呈现未封闭状态，推测污染有继续向深部的可能性，且可能为地下水迁移导致的。

结合感应电磁法结果可知，高密度电阻率法呈现的异常区域基本与感应电磁法呈现的高导异常相吻合，也相互验证了测量结果。

（2）深度切片图成果。将场区的高密度电阻率法结果建立三维模型，可获得全区的 3D 等深度切面成果，如图 15.7 所示。

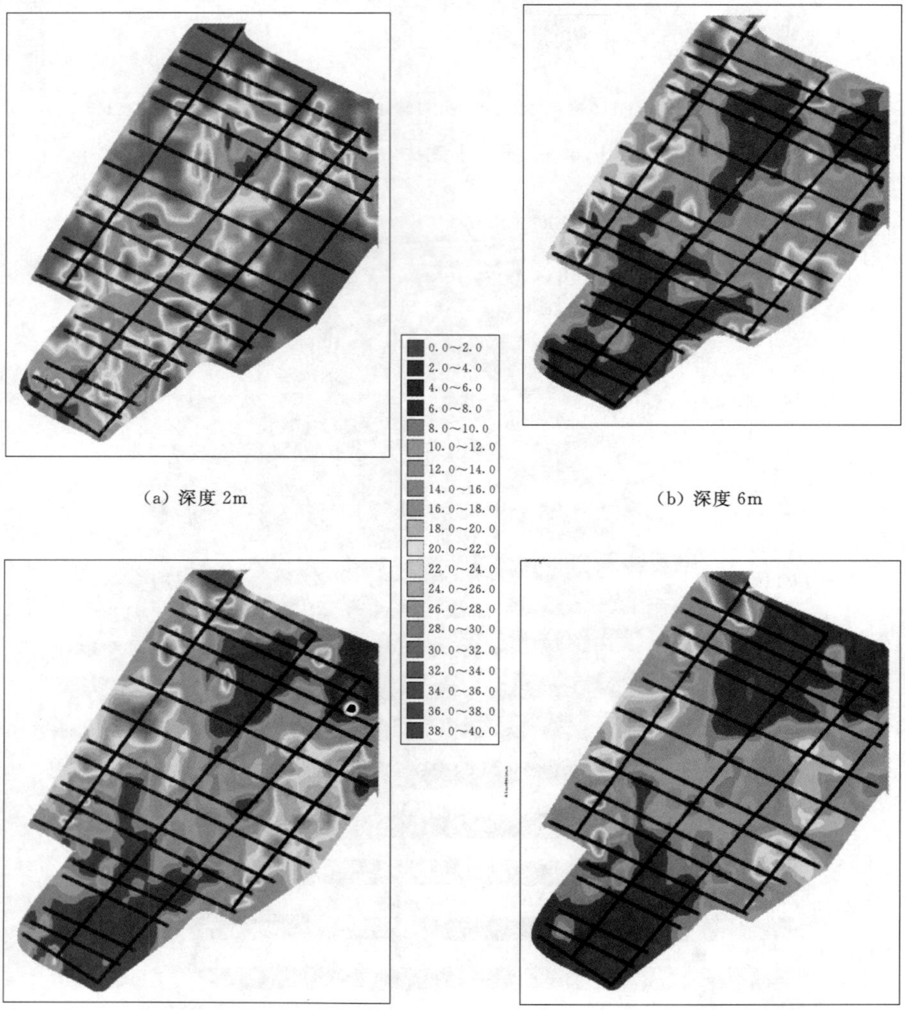


(a) 深度 2m　　(b) 深度 6m

(c) 深度 10m　　(d) 深度 16m

图 15.7　高密度电阻率法不同深度切片图

综合分析可知，深度为 2m 的切片图，整体以相对高阻区域为主，与表层建筑废料，碎石影响相吻合；切片图深度 2～16m 多数为低电阻率地层，低电阻率分布成果与感应电磁法成果基本吻合，大范围且深度较深的区域主要分布于场区的西南角及东北角方向。切片图成果显示，低阻异常区一直往下延伸扩展，无收敛，污染异常有一直下渗的可能性，与二维高密度电阻率成果吻合。

从应用例中可以看出，高密度电阻率法探测呈现的低阻异常区域基本与感应电磁法呈现的高导异常相吻合，也相互验证了测量结果，并以此画出污染潜势区的分布状态。

## 15.4 垃圾堆物渗液检测

随着我国经济的快速发展、城镇化程度的提高，工业与生活垃圾快速增加，引起的环境污染问题越来越严重。每年增加生活垃圾 1.4 亿 t，现已累积垃圾 60 亿 t，工业垃圾 70 亿 t，并且正以每年 8%～10%的速度增长。垃圾堆物占地 80 多万 $hm^2$，占地量以平均每年 4.8%的速度持续增长。

目前，我国许多城市仍普遍采用市郊露天堆放，严格按标准要求建设的卫生垃圾填埋场甚少。生活垃圾，工业废弃物日益增多，处理不当势必会造成土壤和地下水的污染，在一些地方已经相当严重。根据中国环境科学研究院对我国垃圾填埋场渗漏情况的调查，大部分垃圾填埋场都存在泄漏。全国有 136 个大中城市地下水受到不同程度污染。污染物浓度高，短期内已远远超过土壤的自净能力。

### 15.4.1 垃圾渗漏液的电化学特征

垃圾成分非常复杂，根据美、英、法等国垃圾成分分析来看，包括无机物质、有机物质，普遍含有多种有毒有害物质以及大量菌类物质。美国对 2000 多个受垃圾填埋场渗漏影响的水井的水质分析表明：无机物质超过有机物质，在 44 种无机物质中有 6 种离子是普遍存在的（$Na^+$、$Ca^{2+}$、$Fe^{3+}$、$NH_4^+$、$Cl^-$、$SO_4^{2-}$）。我国的生活垃圾成分与上述大致相当，只是含量高低有所差别，常见废弃物与垃圾电阻率的变化范围见表 15.4。

**表 15.4 常见废弃物与垃圾电阻率的变化范围**

| 废弃物类型 | 民用垃圾 | 废石与土 | 工业淤泥 | 废金属 | 碎玻璃和瓷器 | 砂铸模 | 湿废物 | 被污染民用垃圾 | 焦油 | 使用过的油 | 使用过的漆和涂料 | 服装清洁剂 |
|---|---|---|---|---|---|---|---|---|---|---|---|---|
| 电阻率/(Ω·m) | 12～30 | 200～350 | 40～200 | 1～12 | 100～550 | 400～1600 | 70～180 | 1～10 | 300～1200 | 150～700 | 200～1000 | 30～200 |

垃圾填埋场渗漏液通常可根据填埋场的“年龄”分为两大类：一类是“年轻”的渗漏液，其填埋时间在 5 年以下，所产生的渗漏液水质特点是 pH 值较低，COD 和 BOD 浓度较高，且 BOD/COD 的比值较高，同时各类重金属离子的浓度也较高；另一类是“年老”的渗漏液，其填埋时间在 5 年以上，所产生的渗漏液的主要水质特点是 pH 值接近中性，COD 和 BOD 浓度较低，且 BOD/COD 的比值较低，而 $NH_4^+-N$ 浓度较高，重金属离子浓度则开始下降。

其中，BOD 为生化需氧量，表示水中有机物等需氧污染物质含量的一个综合指标；

COD为化学需氧量，即为以化学方法测量水样中需要被氧化的还原性物质的量。

垃圾渗漏液有良好的导电性。以日本 Boso Peninsula 垃圾场为例，根据两个钻孔 A 井、B 井的测量结果，钻孔 A（8～1lm 深处，温度 3O℃，pH 值呈中性）渗漏液的电阻率为 0.29～0.33Ω·m。B 孔渗漏液（7～10m 深处，22℃，pH 值偏碱性）电阻率 0.17～1.0Ω·m（表 15.5）。由于电阻率还与温度变化有关，所以表 15.2 中的电阻率是归一到 25℃的结果。根据北京两个最大垃圾填埋场渗漏液的实测结果，其电阻率的平均值为 0.377Ω·m，与日本 Boso Peninsula 垃圾场的测量结果很相近，与清洁的自来水电阻率 32.04Ω·m 相比，两者相差 80 多倍，这也有电磁法监测提供物理基础。Maxwell A Meju（2000 年）垃圾填埋场理论电阻率剖面模型如图 15.8 所示。

**表 15.5　　垃圾渗漏液随时间的降解变化**

| 日期（年-月-日） | 钻孔 A 中渗漏液 | | | | | 钻孔 B 中渗漏液 | | | | |
|---|---|---|---|---|---|---|---|---|---|---|
| | 电导率/(S/m) | pH 值 | 氧化还原电位/mV | 渗漏液深度/m | 温度/℃ | 电导率/(S/m) | pH 值 | 氧化还原电位/mV | 渗漏液深度/m | 温度/℃ |
| 2000-04-19 | 3.12 | 7.30 | 32 | −10.05 | 30.8 | 0.99 | 11.71 | −26 | −6.55 | 21.8 |
| 2000-06-13 | 3.04 | 7.23 | 50 | −10.39 | 29.9 | 0.85 | 11.61 | 48 | −6.61 | 22.3 |
| 2000-09-04 | 3.37 | 7.25 | 5 | −8.15 | 30.2 | 0.85 | 11.43 | 24 | −5.69 | 22.6 |
| 2000-10-31 | 3.40 | 7.38 | −39 | 10.30 | 29.0 | 0.86 | 12.08 | 47 | −6.13 | 22.6 |
| 2000-12-05 | 3.27 | 7.28 | 29 | −6.07 | 29.1 | 0.70 | 11.72 | −48 | −5.65 | 22.8 |
| 2001-02-08 | 3.07 | 7.36 | −1 | −7.95 | 27.9 | 0.57 | 11.80 | 29 | −5.76 | 19.7 |

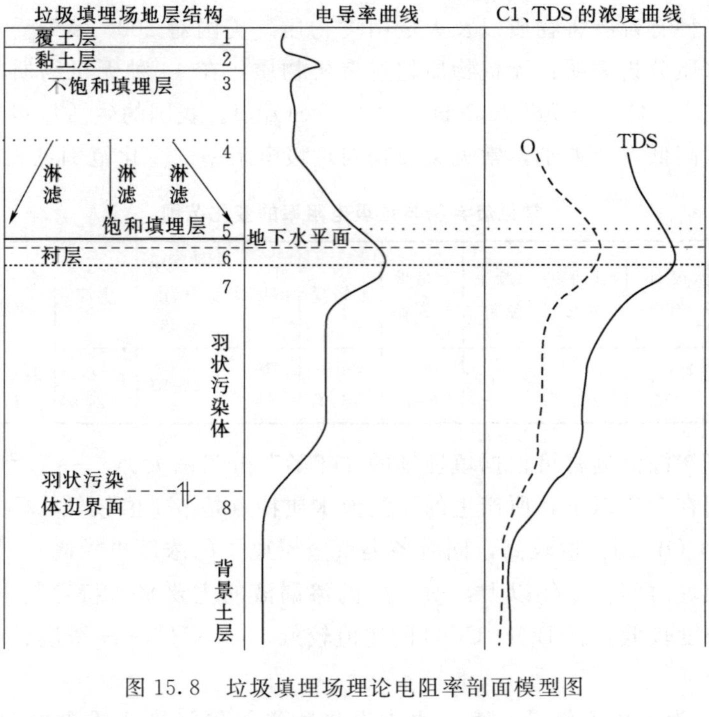


图 15.8　垃圾填埋场理论电阻率剖面模型图

### 15.4.2 垃圾填埋场渗涌检测案例

1. 高密度电阻率法检测垃圾填埋场渗

某垃圾填埋场地处太行山东麓"V"字形山谷内，属西侧太行山隆起带与东侧华北沉降带的过渡带。地貌为侵蚀构造低山地形，出露地层主要有下元古界滹沱群的浅变质含碎石白云岩和砂质碳酸岩、上元古界震旦系浅变质的安山岩及第四系。构造较为发育，区内断裂由一组断层破碎带组成，基本控制了沟谷的NE向展布特征。区内地下水赋存形式以裂隙潜水为主，第四系孔隙滞留次之。已发现其下游地下水有超标污染现象，初步推定上游垃圾场是地下水的主要污染源，断层裂隙带是污染溶液进行扩散的主要通道。

为防渗治理提供依据，查明35m内的垃圾滤液的渗漏通道分布，刘国辉等采用高密度电阻率法探测，在垃圾场拦护坝下游依次布置4条测线。

使用DUK-2B高密度电阻率测量仪器，一次性布极60根，选用偶极和温纳两种装置类型，极距4m，隔离系数1～10，供电时间4s，供电电压不小于180V，供电电流不小于2A。

图15.9和图15.10分别为Ⅰ、Ⅱ号剖面的视电阻率断面。由图可见，浅部为低阻分布，一般$\rho_s \leqslant 100\Omega \cdot m$，反映了第四系松散土层分布。底部以高阻分布为主，$\rho_s \geqslant 200\Omega \cdot m$，推断为地下基岩反映。其中，近直立的低阻带为含水断层破碎带异常，介于上部低阻区与下部高阻区之间沿剖面狭长带状起伏分布的中阻异常带，$\rho_s$在100～200$\Omega \cdot m$，推断为基岩风化带反映。

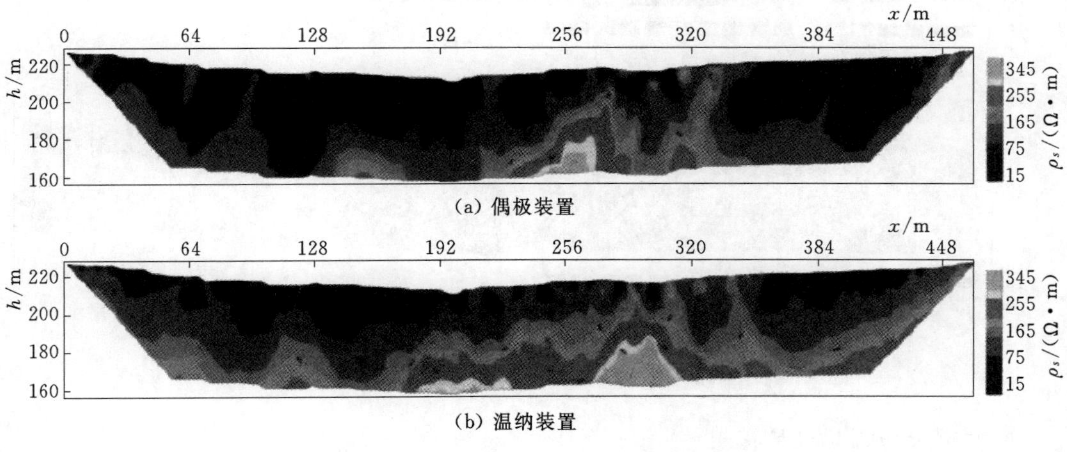


(a) 偶极装置

(b) 温纳装置

图15.9 Ⅰ号剖面的视电阻率断面

对图15.9和图15.10所示的进行联合反演，成果如图15.11所示。结合已知地质和物性资料，推判如下：沿剖面第四系下部高阻基岩内有5～6处近直立的低阻异常带，其电阻率不大于200$\Omega \cdot m$，初步推断为基岩断裂带，其产状较陡（≥70°），除此之外其他断裂带倾向均为NW向，断层高度10～30m；其中$F_{1-1}$、$F_{1-2}$、$F_{2-2}$、$F_{2-3}$既显示为低阻异常，相对而言又与围岩电阻率差异较大，两侧异常梯度较陡，为垃圾场向下游地下水渗漏污染的裂隙通道。此推断被后期的工作证实。

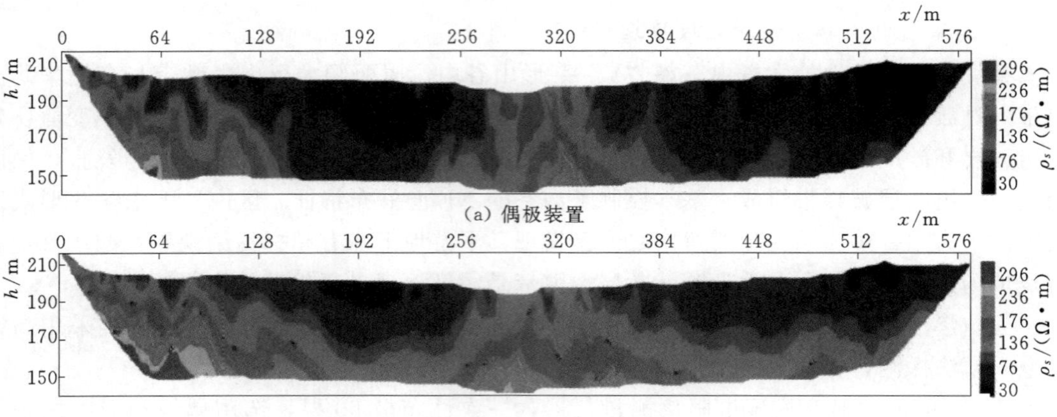


(a) 偶极装置

(b) 温纳装置

图 15.10 Ⅱ号剖面的视电阻率断面

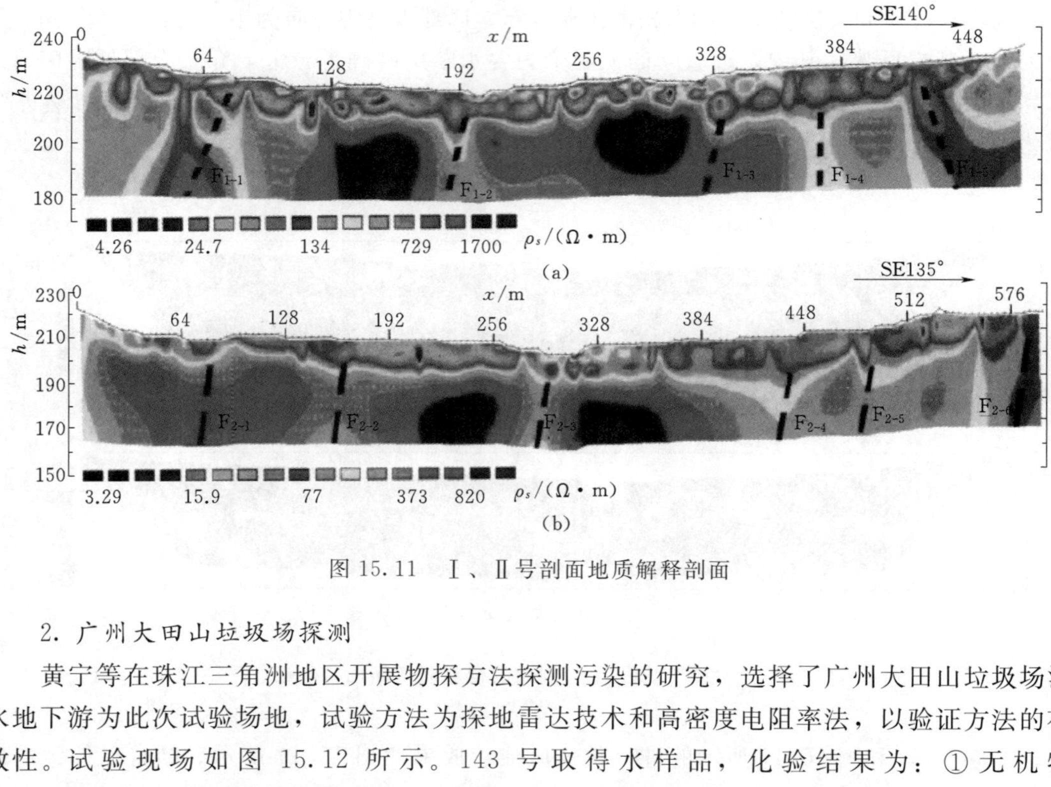


(a)

(b)

图 15.11 Ⅰ、Ⅱ号剖面地质解释剖面

2. 广州大田山垃圾场探测

黄宁等在珠江三角洲地区开展物探方法探测污染的研究，选择了广州大田山垃圾场污水地下游为此次试验场地，试验方法为探地雷达技术和高密度电阻率法，以验证方法的有效性。试验现场如图 15.12 所示。143 号取得水样品，化验结果为：①无机物 $NH_4^+$ 120mg/L，溶解性总固体 128.08120mg/L，Mn7.9mg/L，化学需氧量（COD）14.17mg/L；②萘 1.1mg/L，苯 4.9mg/L，邻苯二甲酸二正酯 1～2mg/L。

图 15.13 为探地雷达检测剖面图像及解释图，图 15.14 为高密度电阻率法剖面图像及解释图，对比两种探测剖面可见，对 143 号点处的地下污染带的反映非常明显一致，从而证实了方法的有效性。

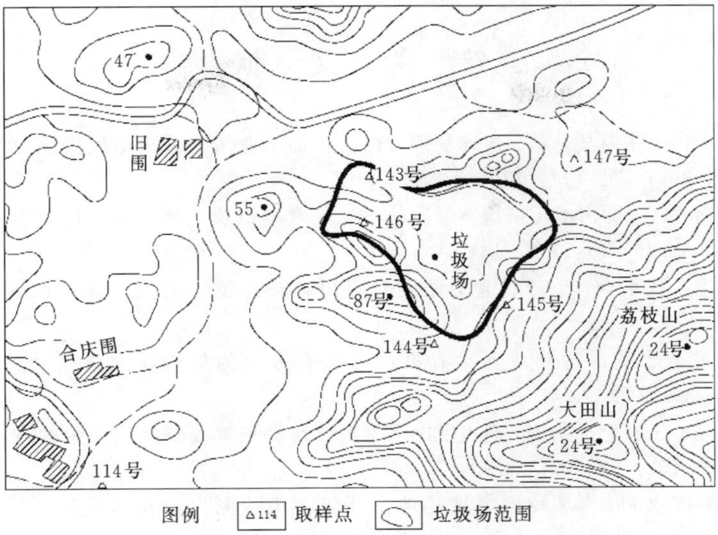


图 15.12　大田山垃圾场取样点布置图

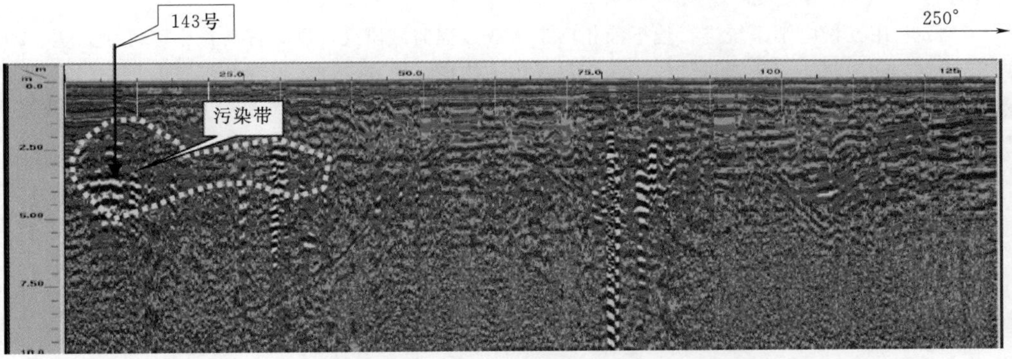


图 15.13　雷达图像剖面及解释图

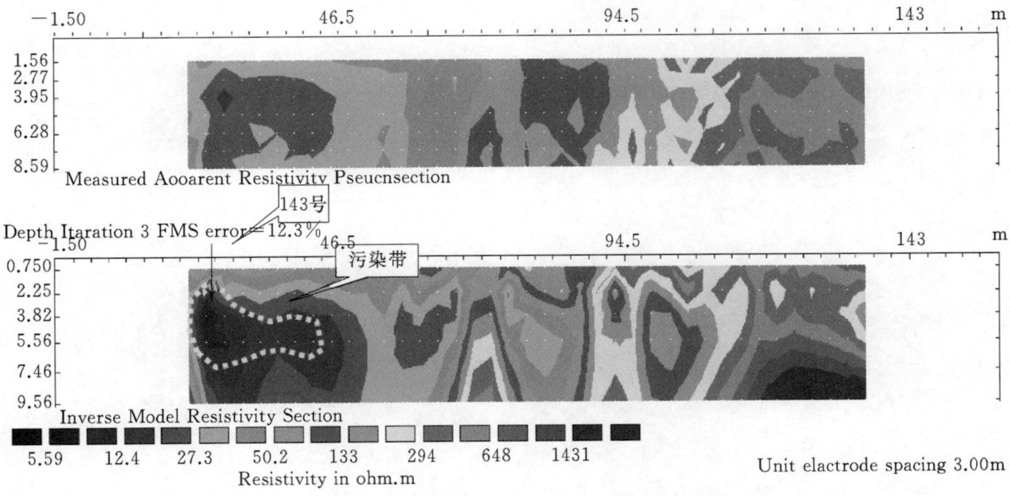


图 15.14　高密度电阻率成像剖面及解释图

# 参 考 文 献


[1] 郭秀军，孟庆生，王基成，等．地球物理方法在含油工业污水管道渗漏探测中的应用［J］．地球物理学进展，2007，22（1）：279－282.

[2] 郭秀军，黄潇雨．含油污水污染地下介质的电性异常模拟及实例分析［J］．吉林大学学报（地球科学版），2006，36（1）：128－131.

[3] 刘兆平，杨进，罗水余．地球物理方法对垃圾填埋场探测的有效性试验研究［J］．地学前缘，2010，17（3）：250－258.

[4] 周迅，姜月华．地质雷达在地下水有机污染调查方面的应用研究进展［J］．地下水，2007，29（2）：81－85.

[5] 刘国辉，徐晶，王猛，孙士辉．高密度电阻率法在垃圾填埋场渗漏检测中的应用［J］．物探与化探，2011，35（5）：680－683.

[6] 王迪，尉斌，闫水利，等．垃圾填埋场地下环境污染检测方法技术研究［J］．地球物理学报，2012，55（6）：2115－2119.

[7] 杨学明，苏永军，杜东，等．音频大地电磁法在海水入侵动态监测中的应用［J］．物探与化探，2013，37（2）：301－305.

[8] 尚浩．利用三维电学系统进行地下液相污染扩散过程监测研究［D］．青岛：中国海洋大学，2009.

[9] 王春辉．探地雷达方法测量近地表含水量及污染物探测研究［D］．长春：吉林大学，2007.

[10] 黄宁．物探方法在珠江三角洲地区地下水污染调查评价中的可行性研究［D］．石家庄：石家庄经济学院，2009.